气相色谱分析及应用

（第三版）

齐美玲　编著

科学出版社

北　京

内 容 简 介

本书主要对色谱分析的发展简史、色谱分析基础理论、色谱定性定量分析方法、气相色谱仪、气相色谱固定相、毛细管柱气相色谱法、新型气相色谱固定相及其分离性能、气相色谱-质谱联用技术及其应用、气相色谱分析常用的样品制备技术及应用等做了介绍。本着兼顾理论基础、创新发展和实际应用的宗旨，本书力求深入浅出，书中各部分列举了相关方法在药物分析、化工分析、食品分析、环境监测分析、临床分析等多领域的应用示例。本书结合作者多年从事色谱分析教学科研工作的积累，介绍了一些新型气相色谱固定相、样品制备新技术及其应用等，为读者提供相关参考。

本书可以作为高等院校、科研院所等相关专业研究生教材或参考书，还可作为各行业从事相关分析工作的科研人员的参考书。

图书在版编目（CIP）数据

气相色谱分析及应用 / 齐美玲编著. —3 版. —北京：科学出版社，2022.8

  ISBN 978-7-03-072817-3

  Ⅰ.①气… Ⅱ.①齐… Ⅲ.①气相色谱 Ⅳ.①O657.7

中国版本图书馆 CIP 数据核字（2022）第 141679 号

责任编辑：张　析 / 责任校对：杜子昂
责任印制：吴兆东 / 封面设计：东方人华

科 学 出 版 社 出版
北京东黄城根北街 16 号
邮政编码：100717
http://www.sciencep.com
北京中石油彩色印刷有限责任公司 印刷
科学出版社发行　各地新华书店经销

*

2012 年 3 月第　一　版　开本：720×1000　1/16
2018 年 9 月第　二　版　印张：18 3/4
2022 年 8 月第　三　版　字数：364 000
2023 年 3 月第十二次印刷

定价：**128.00 元**
（如有印装质量问题，我社负责调换）

前　　言

本书是作者在多年从事色谱分析教学和科研工作的基础上，经过系统梳理和总结完成的。在内容上力求体现理论实践相结合、科教融合的理念，将色谱基础理论、分析方法、新进展及实际应用相贯通，希望能为读者在色谱理论和实际应用上提供有益的参考。

本书第三版在第二版的基础上，基于近年本领域研究和应用的新进展，补充更新了全书各章节的一些内容和示例。在第 7 章"新型气相色谱固定相及其分离性能"中，结合我们课题组近年的研究工作，增加了蝶烯类固定相、六苯基苯类固定相、新型链状聚合物固定相的研究及应用。在此，作者特别感谢课题组所有研究生对新型气相色谱固定相和分离材料的研究和发展做出的努力和贡献。本书还调整了个别章节的顺序，以便更好地体现理论指导实践的过程。

在本书编写过程中，作者参考了国内外出版的一些优秀专著和研究论文；本书出版得到了北京理工大学相关项目经费的支持；作者在此一并表示感谢。

本着兼顾理论基础、创新发展和实际应用的宗旨，本书力求在内容上与时俱进、深入浅出。由于作者水平有限，本书难免存在不足或不妥之处，敬请广大读者批评指正。

编著者

2022 年 6 月

于北京理工大学

目　　录

第1章 绪 论

1.1 色谱发展简史

按照国际纯粹与应用化学联合会（International Union of Pure and Applied Chemistry，IUPAC）的定义，色谱法（chromatography）是指样品组分在固定相和流动相两相间进行分配的物理分离过程。

有人以蜜蜂和马蜂为例形象地描述色谱分离过程。色谱分离过程就像是一群蜜蜂和马蜂在一定方向和速度的风的推动下同时通过一个开满鲜花的花坛，行进中的蜜蜂不时地停落在鲜花上采蜜，而对鲜花不感兴趣的马蜂则不停地飞行，因此马蜂与蜜蜂逐渐拉开距离而分开。在这个例子中，花坛中的鲜花相当于色谱的固定相，按一定方向和速度流动的风相当于色谱的流动相，蜜蜂采蜜过程相当于色谱过程中组分与固定相之间的分子相互作用。

俄国植物学家茨维特（Tswett，1872—1919 年）是色谱法的创始人[1]。茨维特最先采用柱层析法对植物色素提取物进行了分离，并首次提出了色谱的概念。1903 年 3 月，茨维特在华沙自然科学学会生物分会会议上做了题为 *On a new category of adsorption phenomena and their application to biochemical analysis* 的报告，介绍了一种成功用于植物色素分离的新吸附技术。此后，茨维特又进一步完善了该方法，在 1906 年先后发表的两篇论文[2]中详细介绍了植物色素的分离方法。论文中有一段被广泛引用的叙述，原文为 "Like light rays in the spectrum, the different components of a pigment mixture，obeying a law，are resolved on the calcium carbonate column and then can be qualitatively and quantitatively determined. I call such a preparation a chromatogram and the corresponding method the chromatographic method." 。

图 1-1 是茨维特在 1906 年发表的论文中给出的色谱分离装置。在填装有吸附剂碳酸钙的玻璃管上表面，加入植物叶子的石油醚提取物，然后用石油醚洗脱。在洗脱过程中，吸附剂柱上逐渐形成了不同颜色的色带。

遗憾的是，茨维特的论文在发表后的 25 年中并没有引起人们的关注。直到 1931 年，奥地利化学家库恩（Kuhn，1900—1967 年）等发现了茨维特的吸附色谱法（adsorption chromatography）的重要性，并应用和发展了茨维特的色谱法。库恩利用茨维特的液-固色谱法，将氧化铝和碳酸钙作为吸附剂首次分离出三种胡萝卜素异构体（α-，β-和 γ-胡萝卜素）结晶。之后，库恩又分离出 60 多种类胡萝卜素并测定了分子式。后来，库恩及其合作者又将液-固吸附色谱法成功用于叶黄素和维生素等的研究，极大地促进了液-固吸附色谱法的应用和发展。鉴于其在研究类胡萝卜素和维生素等方面取得的显著成就，库恩在 1938 年被授予诺贝尔化学奖。

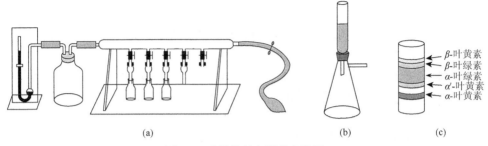

<β-叶黄素
<β-叶绿素
<α-叶绿素
<α'-叶黄素
<α-叶黄素

(a)　　　　　　　　(b)　　　　　(c)

图 1-1　茨维特的色谱分离装置

（a）可同时使用五根色谱柱的装置（其中看似分液漏斗的下端为填充柱，内径为 2～3mm，长度为 20～30mm）；
（b）大样品量使用的装置（内径为 1～3cm，填充长度为 5～9cm）；（c）茨维特绘制的植物色素分离色谱图

　　20 世纪 40 年代，色谱法得到了快速发展。1941 年 6 月在英国生物化学会会议上，两位英国青年化学家马丁（Martin，1910—2002 年）和辛格（Synge，1914—1994 年）报告了一种新型液-液分配色谱法[3]。他们用硅胶吸附的水作固定相，以氯仿作流动相，成功地分离了羊毛中的氨基酸。该报告及其随后发表在生物化学杂志上的论文[4]标志着分配色谱（partition chromatography）的诞生。1952 年，他们因在分配色谱法方面的突出贡献获得了诺贝尔化学奖。马丁和辛格提出了色谱塔板理论并预言气体可代替液体作为流动相。1977 年 3 月，英国邮政出版了四枚纪念英国在化学领域取得成就的邮票，其中一枚是为纪念马丁和辛格在 1952 年获得诺贝尔化学奖[5]。

　　1952 年，马丁与另一位年轻的科学家詹姆斯（James）发表了一篇在分配色谱方面取得重要突破的论文，采用以气体为流动相的气-液分配色谱（gas-liquid partition chromatography，GLPC）分离挥发性脂肪酸[6]。文中以硅藻土（celite）为载体，硅油为固定相，气体为流动相。该研究标志着气-液分配色谱的诞生。在随后的几个月里，他们又连续发表了两篇论文，在分析化学领域产生了重要影响。1952 年 9 月，在牛津召开了第一次国际分析化学会议，有来自 26 个国家的 700 多人参会。马丁介绍了气相色谱（gas chromatography，GC）这一新技术，引起了与会者的极大兴趣。此次会议极大地推动了气相色谱的发展和应用。

　　1956 年，荷兰学者范第姆特（van Deemter）等发展了另一重要的色谱理论，即速率理论（rate theory）[7]。该理论从动力学角度描述了填充柱气相色谱法的色谱过程，阐明了气-液色谱法（gas-liquid chromatography，GLC）中溶质扩散和传质过程。

　　1957 年，戈雷（Golay）在由美国仪器学会举办的第一届气相色谱会议上发

表了一篇有关开管柱气相色谱法（open-tubular column gas chromatography）（现常称为毛细管气相色谱法，capillary gas chromatography）的报告。该报告标志着毛细管气相色谱的开端。在此后的一段时间里，戈雷等研究了毛细管柱的制备方法，并进一步完善了毛细管柱色谱理论。1958 年，在阿姆斯特丹召开的国际气相色谱会议上，戈雷提出了著名的戈雷方程（Golay equation），阐述了各种参数对色谱柱分离性能的影响，奠定了毛细管色谱发展的基础，并极大促进了毛细管柱制柱技术和相关仪器的发展和应用。

毛细管色谱柱的材料也逐渐由最初的不锈钢柱发展到玻璃柱，最后发展到目前广泛采用的弹性熔融石英毛细管柱（flexible fused-silica capillary column）。熔融石英毛细管柱的出现是气相色谱的又一次革命。1979 年春，在第三届毛细管色谱国际会议上，Dandeneau 和 Zerenner 首次报告了对熔融石英毛细管柱的研究，开始了熔融石英毛细管柱的时代。

随着气相色谱法的发展，人们开始将类似的条件用于液相色谱（liquid chromatography，LC）的研究工作，其中 Giddings 等做出了重要贡献。1963 年，Giddings 发表的题为"类似气相色谱操作条件的液相色谱法"的论文[8]引发了液相色谱法的一场革命。与之前的依靠低压或重力分离（如茨维特的柱层析法）的液相色谱法不同的是，该新型液相色谱法需使用高压泵，因此称为高压液相色谱法（high-pressure liquid chromatography，HPLC）。随着相关技术的快速发展，后来又称为高效液相色谱法（high-performance liquid chromatography，HPLC）。在之后的几年里，Giddings 对相关的色谱理论进行了总结和扩展，并于 1965 年出版了《色谱动力学》（*Dynamics of Chromatography*）专著[9]。此后，速率理论成为色谱理论的一个重要组成部分。色谱发展中的一些标志性进展见表 1-1。

表 1-1 色谱法发展简史

年份	发明者	色谱重要进展或应用
1906	Tswett	用碳酸钙作吸附剂分离植物色素，提出色谱概念
1931	Kuhn 等	用氧化铝和碳酸钙分离 α-、β-和 γ-胡萝卜素。之后用此法分离了 60 多种该类色素
1940	Tiselius	发明了吸附分析和电泳，1948 年获诺贝尔化学奖
1940	Wilson	发表第一篇有关色谱理论的论文；假设完全平衡和线性吸附等温线；定性地定义了扩散、吸附速率和非线性等温线
1941	Tiselius	发明了液相色谱并提出迎头（前沿）分析、洗脱分析和顶替展开法
1941	Martin、Synge	提出色谱塔板理论模型（用于评价柱效）；发明了液-液分配色谱；预言了气体可代替液体作为流动相。1952 年获诺贝尔化学奖
1944	Consden 等	发明了纸色谱
1946	Claesson	发明了具有迎头（前沿）分析和顶替展开分析的液-固色谱法（合作者 Tiselius）

年份	发明者	色谱重要进展或应用
1949	Martin	确定了保留值与热动力学平衡常数间的关系
1951	Cremer	引入了气-固色谱
1952	Phillips	发明了具有迎头分析的液-液色谱法
1952	James、Martin	从理论和实践上完善了气-液分配色谱法
1955	Glueckauf	首次给出全面评价理论塔板数与固定相粒度、颗粒扩散和膜扩散离子交换之间的关系方程
1956	van Deemter 等	提出了色谱速率理论,并应用于气相色谱
1957	Golay	发明开管柱气相色谱法
1959	Porath、Flodin	发表凝胶过滤色谱的研究报告
1964	Moore	发明凝胶渗透色谱法
1965	Giddings	总结和发展了早期色谱理论,为色谱学的发展奠定了理论基础
1975	Small	发明了以离子交换剂为固定相、强电解质为流动相,采用抑制型电导检测的新型离子色谱法
1981	Jorgenson 等	创立了毛细管电色谱法

1.2　色谱法分类

色谱法的种类和名称各异。基于色谱分离规模、流动相和固定相的形态、色谱分离载体的形状、色谱分离机理等,色谱法主要分为以下各类方法[10-12]。

1.2.1　按照色谱分离规模分类

按照色谱分离规模,色谱法分为分析型和制备型。分析型色谱主要用于样品组分的定性和定量分析;而制备型色谱主要用于样品中目标组分的分离和纯化,以获得纯品为目的。根据制备样品量的大小,制备型色谱又分为实验室制备型色谱、中试制备型色谱、生产制备型色谱等。各种色谱规模的组分质量和所需色谱柱内径的大致范围见表 1-2。本书内容只涉及分析型色谱。

表 1-2　色谱法按照色谱分离规模分类

色谱法	质量范围	常用色谱柱内径/mm
分析型色谱	μg～mg	4～10
实验室制备型色谱	mg～g	11～25
中试制备型色谱	g～kg	26～80
生产制备型色谱	kg～t	81～1500

1.2.2 按照流动相和固定相的形态分类

按照流动相的形态，色谱法分为气相色谱法和液相色谱法；前者的流动相为气体（常称为载气）；后者的流动相为液体。此外，还可以超临界流体作为流动相，称为超临界流体色谱（supercritical fluid chromatography，SFC）。超临界流体是指物质在高于临界温度和临界压力时的一种状态，不是气体也不是液体但兼具气体和液体的某些性质，如气体的低黏度、液体的高密度和介于气、液之间较高的扩散系数等特性。这种流体因其密度不同，对各种物质具有不同的溶解能力。目前 SFC 常用的超临界流体是二氧化碳和氧化亚氮，常用的固定相是固体吸附剂（如硅胶）或键合到载体（或毛细管壁）上的高聚物。SFC 是 GC 和 LC 的补充，SFC 可以分析不挥发性组分，具有比液相色谱更高的分析效率。

按照固定相的形态，色谱法分为吸附色谱法和分配色谱法。在色谱分析条件下，前者的固定相为固态（常称为吸附剂）；后者的固定相为液态（常称为固定液）。色谱法按照流动相和固定相的形态分类见表 1-3。

表 1-3　色谱法按照流动相和固定相的形态分类

色谱法	流动相	固定相	类别
气相色谱法（GC）	气体	液态	气-液色谱（GLC）
		固态	气-固色谱（GSC）
液相色谱法（LC）	液体	液态	液-液色谱（LLC）
		固态	液-固色谱（LSC）
超临界流体色谱（SFC）	超临界流体	类似 LC	

1.2.3 按照色谱分离载体的形状分类

按照色谱分离载体的形状，色谱法分为平面色谱和柱色谱。前者的载体为玻璃板或滤纸（如薄层色谱、纸色谱等），后者的载体可为玻璃柱、不锈钢柱、毛细管柱等（如柱层析、气相色谱、液相色谱、毛细管电色谱等）。

1.2.4 按照色谱分离机理分类

按照色谱分离机理或分子间作用，色谱法分为分配色谱、吸附色谱、离子交换色谱、尺寸排阻色谱等（图 1-2），此外，还有亲和色谱等。被分离组分与固定相间分子作用不同，色谱分离机理则不同。

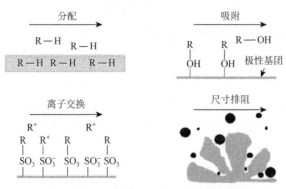

图1-2　不同分离机理的色谱法示意图

图中箭头为流动相流动方向

　　分配色谱的分离是基于样品各组分在两相间分配系数的差异。当组分在固定相中的溶解度大于其在流动相中的溶解度时,其分配系数大、保留时间长;反之分配系数小、保留时间短。因此,在一定色谱条件下,各组分因分配系数的差异而具有不同的保留时间,使各组分得到分离。

　　在液相色谱中,当固定相极性大于流动相极性时,称为正相色谱(normal-phase chromatography);当固定相的极性小于流动相的极性时,称为反相色谱(reversed-phase chromatography)。例如,当固定相为硅胶,流动相为己烷/甲醇(90∶10)时,此时固定相极性大于流动相极性,为正相色谱;当固定相为十八烷基键合硅胶,流动相为水/乙腈(90∶10)时,此时固定相极性小于流动相极性,为反相色谱。

　　吸附色谱的分离是基于组分在固态吸附剂表面吸附系数的差异。被固定相吸附作用强的组分,其色谱保留时间长。

　　离子交换色谱主要用于无机离子和有机离子的分离。离子交换分离与所用固定相的离子类型(阳离子、阴离子、电荷数等)有关。

　　尺寸排阻色谱的分离是基于组分分子的大小和形状。分子较大的组分不能进入固定相孔隙结构内部,很快随流动相流出,保留时间短;而分子较小的组分因可进入孔隙结构内,保留时间较长。因此,通过尺寸排阻色谱可将不同大小或不同形状的组分分子分开。本法常用于测定聚合物的分子量分布;也可用于样品预处理,去除样品基质中的大分子干扰物,如食品、蔬菜、水果中的纤维、色素等。

1.3　色谱法的特点、应用领域和发展趋势

　　色谱法具有以下特点:

　　(1)具有强大的组分分离、定性和定量功能,是进行复杂样品组分的分离及其分析测定不可或缺的重要方法。

（2）具有高选择性。根据被测组分的性质，通过改变色谱固定相或流动相的种类来提高色谱选择性。

（3）高灵敏度。色谱分析所需样品量少，可用于微量组分的定性或定量分析。

（4）高准确度和高精密度。色谱分析的准确度高、重复性和重现性好，应用广泛。

（5）可以收集色谱分离的组分，有利于制备高纯度、高附加值的产物。

（6）色谱分离过程易于放大，便于推广至大规模生产。

（7）仪器自动化程度高，分析过程简便、快速。

色谱分析目前在医药、生命科学、化学、化工、环境、食品、石油化工、材料、刑侦、体育等众多领域都具有广泛的应用。随着科技的不断发展以及生产和生活标准的不断提高，为适应社会发展对分析测定的要求，色谱分析发展的总趋势是向着更高灵敏度、更高选择性、更高效率（样品高通量）、仪器自动化和智能化、仪器联用技术（coupling/hyphenated techniques）等方向发展。

1.4　色谱相关的期刊和网上资源

1.4.1　色谱相关的期刊

常刊载色谱分析研究和应用相关论文的国内外学术期刊主要有：

（1）*Journal of Chromatography A*

（2）*Journal of Chromatography B*

（3）*Analytica Chimica Acta*

（4）*Trends in Analytical Chemistry*

（5）*Analytical and Bioanalytical Chemistry*

（6）*Analytical Chemistry*

（7）*Journal of Separation Science*

（8）*Journal of Pharmaceutical and Biomedical Analysis*

（9）*Chromatographia*

（10）《分析化学》

（11）《色谱》

（12）《中国化学快报》

（13）《高等学校化学学报》

（14）《分析测试通报》

（15）《分析科学学报》

（16）《药物分析杂志》

1.4.2　色谱相关的网上资源

　　互联网的普及和期刊论文的数字化使得人们获取相关资料的途径更为方便、快捷。常用的期刊数据库和部分色谱相关网址见表1-4。此外，国内外一些大型色谱仪器公司的网站也提供一些色谱相关的知识和材料可供学习或参考。

表 1-4　主要期刊数据库和部分色谱相关网址

期刊数据库或相关网站	网址
Elsevier 期刊全文库	http://www. elsevier.com
John Wiley 期刊全文库	http://www. interscience. wiley.com
Springer link 期刊全文库	http://www. springerlink.com
美国化学会（ACS）期刊全文库	http://pubs. acs.org
英国皇家化学会（RSC）期刊全文库	http://www. rsc.org
LCGC 杂志网站	http://www. lcgcmag.com
色谱论坛	http://www. chromatographyforum.com
色谱在线	http://www. chromatography-online.org
中国知网	http://www. cnki.net
仪器信息网	http://www. instrument.com.cn
中国色谱网	http://www. sepu.net

参 考 文 献

[1]　Ettre L S. M. S. Tswett and the invention of chromatography. LC GC North America，2003，21：458.

[2]　Berezkom V G. Chromatographic Adsorption Analysis：Selected Works of M. S. Tswett. New York：Ellis Horwood，1990.

[3]　Martin A J P，Synge R L M. Separation of the higher monoamino-acids by counter-current liquid-liquid extraction：the amino-acid composition of wool. Biochem J，1941，35：91.

[4]　Martin A J P，Synge R L M. A new form of chromatogram employing two liquid phases. Biochem J，1941，35：1358.

[5]　Ettre L S. The birth of partition chromatography. LC GC，2001，19：506.

[6]　James A T，Martin A J P. Gas-liquid partition chromatography：The separation and micro-estimation of volatile fatty acids from formic acid to dodecanoic acid. Biochem J，1952，50：679.

[7]　van Deemter J J，Zuiderweg F J，Klinkenberg A. Longitudinal diffusion and resistance to mass transfer as causes of nonideality in chromatography. Chem Eng Sci，1956，5：271.

[8]　Giddings J C. Liquid chromatography with operating conditions analogous to those of gas chromatography. Anal Chem，1963，35：2215.

[9]　Giddings J C. Dynamics of Chromatography. Part 1：Principles and Theory. New York：Marcel Dekker，

1965.

[10] 傅若农. 色谱分析概论. 2 版. 北京：化学工业出版社，2009.

[11] Grob R L, Barry E F. Modern Practice of Gas Chromatography. 4th ed. Hoboken：John Wiley & Sons, Inc.,
2004.

[12] Miller J M. Chromatography Concepts and Contrasts. Hoboken：John Wiley & Sons，Inc.，2005.

第2章 色谱分析基础理论

色谱分析基础理论是色谱分离、定性和定量分析的理论基础，也是色谱分析条件选择的重要依据。掌握色谱分析基础理论是色谱分析研究和应用的前提。本章将分别介绍色谱分析基本概念、分配系数与保留因子、吸附等温线与色谱峰形状、塔板理论（色谱分离的热力学因素）、速率理论（色谱分离的动力学因素）、分离度和色谱分离度基本关系式等[1-4]。

2.1 色谱分析基本概念

2.1.1 色谱术语和参数

色谱图（图 2-1）及色谱分析相关术语和参数如下：

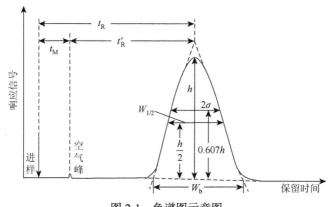

图 2-1 色谱图示意图

（1）基线（baseline）：色谱柱中仅有载气通过时检测器的响应信号。在色谱系统正常情况下，色谱图基线应该是一条水平直线。

（2）峰高（peak height, h）：色谱峰顶点到基线之间的垂直距离，以 h 表示。峰高是色谱分析中常用的定量参数之一。

（3）峰面积（peak area, A）：色谱峰曲线下与峰底之间的面积。峰面积是色谱分析中最常用的定量参数之一。

（4）死时间（hold-up time 或 dead time, t_M）：不被固定相吸附或溶解的组分从进样开始至色谱峰顶点所需的时间。这种不被固定相吸附或溶解的组分的移动速度与流动相的流速相近。在气相色谱分析中，用热导池检测器时，常以空气峰的保留时间作为死时间；用火焰离子化检测器时，常以甲烷峰的保留时间作为死时间。目前一些气相色谱仪系统可以根据色谱柱和色谱条件自动计算出死时间。

（5）保留时间（retention time，t_R）：样品组分从进样开始至色谱峰顶点所需的时间。组分的保留时间常用于组分的定性分析。

（6）调整保留时间（adjusted retention time，t'_R）：组分的保留时间减去死时间即为该组分的调整保留时间，即 $t'_R = t_R - t_M$。

由于组分在色谱柱中的保留时间 t_R 是组分随流动相通过色谱柱的时间和组分在固定相中滞留时间的总和，所以 t'_R 表示的是组分在固定相中停留的时间。组分的调整保留时间也常用于组分的定性分析。

（7）死体积（hold-up volume 或 dead volume，V_M）：指填充柱内固定相颗粒间的体积、色谱仪管路和连接头间的体积、检测器体积的总和。当后两项小到可忽略不计时，死体积可以根据死时间和载气体积流速 F_0 计算得到，即

$$V_M = t_M \times F_0$$

（8）保留体积（retention volume，V_R）：指组分从进样开始到浓度最高点时所通过载气的体积。保留体积与保留时间的关系如下

$$V_R = t_R \times F_0 \tag{2-1}$$

（9）调整保留体积（adjusted retention volume，V'_R）：组分的保留体积减去死体积后为该组分的调整保留体积，即

$$V'_R = V_R - V_M \tag{2-2}$$

（10）峰宽（peak width）：描述色谱峰宽度的参数有以下三种：

标准偏差（σ）：0.607 倍峰高处色谱峰宽度的一半；

半峰宽（$W_{1/2}$）：0.5 倍峰高处色谱峰的宽度（$W_{1/2} = 2.354\sigma$）；

峰底宽（W_b）：色谱峰通过两拐点的切线与基线相交点之间的距离（$W_b = 4\sigma$）。

（11）相对保留值（relative retention，$r_{i,s}$ 或 r_{21}）：为一定色谱条件下被测组分 i 与参比物 s 的调整保留时间的比值，是常用的色谱定性参数之一。$r_{i,s}$ 只与固定相和柱温有关，不受其他色谱条件（如柱径、柱长、填充情况及流动相流速等）的影响。当固定相、柱温一定时，$r_{i,s}$ 是常数。参比物通常选用沸点适中的有机物。

$$r_{i,s} = \frac{t'_{R_i}}{t'_{R_s}} \text{ 或 } r_{21} = \frac{t'_{R_2}}{t'_{R_1}} \tag{2-3}$$

值得注意的是，相对保留值计算公式中的被测组分与参比物的色谱峰不一定相邻。当被测组分的调整保留时间大于参比物的调整保留时间时，$r_{i,s} > 1$，否则 $r_{i,s} < 1$。

（12）保留因子（retention factor，k）：也称容量因子（capacity factor）、质量分配系数或分配比等，为平衡时组分在固定相中的质量（m_s）与其在流动相中的质量（m_m）的比值，即

$$k = \frac{m_s}{m_m} \qquad (2\text{-}4)$$

组分的保留因子越大，则保留时间越长。色谱分析中，保留因子的计算式为

$$k = \frac{t_R - t_M}{t_M} = \frac{t'_R}{t_M} \qquad (2\text{-}5)$$

（13）选择性因子（selectivity factor，α）：也称分离因子（separation factor），是色谱图中相邻两组分的保留因子的比值，用以描述相邻组分分离程度的重要参数之一。式（2-6）中，k_2 或 t'_{R_2} 为后流出组分的保留因子或调整保留时间，$\alpha \geq 1$。在多组分样品分析中，通常选择最难分离的一对组分（critical pair）的 α 值来评价色谱固定相的选择性。α 值计算见图 2-2。

$$\alpha = \frac{k_2}{k_1} = \frac{t'_{R_2}}{t'_{R_1}} \qquad (2\text{-}6)$$

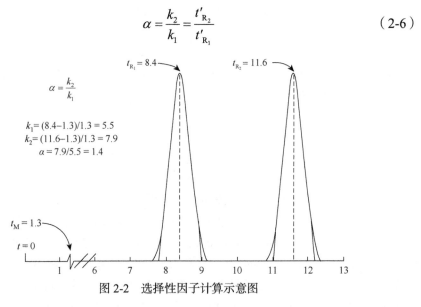

图 2-2　选择性因子计算示意图

（14）对称因子（f_s）与不对称度（A_s）：色谱峰的对称性常用对称因子（symmetry factor，f_s）［也称拖尾因子（tailing factor，T）］来衡量，其计算式（2-7）及示意图（图 2-3）如下。采用 5% 峰高处的 A 和 B 计算 f_s。当色谱峰 $f_s = 0.95 \sim 1.05$，可视为正常峰；$f_s < 0.95$ 为前延峰；$f_s > 1.05$ 为拖尾峰。

$$f_s = T = \frac{A + B}{2A} \qquad (2\text{-}7)$$

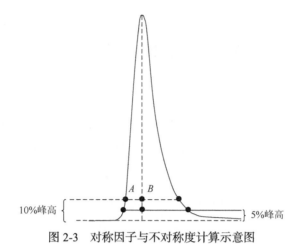

图 2-3　对称因子与不对称度计算示意图

此外，也可以采用不对称度（asymmetry，A_s）评价色谱峰的对称性。其计算式见式（2-8），A_s 为 10%峰高处峰宽的后部分 B 与前部分 A 的比值（图 2-3），即

$$A_s = \frac{B}{A} \qquad\qquad (2\text{-}8)$$

显然，色谱峰的不对称度不同于对称因子或拖尾因子。一般要求色谱峰 $0.9 < A_s < 1.2$。

2.1.2　色谱图提供的信息

上述色谱参数可以用于单一色谱峰或多组分色谱峰的评价。

对于单一色谱峰，可用以下 3 个参数来描述：

（1）峰位（保留时间、调整保留时间）用于定性分析；

（2）峰高（或峰面积）用于定量分析；

（3）峰宽用于衡量色谱柱柱效。

对于多个色谱峰，除上述 3 个参数外，还可采用相对保留值对组分进行定性，采用分离参数［如选择性因子、分离度（详见 2.5 节）等］描述相邻色谱峰的分离程度。

从色谱图可获得以下主要信息：

（1）根据色谱峰的个数，可以判断样品组分的最少个数；

（2）根据色谱峰的保留值，可以进行定性分析；

（3）根据色谱峰的峰面积或峰高，可以进行定量分析；

（4）根据色谱峰的峰宽，评价色谱柱柱效；

（5）根据色谱峰的对称性，评价色谱柱惰性；

（6）根据色谱峰间的分离程度，评价固定相的选择性和分离能力。

2.2　分配系数与保留因子

2.2.1　分配系数

在一定温度下，处于平衡状态的组分（图 2-4）在固定相中的浓度 c_s 与其在流动相中浓度 c_m 的比值，称为分配系数（distribution coefficient，K）。

$$K = \frac{溶质在固定相中的浓度}{溶质在流动相中的浓度} = \frac{c_s}{c_m} \qquad （2-9）$$

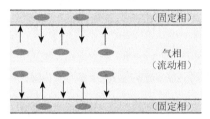

图 2-4　色谱分配过程示意图

有关分配系数的讨论：

（1）分配系数 K 由组分和固定相的热力学性质决定，与柱温有关，与两相体积及组分浓度无关。分配系数与柱温 T_c 的关系如式（2-10）所示。通常，温度上升 20℃，K 值约下降一半。

$$\ln K = -\frac{\Delta H}{RT_c} + C \qquad （2-10）$$

式中，ΔH 为溶质在固定相中的溶解热，溶解过程为放热反应，ΔH 为负值；R 为摩尔气体常量；T_c 为柱温；C 为常数。

（2）一定温度下，组分 K 越小，出峰越快；当组分 $K = 0$ 时，不被固定相保留，最先流出。组分分配系数与色谱流出顺序的关系如图 2-5 所示。

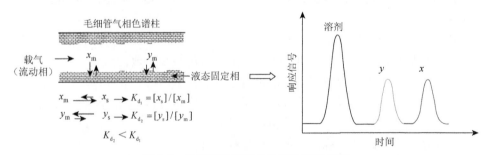

图 2-5　分配系数与组分色谱分离示意图

（3）样品中各组分具有不同的 K 值是实现色谱分离的前提。

（4）在气相色谱法中，组分 K 值主要取决于固定相性质，高选择性固定相有利于提高分离度。在液相色谱法中，组分 K 值还受流动相的影响。

（5）如果在一定浓度范围内 K 为常数，则称为线性色谱，其色谱峰对称性良好（正常峰）。否则称为非线性色谱，其色谱峰对称性较差（拖尾峰或前延峰）。

2.2.2　分配系数 K 与保留因子 k 的关系

根据分配系数和保留因子的定义，可以得到以下关系式

$$k = \frac{m_s}{m_m} = \frac{\frac{m_s}{V_s}V_s}{\frac{m_s}{V_m}V_m} = \frac{c_s}{c_m} \times \frac{V_s}{V_m} = \frac{K}{\beta} \qquad (2\text{-}11)$$

式中，β 为相比，为 GC 色谱柱内的载气体积与固定相涂层体积之比值。通常填充柱 β 为 6～35；毛细管柱 β 为 50～1500。

对于毛细管柱，其相比可根据式（2-12）计算

$$\beta = \frac{(r_c - d_f)^2 \pi L}{2r_c d_f \pi L} = \frac{(r_c - d_f)^2}{2r_c d_f} = \frac{r_c}{2d_f} \ (r_c \gg d_f) \qquad (2\text{-}12)$$

由式（2-12）可见，毛细管柱的相比 β 与色谱柱半径 r_c 和涂层厚度 d_f 有关。在色谱柱内径一定时，涂层厚度增大，相比降低。在温度一定时，色谱柱相比降低，组分保留增加。因而，改变色谱柱的相比，组分保留随之改变。对于不同规格的色谱柱，当其相比相近时，在同一色谱条件下，组分具有相近的保留时间。因而，当色谱柱规格改变而相比变化不大时，不会明显影响组分的保留行为。

根据式（2-6）和式（2-11），可以得到关系式

$$\alpha = \frac{t'_{R_2}}{t'_{R_1}} = \frac{k_2}{k_1} = \frac{K_2}{K_1}$$

这样，通过选择性因子 α，将实验可测量值 k 与热力学性质的分配系数 K 直接联系起来。α 对色谱固定相的选择具有实际指导意义。如果两组分的 K 值或 k 值相等，则 $\alpha = 1$，两组分的色谱峰发生重叠。两组分的 K 值或 k 值相差越大，则分离会越好。因此，组分具有不同的分配系数或保留因子是实现色谱分离的先决条件。

例 2-1　组分 A 和 B 的保留时间分别为 15.0min 和 25.0min，而非保留组分的保留时间为 2.0min。试计算：①组分 B 对组分 A 的选择性因子；②组分 A 的保留因子。

解

$$\alpha = \frac{t'_{R(B)}}{t'_{R(A)}} = \frac{25.0 - 2.0}{15.0 - 2.0} = 1.8$$

$$k = \frac{t'_{R(A)}}{t_M} = \frac{15.0 - 2.0}{2.0} = 6.5$$

2.3　吸附等温线与色谱峰形状

气-固色谱法遵循气态组分在吸附剂表面上的吸附规律。气体在吸附剂表面上的吸附平衡常用吸附等温线（adsorption isotherm）来描述。在气-固色谱分析中，吸附等温线是指在一定色谱条件下组分在固定相（吸附剂）的浓度 c_s 与其在流动相（载气）的浓度 c_m 的关系曲线，曲线上某点的斜率即为组分在该点的吸附平衡常数。色谱等温线依据组分 c_s 与 c_m 的变化趋势分为线性等温线和非线性等温线（图 2-6）。

当吸附等温线在一定浓度范围内为直线时，称为线性等温线。组分在此范围内的平衡常数为定值，对应的色谱称为线性色谱（linear chromatography），其色谱峰为对称峰（正常峰）。

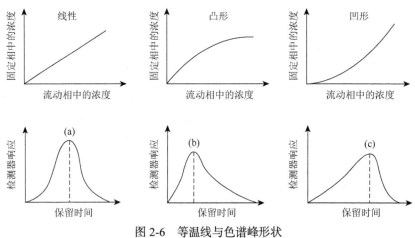

图 2-6　等温线与色谱峰形状

（a）正常峰；（b）拖尾峰；（c）前延峰

在一定浓度范围内，组分 c_s 与 c_m 的变化趋势不呈直线时，称为非线性等温线，分为凸形等温线（Langmuir isotherm）和凹形等温线（anti-Langmuir isotherm）。组分在此范围内的平衡常数不是定值，对应的色谱称为非线性色谱（nonlinear chromatography），其色谱峰为不对称的拖尾峰（tailing peak）或前延峰（leading peak 或 fronting peak）。拖尾峰为前沿陡峭、后沿拖尾的不对称峰；前延峰为前沿平缓、后沿陡峭的不对称峰。

图 2-6 中的线性等温线为理想情况，在组分浓度较低（进样量小）时，等温线接近于直线形，对应的色谱峰为对称峰。在色谱分析中，凸形等温线对应的拖尾峰也比较常见。

线性色谱具有以下特点：①组分在固定相的浓度 c_s 与其在流动相的浓度 c_m

成正比；②色谱等温线是一条通过原点的直线；③色谱峰的形状和保留时间不受样品组成和样品量的影响；④峰高与组分量成正比（图2-7）；⑤线性色谱在分析型色谱中比较常见。

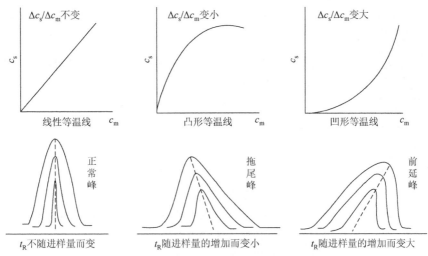

图 2-7　等温线形状与进样量关系示意图

非线性色谱具有以下特点：①组分在固定相的浓度 c_s 与其在流动相的浓度 c_m 不成正比；②色谱等温线为曲线；③等温线形状受样品中其他组分浓度的影响；④色谱峰的形状和保留时间受样品组成和样品量的影响（图2-7）；⑤非线性色谱在制备型色谱中比较常见。

2.4　色　谱　理　论

色谱分析是将样品组分分离后进行定性和定量分析。组分色谱峰间的分离程度取决于峰间距离，而峰间距离由组分在两相间的分配系数决定，后者与色谱过程的热力学性质有关。两色谱峰之间虽有一定距离但峰宽较大时也会影响分离效果，会出现不同程度的峰重叠。色谱峰的宽窄由组分在色谱柱中传质和扩散行为决定，其与色谱过程的动力学性质有关。因此，组分色谱分离过程和分离程度受色谱热力学和动力学两方面因素的共同影响。下面将分别介绍与色谱热力学和动力学相关的色谱理论，即塔板理论（plate theory）和速率理论（rate theory）（图2-8）。

图 2-8　色谱理论

2.4.1　塔板理论

1. 塔板理论的建立

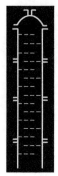

图 2-9　精馏塔示意图

塔板理论由马丁（Martin）等提出。该理论将色谱柱比作一个精馏塔（图 2-9），沿用精馏塔中塔板的概念来描述组分在两相间的分配行为，并引入理论塔板数作为评价色谱柱柱效的量化参数。

色谱柱的理论塔板数（n）与色谱柱长（L）、虚拟的塔板间距离或塔板高度（H）之间的关系为

$$n = \frac{L}{H} \qquad （2-13）$$

建立塔板理论的基本假设：

（1）在柱内一小段长度 H 内，组分可以在两相间瞬间达到平衡。这一小段柱长称为理论塔板高度 H。

（2）以气相色谱为例，载气进入色谱柱不是连续进入而是脉动式进入，每次进气一个塔板体积（ΔV）。

（3）所有组分从第 0 号塔板开始，并且忽略组分的纵向扩散。

（4）分配系数在所有塔板上相同，为常数，与组分在某一塔板上的量无关。

下面以气-液色谱为例说明塔板理论对色谱分离过程的解释：

（1）当组分由载气携带进入色谱柱与固定相接触时，组分进入固定相中。

（2）随着载气的通入，固定相中的组分又扩散至载气中。

（3）载气中的组分随着载气继续向前移动，并再次分配至固定相中。

（4）随着载气的不断进入，组分在两相间的溶解、挥发反复进行。

下面通过计算进一步说明在气-液色谱分离过程中，组分在两相间的分布变化和色谱分离过程。为简便起见，设色谱柱由 5 块塔板（$n = 5$）组成，塔板编号为 r（$r = 0, 1, 2, \cdots, n-1$）；组分质量 $m = 1\mu g$，分配比 $k = 1$。

基于上述假设，可以计算出该组分色谱分离过程中在各塔板上的质量变化：

开始时，该组分（$m = 1\mu g$）先被加到第 0 号塔板上。由于 $k = 1$，分配平衡后，$m_m = m_s = 0.5\mu g$。当一个塔板体积（ΔV）的载气以脉动形式进入 0 号板时，可将气相中组分 m_m 携带至 1 号板上。此时 0 号板固定相中组分（m_s）及新进入 1 号板气相中的组分（m_m）将各自在两相间重新分配。故 0 号板上所含组分总量为 $0.5\mu g$，经气液两相重新分配后各为 $0.25\mu g$；而 1 号板上所含总量同样为 $0.5\mu g$，经气液两相重新分配后也各为 $0.25\mu g$。如此往复，每当一个塔板体积载气以脉动式进入色谱柱时，上述过程就重复一次。组分在各塔板分配过程示意图见图 2-10。组分在各塔板两相中质量分布计算见表 2-1。

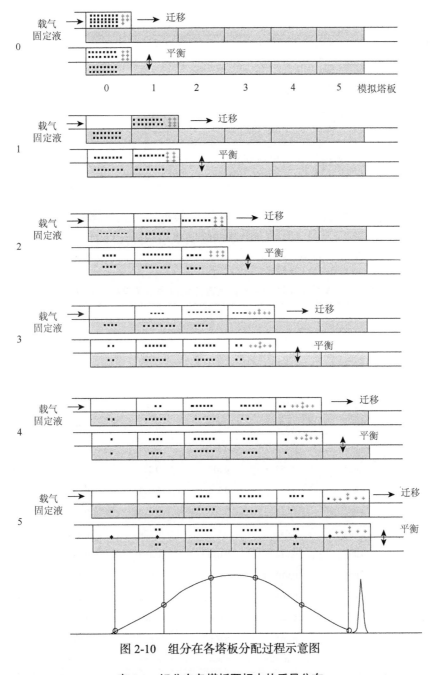

图 2-10 组分在各塔板分配过程示意图

表 2-1 组分在各塔板两相中的质量分布

塔板号 r	0	1	2	3	4
进样 $\begin{cases} m_{\mathrm{m}} \\ m_{\mathrm{s}} \end{cases}$	$\dfrac{0.5}{0.5}$				

塔板号 r	0	1	2	3	4
进气 $1\Delta V$ $\begin{cases} m_m \\ m_s \end{cases}$	$\dfrac{0.25}{0.25}$	$\dfrac{0.25}{0.25}$			
进气 $2\Delta V$ $\begin{cases} m_m \\ m_s \end{cases}$	$\dfrac{0.125}{0.125}$	$\dfrac{0.125+0.125}{0.125+0.125}$	$\dfrac{0.125}{0.125}$		
进气 $3\Delta V$ $\begin{cases} m_m \\ m_s \end{cases}$	$\dfrac{0.063}{0.063}$	$\dfrac{0.063+0.125}{0.125+0.063}$	$\dfrac{0.125+0.063}{0.063+0.125}$	$\dfrac{0.063}{0.063}$	$\dfrac{0.032}{0.032}$

当脉冲进气次数较少时（$N<20$），可以根据二项式计算各塔板上溶质的质量（x），计算结果见表 2-2。将表中数据绘制成曲线（图 2-11），即为组分在塔板上质量分布变化的二项式分布曲线。

表 2-2　某单位质量的组分在色谱分离过程中各塔板上的分布

进气次数 N	塔板号 r					柱出口
	0	1	2	3	4	
0	1.00	0	0	0	0	0
1	0.500	0.500	0	0	0	0
2	0.250	0.500	0.250	0	0	0
3	0.125	0.375	0.375	0.125	0	0
4	0.063	0.250	0.375	0.250	0.063	0
5	0.032	0.157	0.313	0.313	0.157	0.032
6	0.016	0.095	0.235	0.313	0.235	0.079
7	0.008	0.056	0.165	0.274	0.274	0.118
8	0.004	0.032	0.111	0.220	0.274	0.138
9	0.002	0.018	0.072	0.166	0.247	0.138
10	0.001	0.010	0.045	0.094	0.207	0.124
11	0	0.005	0.028	0.070	0.151	0.104
12	0	0.002	0.016	0.049	0.110	0.076
13	0	0.001	0.010	0.033	0.080	0.056
14	0	0	0.005	0.022	0.057	0.040
15	0	0	0.002	0.014	0.040	0.028
16	0	0	0.001	0.008	0.027	0.020

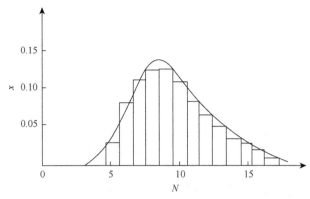

图 2-11　组分在塔板上质量分布变化的二项式分布曲线

上面介绍的组分在塔板上质量分布变化中涉及的塔板数很少，主要是为了便于读者理解组分在色谱分离过程中组分质量分布的变化过程。在实际色谱分析中，塔板数远大于上述情况。当塔板数较多时，组分在塔板上质量分布变化趋近于正态分布曲线。

符合正态分布的色谱流出曲线方程式为

$$c = \frac{c_0}{\sigma\sqrt{2\pi}} \mathrm{e}^{-\frac{(t-t_R)^2}{2\sigma^2}} \qquad (2-14)$$

式中，σ 为标准差；t_R 为保留时间；c_0 为峰面积；c 为任一时间 t 时的浓度。

根据式（2-14），可以分析得出以下结论：

（1）当 $t = t_R$ 时，c 有极大值

$$c_{\max} = \frac{c_0}{\sigma\sqrt{2\pi}} \qquad (2-15)$$

式中，$c_{\max}$ 即流出曲线的峰高（以下用 h 表示）。

将 h 及 $W_{1/2} = 2.354\sigma$ 代入式（2-15），可得到峰面积 c_0（以下用 A 表示）

$$A = 1.065 W_{1/2} \times h \qquad (2-16)$$

（2）当 $t > t_R$ 或 $t < t_R$ 时，$c < c_{\max}$，将式（2-15）代入式（2-14）中，得

$$c = c_{\max} \mathrm{e}^{-\frac{(t-t_R)^2}{2\sigma^2}} \qquad (2-17)$$

不论 $t > t_R$ 或 $t < t_R$ 时，浓度 c 恒小于 $c_{\max}$。c 随时间 t 向峰两侧对称下降。

基于流出曲线方程，经推导可以得到色谱柱理论塔板数 n 的计算公式，即

$$n = 5.54\left(\frac{t_R}{W_{1/2}}\right)^2 = 16\left(\frac{t_R}{W_b}\right)^2 \qquad (2-18)$$

理论塔板高度（H）为

$$H = \frac{L}{n} \tag{2-19}$$

由式（2-18）可见，色谱柱柱效与被测组分的保留时间和峰宽有关。通过改变色谱条件，使色谱峰变窄并保持适当的保留时间，有利于提高柱效，降低塔板高度。n 和 H 是评价色谱柱柱效的量化参数。通常，填充柱 $H < 1\text{mm}$，毛细管柱 $H < 0.5\text{mm}$。色谱柱塔板数与柱长有关，常以每米塔板数表示，便于对比评价不同规格色谱柱的柱效。

调整保留时间（t'_R）是组分停留在固定相并与之相互作用的时间。根据调整保留时间计算得到的塔板数称为有效塔板数（$n_{有效}$）。

有效塔板数和有效塔板高度的计算式为

$$n_{有效} = 5.54 \left(\frac{t'_R}{W_{1/2}} \right)^2 = 16 \left(\frac{t'_R}{W_b} \right)^2 \tag{2-20}$$

$$H_{有效} = \frac{L}{n_{有效}} \tag{2-21}$$

有关塔板数的计算和应用应注意以下事项：

（1）n 是评价色谱柱柱效、色谱柱制备技术的重要参数。

（2）当柱长 L 一定时，H 越小，被测组分在两相间被分配的次数越多，柱效越高。

（3）不同物质在同一色谱柱上的保留时间不同。通常保留时间较长的物质，其 n 值也较大。用 n 或 $n_{有效}$ 评价柱效时，应说明测定物质。

（4）柱效只是影响色谱柱分离能力的因素之一。当两组分的 K 或 k 相同时，无论该色谱柱的 n 多大，都不能实现分离。

（5）n 的大小还受其他条件的影响，如固定相涂层厚度、柱温、载气流速、进样量等。因而，不同色谱柱柱效的评价应基于相近的测定条件。

（6）测定柱效的色谱峰应具有良好的对称性，否则计算结果的误差较大。

（7）测定柱效的被测物的浓度应在检测器响应的线性范围内，否则 n 值不真实。

（8）计算 n 时，保留时间与峰宽应有相同单位。

2. 塔板理论的贡献和局限性

塔板理论发展了平衡色谱理论，奠定了色谱理论基础，其主要贡献为：①用热力学观点形象地描述了溶质在色谱柱中的分配平衡和分离过程，初步揭示了色谱分离过程；②提出了描述色谱峰形状的数学模型，解释了色谱峰形状及浓度极大值的位置；③给出了色谱柱柱效的计算公式和评价方法。塔板数是溶质在色谱柱内两相间分配平衡次数的量度，是评价色谱柱柱效的量化指标，具有重要的理论与实用价值。

塔板理论是半经验性理论，具有一定局限性。局限性主要源于建立该理论时提出的一些假设与色谱分离的实际过程不完全相符。塔板理论假设中存在的问题：①塔板理论所依据的瞬间分配平衡在色谱过程中只是一种理想状态。色谱分离实际上是一个动态过程，难以实现真正的瞬间分配平衡（图 2-12）；②溶质分子在随流动相转运过程中，只要溶质分子前后存在浓度差就会发生纵向扩散（沿色谱柱轴方向扩散）。纵向扩散程度与流动相的性质、流速及固定相的性质有关；③假定分配系数与浓度无关，只能在有限的浓度范围内成立。

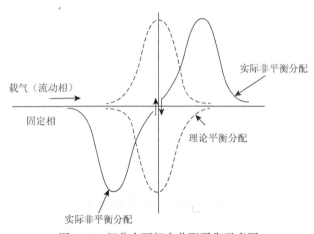

图 2-12　组分在两相中分配平衡示意图

由于上述原因，塔板理论不能解释下述问题：①同一组分在不同流速下其理论塔板数不同；②理论塔板数与塔板高度的色谱含义及本质；③色谱柱结构参数、操作条件与理论塔板数之间的关系；④色谱峰展宽的原因、影响塔板高度的因素和提高柱效的途径。

鉴于塔板理论的局限性，后来学者从非平衡态（动态）的角度去研究色谱分离过程，并提出了速率理论。该理论进一步量化了色谱分离过程的一些影响因素，解释了一些塔板理论不能说明的问题。速率理论的建立进一步丰富和发展了色谱理论，与塔板理论互为补充、相辅相成。

2.4.2　速率理论

1. 气相色谱速率理论方程式

速率理论将色谱过程看作一个动态过程，研究了色谱动力学因素对塔板高度

（H）的影响，进而研究了这些因素对色谱峰展宽和柱效的影响。1952 年，马丁提出：在气相色谱分离过程中，溶质分子的纵向扩散是引起色谱峰展宽的主要因素。1956 年，荷兰学者范第姆特（van Deemter）综合了影响塔板高度 H 的各种动力学因素，提出了填充柱气相色谱速率理论方程式（也称 van Deemter 方程式），即

$$H = A + B/u + Cu \qquad (2\text{-}22)$$

式中，H 为理论塔板高度；u 为载气线速度（cm/s）；A 为涡流扩散（eddy diffusion）项；B/u 为纵向扩散（longitudinal diffusion）项，也称分子扩散项；Cu 为传质阻力（mass transfer resistance）项。值得指出的是，该方程中的各项参数均与实验条件有关。因而，速率理论可为实际样品分析中色谱分离条件的选择提供理论指导。通过选择适宜的色谱条件可以减小色谱峰展宽、降低 H、提高柱效，进而改善样品组分的分离。

1）涡流扩散项 A

在填充柱中，当组分分子随载气沿色谱柱迁移时，载气由于受到固定相载体颗粒阻碍的影响，不断改变流动方向，使组分分子在前进中形成紊乱的类似"涡流"的流动（图 2-13），故称为涡流扩散。

图 2-13　涡流扩散示意图

涡流扩散项 A 的计算式为

$$A = 2\lambda d_{\mathrm{p}} \qquad (2\text{-}23)$$

式中，d_{p} 为固定相载体的平均粒径；λ 为色谱柱填充不均匀因子。

由式（2-23）可见，减小固定相载体粒度并使色谱柱填充均匀，有利于降低板高 H，减小色谱峰展宽，改善组分的色谱分离。d_{p} 与 λ 的关系如表 2-3 所示。填充柱一般是在 80～100 目的载体表面涂敷一层固定相薄膜。开管毛细管柱不存在涡流扩散项，$A = 0$。

表 2-3　填料粒径对 A 的影响

筛目	d_{p}/cm	λ	A/cm
20～40	0.04～0.08	1	0.12
50～100	0.015～0.03	3	0.14
200～400	0.004～0.007	8	0.09

2）纵向扩散项 B/u

B 为纵向扩散系数。组分分子的纵向扩散源于浓度梯度。组分分子进入色谱柱后，其浓度分布呈"塞子"状，并随着载气向前移动。由于组分分子的前后存在浓度梯度，"塞子"必然自发地向前和向后扩散，使得组分分子的谱带展宽（图 2-14）。纵向扩散系数 B 计算式为

$$B = 2\gamma D_m \qquad （2-24）$$

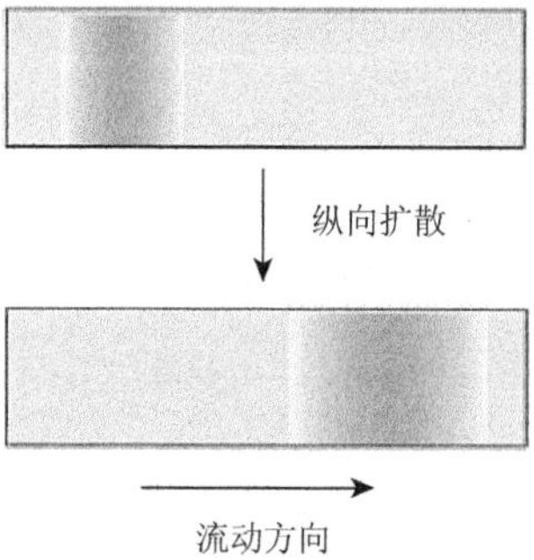

图 2-14 纵向扩散（分子扩散）示意图

式中，γ 为扩散阻碍因子，D_m 为组分分子在载气中的扩散系数，γ 与载体形状、填充状况有关（表 2-4）。组分分子随载气在柱内运动受填充物的影响，使路径弯曲，扩散受阻。填充柱 $\gamma < 1$，毛细管柱 $\gamma = 1$（无扩散阻碍）。

表 2-4 扩散阻碍因子 γ 的近似值

载体	γ
玻璃微珠	0.6～0.7
白色硅藻土载体	0.74
红色硅藻土载体	0.46

纵向扩散项影响因素的讨论如下：

（1）只要存在浓度差，组分分子就会产生纵向扩散。

（2）纵向扩散导致色谱峰变宽、塔板高度 H 增加、塔板数减少（柱效降低），影响色谱分离。

（3）纵向扩散项与流速有关。低流速使组分的保留时间增加，增加组分分子的扩散。

（4）组分分子在载气中的扩散系数 D_m 与载气分子量的平方根成反比，如式（2-25）所示。选择分子量较大的载气，有利于减小纵向扩散对塔板高度 H 的影响。此外，D_m 还与温度成正比，温度升高，D_m 增大。

$$D_m = \frac{1}{\sqrt{M_{载气}}} \qquad （2-25）$$

纵向扩散项与载气线速度成反比。因而，在一定范围内提高流速、降低柱温或采用分子量较大的载气，都有利于减小组分分子的纵向扩散，减小塔板高度，改善色谱分离。

3）传质阻力项 Cu

传质（mass transfer）是指组分分子在两相间因存在浓度差而发生的质量迁移

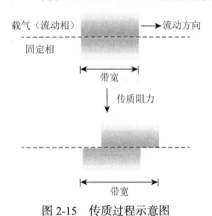

载气（流动相）　　→ 流动方向

固定相

带宽

传质阻力

带宽

图 2-15　传质过程示意图

过程，包括组分在两相中的分配、扩散、平衡、转移的整个过程。样品组分被载气带入色谱柱后，组分在气、液两相之间分配。当组分与固定相之间的分子作用较强时，组分易从气-液界面进入固定相，并进一步扩散到固定相内，而后趋向"分配平衡"。由于载气流动，使这种"平衡"被破坏。当纯载气或含有组分的载气（组分浓度要低于平衡时浓度时）到达后，则固定相中部分组分分子将回到气-液界面并而被载气携入气相中（图 2-15）。

传质阻力项中 C 为传质阻力系数。对于气-液色谱，传质阻力系数 C 包括气相传质阻力系数 C_g 和液相（固定相）传质阻力系数 C_s 两项，即

$$C = C_g + C_s \tag{2-26}$$

气相传质过程是指样品组分从气相移动到固定相表面的过程。在该过程中，样品组分将在两相间进行质量交换。部分组分分子尚未进入两相界面，就被载气带走；部分则进入两相界面未及时返回载气，因而使得组分在两相界面上不能瞬间达到分配平衡，引起滞后现象，从而使色谱峰变宽。

对于填充柱，气相传质阻力系数 C_g 为

$$C_g = \frac{0.01k^2}{(1+k)^2} \times \frac{d_p^2}{D_g} \tag{2-27}$$

式中，k 为保留因子；d_p 为填充物粒度；D_g 为组分在载气中的扩散系数。式（2-27）表明，采用粒度小的填充物和分子量小的载气（如氢气），有利于减小 C_g，提高柱效。

液相（固定相）传质阻力系数 C_s 为

$$C_s = \frac{2}{3} \times \frac{k}{(1+k)^2} \times \frac{d_f^2}{D_s} \tag{2-28}$$

式（2-28）表明，减小固定相的液膜厚度 d_f 和增大组分在固定相的扩散系数 D_s，有利于减小液相传质阻力，加速溶质传质过程。需注意的是，减小固定相涂层厚度会减小组分的 k 值，可能使 C_s 增大。当固定相浓度一定时，液膜厚度随载体的比表面积增加而降低。因此，采用比表面积较大的载体涂敷固定相可以降低

涂层厚度。但比表面过大时，有时易引起色谱峰拖尾，不利分离。此外，适当提高柱温可增大 D_s，有利于加速溶质传质。

将上述各式合并即得气-液色谱的速率方程式

$$H = 2\lambda d_p + \frac{2\gamma D_m}{u} + \left[\frac{0.01k^2}{(1+k)^2} \times \frac{d_p^2}{D_g} + \frac{2kd_f^2}{3(1+k)^2 D_s} \right] u \qquad （2\text{-}29）$$

该方程式对色谱分离条件的选择具有实际指导意义，它指出了色谱柱填充的均匀程度、载体粒度、载气种类及流速、固定相的液膜厚度等是影响色谱柱塔板高度 H 及其柱效的主要因素。上述影响因素的选择建议见表 2-5。

表 2-5　影响色谱柱塔板高度的主要因素及其选择

影响塔板高度 H 的因素		对色谱条件的要求	各个参数合理的范围
涡流扩散项	$2\lambda d_p$	对填充柱载体的要求	①使用适宜的粒度，80～100 目或 100～120 目 ②载体颗粒均匀一致，几何形状规整，最好是球形，粒度范围要窄
		对填充柱工艺的要求	①装填均匀密实，不形成沟槽 ②装填时不要让固定相破碎 ③涂渍固定液后要除去粉末
纵向扩散项	$\dfrac{2\gamma D_m}{u}$	对载气的要求	①热导检测器应使用轻载气 ②载气流量大，B 值减小
传质阻力项	$C_s = \dfrac{2}{3} \times \dfrac{k}{(1+k)^2} \times \dfrac{d_f^2}{D_s}$ $C_g = \dfrac{0.01k^2}{(1+k)^2} \times \dfrac{d_p^2}{D_g}$	对载体的要求	①载体粒度适宜 ②载体比表面要适当大 ③载体表面孔径均匀，没有深沟 ④载体表面容易被湿润
		对固定液的要求	①黏度要低，以便减小 D_s ②易于湿润载体 ③固定液含量要适当低 ④被分离混合物的分配系数差要大
		对载气的要求	①使用轻载气，如氦气或氢气 ②载气流速要适当，选择在柱效的最大点附近的流速

速率理论的要点总结如下：

（1）组分分子在色谱柱内运行的多路径、纵向扩散和传质阻力使其在两相间不能瞬间达到分配平衡，是引起色谱峰展宽、塔板高度增加、柱效下降的主要原因。

（2）通过选择适宜的载体粒度、载气种类和流速、固定相液膜厚度等，有利于提高柱效。

（3）速率理论为色谱分离和操作条件的选择提供了理论指导，阐明了流速和柱温对塔板高度和分离的影响。

（4）各种影响因素相互制约。例如，流速 u 增加，分子扩散项减小，使柱效提高，但同时使传质阻力项增大，使柱效下降；柱温升高有利于传质，但加剧了分子扩散的影响。

综上所述，通过综合考虑上述因素对气相色谱柱的塔板高度和柱效的影响，选择适宜的实验条件有利于减小塔板高度，提高柱效，进而改善样品组分的分离、提高组分定性和定量分析的准确度。

2. $H\text{-}u$ 曲线

由式（2-22）可知：当载气线速度 u 较高时，传质阻力项是影响塔板高度和柱效的主要因素，降低 u 有利于降低 H、提高柱效；当 u 较低时，分子扩散项成为主要影响因素，增加 u 有利于使 H 降低、提高柱效。在实际分析中，载气线速度较低时，优先选用氮气；线速度较高时，优先选用氢气。

基于式（2-22），将 H 对 u 作图可得到 $H\text{-}u$ 曲线（也称 van Deemter 曲线），如图 2-16 所示。由于线速度 u 对传质阻力项和分子扩散项的影响完全相反，所以 u 对 H 的影响存在一个最佳值（最佳线速度），为 $H\text{-}u$ 曲线方程一阶导数的极小值。曲线最低点对应的是最小塔板高度 $H_{最小}$，对应的线速度为最佳线速度，对应的塔板数为最高柱效。在实际色谱分析中，u 的设定常略高于最佳线速度，这样可以在不明显影响组分分离的前提下尽量缩短分析时间，提高色谱分析的效率。对于气相色谱分析中常用的开管毛细管柱，$H = B/u + Cu$（$A = 0$），其对应的 $H\text{-}u$ 曲线常称为戈雷曲线（Golay curve）。

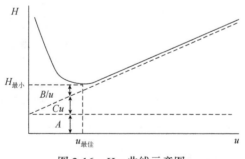

图 2-16　$H\text{-}u$ 曲线示意图

2.5　分离度和色谱分离度基本关系式

2.5.1　分离度

色谱分析中常见的色谱峰分离状态如图 2-17 所示。

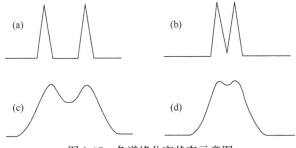

图 2-17　色谱峰分离状态示意图

由图 2-17 中的 4 种分离状态可见：

（a）色谱峰较窄，两组分保留时间的差值 Δt_R 较大，色谱峰完全分离。

（b）色谱峰宽与（a）相同，不同之处在于两组分的 Δt_R 减小，但仍为基线分离。

（c）两组分的 Δt_R 与（a）相同，但两峰宽明显增大，色谱峰部分分离。

（d）两组分的 Δt_R 与（b）相同，但两峰宽明显增大，组分峰几乎全重叠。

由上可见，两组分色谱峰间的分离程度与组分保留时间的差值（热力学因素）和峰宽（动力学因素）有关，即组分分离程度受色谱热力学和动力学两方面因素的综合影响。由此提出了描述组分色谱峰分离程度的概念——分离度（resolution, R）。

分离度计算式为

$$R = \frac{2(t_{R_2} - t_{R_1})}{W_{b_2} + W_{b_1}} \tag{2-30}$$

$$R = \frac{2(t_{R_2} - t_{R_1})}{1.699\left[W_{1/2(2)} + W_{1/2(1)}\right]} \tag{2-31}$$

R 值常用于定量评价组分色谱峰间的分离程度（图 2-18）。例如，当 $R = 0.75$ 时，两峰的分离程度为 89%；$R = 1.0$ 时，两峰的分离程度为 96%（有 4%重叠）；$R = 1.5$ 时，两峰的分离程度为 99.7%（有 0.3%重叠）。在色谱分析中，使两色谱峰完全分离（也称基线分离），需要 $R \geqslant 2.0$。但由于色谱分析中涉及的样品组分较多，难以实现使所有组分完全分离，所以一般认为只要 $R \geqslant 1.5$ 就可近似认为是基线分离。因此，在有关的色谱计算中，常以 $R = 1.5$ 计算使组分基线分离所需要的色谱柱柱长等。

在式（2-30）中，设相邻两峰的峰底宽近似相等（$W_{b_1} = W_{b_2} = W_b$），并引入相对保留值 r_{21}（数字 1、2 分别代表组分 1、组分 2）和有效塔板数 $n_{\text{有效}}$，经推导可得

$$R = \frac{(r_{21} - 1)}{r_{21}} \sqrt{\frac{n_{\text{有效}}}{16}} \tag{2-32}$$

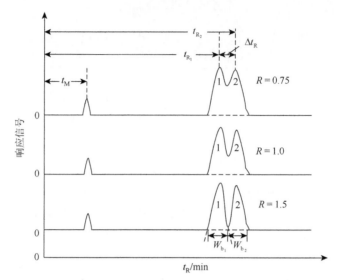

图 2-18　分离度与色谱峰分离状态示意图

将式（2-32）经变换后可分别得到式（2-33）和式（2-34）。这些公式将 R 与 r_{21}、$n_{有效}$ 等参数联系起来，可用于色谱分析中有关参数计算。

$$n_{有效} = 16R^2\left(\frac{r_{21}}{r_{21}-1}\right)^2 \qquad (2-33)$$

$$L = 16R^2\left(\frac{r_{21}}{r_{21}-1}\right)^2 H_{有效} \qquad (2-34)$$

例 2-2　在一定条件下，两组分的保留时间分别为 85s 和 100s。为使组分色谱峰达到基线分离（$R=1.5$），计算色谱柱所需的有效塔板数。若填充柱的塔板高度为 0.1cm，计算达到基线分离所需的色谱柱柱长是多少？

解　　　　　　　　　$r_{21} = 100/85 = 1.18$

$$n_{有效} = 16R^2\left(\frac{r_{21}}{r_{21}-1}\right)^2 = 16 \times 1.5^2 \times \left(\frac{1.18}{1.18-1}\right)^2 = 1547 \text{（塔板）}$$

$$L_{有效} = n_{有效} \times H_{有效} = 1547 \times 0.1 = 155\text{cm}$$

上述结果表明，理论上，当填充柱柱长为 155cm 时，两组分可以完全分离。在色谱分析中，理论计算结果可以为实际色谱分析应用提供参考，再根据实测结果适当调整柱长或其他色谱条件使目标组分实现良好分离。

2.5.2　色谱分离度基本关系式

色谱分离度基本关系式在色谱分析中具有重要作用，如式（2-35）所示。此式表明，分离度同时受三方面因素的影响，即柱效（n）、选择性因子（α）和保留因子（k），分别称为柱效项（$\frac{\sqrt{n}}{4}$）、柱选择性项（$\frac{\alpha-1}{\alpha}$）和柱保留项（$\frac{k}{k+1}$）。在 GC 中，柱选择性项主要受固定相性质的影响，柱保留项主要受柱温影响。此外，基于式（2-35），已知其中两个参数，可计算出第三个参数。

$$R = \frac{\sqrt{n}}{4}\left(\frac{\alpha-1}{\alpha}\right)\left(\frac{k}{k+1}\right) \qquad (2\text{-}35)$$

由式（2-35）可知，n、α 和 k 均对分离度 R 有影响，但各项影响的程度不同（表 2-6，图 2-19）。其中，提高选择性因子 α 对提高 R 最为有效。由表 2-6 可见，当 α 从 1.05 增加到 1.10 时（α 增大了 0.05），柱选择性项（$\alpha-1$）/α 增大了约 2 倍；当 α 从 1.05 增加到 1.20 时（α 增大了 0.15），柱选择性项（$\alpha-1$）/α 增大了约 3.5 倍。结果表明，选择性因子 α 的微小提高可以明显提高分离度 R。

除 α 外，增加色谱柱的柱效 n 也可改善分离度。由表 2-6 可见，当 n 从 3000 增加至 6000 时，分离度 R 增加了 1.4 倍。但不如提高 α 的效果明显。需明确的是，在色谱柱制备中，柱效提高的范围有限，制备高柱效色谱柱并非易事。除上述提高 α 和 n 外，保留因子 k 的增加也可在一定程度上提高 R，例如，将组分 k 从 2 增加到 4 时，R 增大 1.2 倍；但随着 k 的增加，柱保留项比值变化减小，R 增加不明显。由此可见，在色谱分析中，通过选择适宜的色谱条件，综合提高 α、n 和 k，有利于提高分离度。其中提高固定相的选择性是提高分离度最有效的途径（图 2-19）。

表 2-6　柱效项、柱选择性项和柱保留项对分离度的影响

柱效项			柱选择性项			柱保留项		
n	$\sqrt{n}/4$	R 增加倍数	α	（$\alpha-1$）/α	R 增加倍数	k	$k/(k+1)$	R 增加倍数
3000	13.7		1.05	0.048		2	0.67	
4000	15.8	1.2	1.10	0.091	1.9	4	0.80	1.2
5000	17.7	1.3	1.20	0.17	3.5	6	0.86	1.3
6000	19.4	1.4	1.30	0.23	4.8	8	0.89	1.3
7000	20.9	1.5	1.40	0.29	6.0	10	0.91	1.4
8000	22.4	1.6	1.50	0.33	6.9	12	0.92	1.4

下面分别讨论分离度与柱效、选择性因子、保留因子及保留时间之间的关系。

1）分离度与柱效的关系

当 α 和 k 一定时，由式（2-35）可得

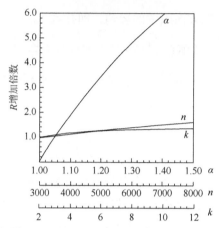

图 2-19　柱效、选择性因子和保留因子对分离度的影响示意图

$$\left(\frac{R_1}{R_2}\right)^2 = \frac{n_1}{n_2} = \frac{L_1}{L_2} \tag{2-36}$$

当固定相一定、被分离物质对的 α 和 k 为定值时，分离度 R 与柱效 n 的平方根成正比（$R \propto \sqrt{n}$）。因而，柱效高的色谱柱有利于增加分离度。此外，分离度与柱长的平方根成正比，用较长的柱可以提高分离度，但柱长增加会延长分析时间，并增加色谱柱的成本。

2）分离度与选择性因子的关系

由式（2-35）可知，当 $\alpha = 1$ 时，$R = 0$，此种情况下，无论柱效多高均无法使两组分分离。显然，增大 α 值有利于改善色谱分离。上述表明，α 的微小增加（如增加 0.1）就能显著提高分离度。通过改变固定相和流动相的性质、组成、降低柱温等均可有效提高 α，进而改善分离度。

3）分离度与保留因子的关系

在式（2-35）中，设

$$Q = \frac{\sqrt{n}}{4} \times \frac{\alpha - 1}{\alpha} \tag{2-37}$$

可得

$$R = Q \times \frac{k}{1+k} \tag{2-38}$$

将 R/Q 对 k 作图可得到 R/Q-k 曲线（图 2-20）。由曲线可见，当 $k > 10$ 时，随 k 增大，分离度 R 的增加变缓慢。当样品组分数目较少时，一般可使 k 为 2～10；但当组分数目较多（几十至几百种）时，为保证组分间有良好的分离度，k 值大于此范围。

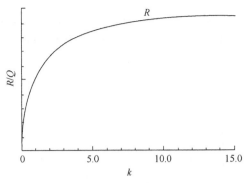

图 2-20　保留因子与分离度关系示意图

　　对于气相色谱,通过调控柱温可以改变组分的 k 值,达到提高分离度的目的。例如,测定某样品时,当其他色谱条件一定时,通过改变柱温可以明显改变色谱分离（图 2-21）。当柱温为恒温 45℃时,先流出的组分得到了良好分离,后流出的组分因保留时间延长使色谱峰明显展宽、峰高明显降低,影响了分析效率和检测灵敏度。当提高柱温至 145℃时,先流出组分的色谱峰出现重叠（同流出）,后流出的组分仍存在保留时间长和色谱峰展宽现象。而当采用程序升温时,先后流出的组分均在较短的时间内得到了分离,同时色谱峰没有明显展宽现象。

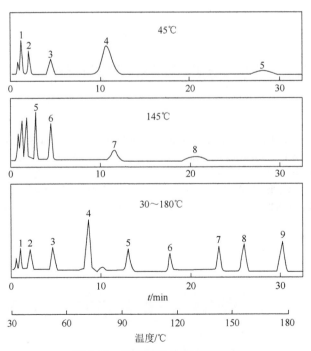

图 2-21　柱温对组分分离的影响

综上所述，通过提高柱效 n、选择性因子 α 和保留因子 k 等，可以不同程度地提高分离度，如图 2-22 所示。对于结构和性质相近的难分离组分，如骨架异构体、位置异构体等，色谱固定相的选择性是实现这些组分分离的关键。因此，发展高选择性色谱固定相一直是色谱分析领域研究的核心问题之一，对于解决实际样品分析中的分离难题具有重要的研究和应用价值。

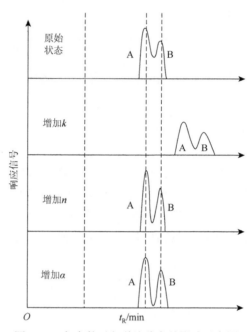

图 2-22　各参数对色谱峰分离的影响示意图

参 考 文 献

[1]　Sadek P C. Illustrated Pocket Dictionary of Chromatography. Hoboken：John Wiley & Sons，Inc.，2004.

[2]　Barry E F，Grob R L. Columns for Gas Chromatography—Performance and Selection. Hoboken：John Wiley & Sons，Inc.，2007.

[3]　傅若农. 色谱技术丛书. 色谱分析概论. 2 版. 北京：化学工业出版社，2009.

[4]　刘虎威. 色谱技术丛书. 气相色谱方法及应用. 2 版. 北京：化学工业出版社，2009.

第3章 色谱定性定量分析方法

气相色谱分析广泛用于各领域复杂样品组分的分析测定。在一定色谱条件下使样品组分分离后，对各组分进行定性分析和定量分析。对于已知样品，通常根据分析目的，采用合适的方法对目标组分进行定性/定量分析；对于未知样品，需先了解样品的性质（包括样品来源、可能的组分种类及其理化性质等），再结合分析目的，选择合适的方法对样品中单一组分、多组分或全部组分进行定性鉴定和定量测定。本章介绍气相色谱分析中常用的定性和定量分析方法、色谱系统适用性检验、分析方法的验证、测定结果不确定度评定和应用示例等。

3.1 色谱定性分析方法

色谱定性分析常用方法包括：标准品对照定性、保留指数定性、相对保留值定性、双柱或多柱定性、保留值经验规律定性（如碳数规律、沸点规律）、检测器选择性定性、联用技术定性等。综合应用这些方法有利于提高复杂样品组分定性结果的准确性。

3.1.1 标准品对照定性

在一定的色谱条件下，组分具有相对恒定的保留值（如保留时间、调整保留时间等），可以作为定性依据。用待测组分的标准品或纯品为对照进行定性是最常用的定性方法之一。可以直接根据标准品或纯品的保留时间对样品中相关组分进行定性，也可以将标准品或纯品加入到样品中，根据样品中某组分峰面积或峰高的增加进行定性。

（1）利用保留值定性：本法是在相同的色谱条件下分别测定样品和待测组分的标准品或纯品的色谱图。如果样品色谱图中某组分的保留值与标准品的保留值相同，则可以初步认定它们可能是同一组分（图3-1）。本法适于样品组分较少并在仪器及色谱条件完全相同的情况进行定性，不适用于不同仪器上获得的色谱图之间的对比。此外，不适于复杂样品组分的定性，因为组分较多时可能会出现组分同流出的现象，即在某保留时间位置出现的单一色谱峰有可能为多组分混合物的色谱峰。对复杂样品组分的定性需要同时采用其他定性方法进行确证。

（2）利用加入法定性：本法是在样品中加入待测组分（单一组分或多组分）的标准品或纯品，通过对比标准品或纯品加入前后样品色谱图中某色谱峰峰高或峰面积的增加，来确定样品中是否含有该组分。

值得注意的是，由于两种或多种性质相近的组分在同一色谱柱上可能有相同的保留值（同流出），因而用单一固定相色谱柱进行定性不能保证组分定性结果的准确性。应同时采用另一种不同极性固定相的色谱柱进行定性，比较未知组分和标准品在两种不同极性色谱柱上的保留值。如果某组分在两种色谱柱上均具有相同的保留值，则可认为该组分与标准品为同一物质。

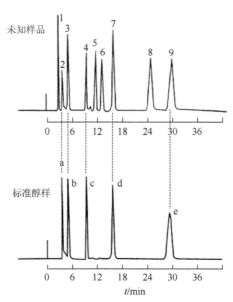

图 3-1　用已知标样与样品对比进行组分定性示意图

1～9. 未知物的色谱峰；a. 甲醇；b. 乙醇；c. 正丙醇；d. 正丁醇；e. 正戊醇

3.1.2　保留指数定性

保留指数又称 Kovats 保留指数（Kovats retention index），常以 I_X 或 KI 表示。保留指数定性是通过在给定色谱条件下测定待测组分的保留指数并与已知文献数据进行对比来定性。本法不需标准品，但要求待测组分保留指数的测定条件与文献值的实验条件（如固定相、柱温等）一致。

保留指数的测定方法：以系列正构烷烃为标准物，规定其保留指数为其碳原子数乘以 100（例如，正己烷的保留指数为 600）。待测组分 X 保留指数（I_X）的测定是根据待测组分的调整保留时间和与待测组分前后相邻的两个分别具有 Z 和 Z+1 个碳原子数的正构烷烃的调整保留时间[$t'_{R(Z+1)} > t'_{R(X)} > t'_{R(Z)}$，图 3-2]，按照式（3-1）计算得到。因而，某组分的保留指数可以理解为是该组分相当于正构烷烃碳原子数的 100 倍。

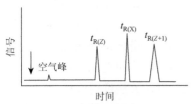

图 3-2　保留指数测定示意图

保留指数计算式为

$$I_X = 100\left(\frac{\lg t'_{R(X)} - \lg t'_{R(Z)}}{\lg t'_{R(Z+1)} - \lg t'_{R(Z)}} + Z\right) \qquad [t'_{R(Z+1)} > t'_{R(X)} > t'_{R(Z)}] \qquad （3-1）$$

例 3-1　测定某组分在 5%苯基聚硅氧烷色谱柱上的保留指数（柱温 100℃）。测得的调整保留时间为：组分 14.86min，正庚烷 13.04min，正辛烷 16.00min。计算该组分的保留指数。

解　已知 $Z = 7$，根据式（3-1）可得

$$I_X = 100 \times \left(7 + \frac{\lg 14.86 - \lg 13.04}{\lg 16.00 - \lg 13.04}\right) = 764$$

即该组分的保留指数为 764，表明其保留行为相当于含 7.64 个碳原子的正构烷烃。

3.1.3　相对保留值定性

相比保留时间定性，利用相对保留值（$r_{i,s}$ 或 r_{21}）定性更为简便可行。保留时间定性要求色谱条件完全一致；而相对保留值定性只要求柱温和固定相相同。本法定性需用一种基准物（如苯、正丁烷、环己烷等），要求基准物的保留时间与待测组分的保留时间相近。相对保留值的计算见本书第 2 章。在柱温和固定相相同时，组分的相对保留值为常数。在相关手册和色谱文献中，可以查到一些化合物在各种固定相色谱柱上的相对保留值数据，可作为样品组分定性的参考。

3.1.4　双柱或多柱定性

对于复杂样品组分的定性分析，采用不同极性固定相的色谱柱进行定性可以提高组分定性结果的准确性。通常采用双柱或多柱定性。采用不同极性的色谱柱可使在某色谱柱上同流出的多个组分，在另一不同极性的色谱柱因保留行为不同而得以分离和定性。如果某组分在两种不同极性色谱柱上的保留值均与某标准品的保留值一致，则可定性确定该组分与标准品为同一化合物。例如，中药材农药残留的检测常采用双柱法。如果样品在某色谱柱上分离检测出某种农药成分，就需用另一种不同极性的色谱柱验证，只有可疑成分在两种色谱柱上的保留值均与农药标准品的保留值一致的情况下，才可判定检出该农药。如果该农药含量超出标准允许的最大残留限量，再用质谱进一步确证该农药成分，以保证测定结果的准确性。

3.1.5　保留值经验规律定性

在样品分析测定中，当缺少某些目标组分的标准品或纯品时，也可依据保留值经验规律（如碳数规律、沸点规律等）对其进行定性。

（1）碳数规律：实验证明，在一定温度下，同系物的调整保留时间的对数值（$\lg t_R'$）与其分子中碳原子数 n 呈线性关系，即

$$\lg t_R' = A_1 n + C_1 \qquad\qquad (3-2)$$

式中，A_1、C_1 为常数；碳原子数 $n \geqslant 3$。

如果已知某同系物中两个或更多组分的调整保留时间，则可根据式（3-2）推知同系物中其他组分的调整保留值并据此对组分进行定性。

（2）沸点规律：在一定色谱条件下，同族同碳数的骨架异构体（如同碳数的己烷异构体）的调整保留时间的对数与其沸点呈线性关系，即

$$\lg t_R' = A_2 T_b + C_2 \qquad\qquad (3-3)$$

式中，A_2、C_2 为常数；T_b 为组分的沸点（K）。

据此，根据同族同碳数的已知异构体的调整保留时间的对数值，可推算出同族中具有相同碳数的其他异构体的调整保留时间并可据此进行定性。

3.1.6　检测器选择性定性

气相色谱分析中具有多种类型的检测器，具有不同的检测原理，对不同种类化合物具有不同的响应选择性和检测灵敏度。例如，热导检测器（TCD）对无机物和有机物都有响应，但灵敏度较低；火焰离子化检测器（FID）对有机物灵敏度高，而对无机气体、水分、二硫化碳等几乎无响应；电子捕获检测器（ECD）只对含有卤素、氧和氮等的化合物有高灵敏度；氮磷检测器（NPD）对含氮、磷化合物有高灵敏度；火焰光度检测器（FPD）只对含硫和磷的化合物有响应等。利用不同检测器的响应选择性和灵敏度，可以对样品中的未知组分进行分类定性。

3.1.7　联用技术定性

气相色谱对样品组分具有高分离性能，而质谱和光谱则是组分定性的有力工具。因此，将气相色谱与质谱或光谱技术等联用可以大大提高样品组分分析测定的准确性和工作效率。目前，气相色谱与质谱、傅里叶变换红外光谱等技术联用已成为复杂样品组分定性和定量分析的有力工具。在联用技术中，样品组分经气相色谱分离后，再利用质谱检测器或光谱检测器等对各组分进行分析测定。

1. 气相色谱-质谱（GC-MS）联用

气相色谱-质谱（gas chromatography-mass spectrometry，GC-MS）联用技术已广泛用于复杂样品组分的定性分析，其分析测定过程如图 3-3 所示。

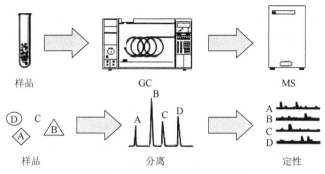

图 3-3　GC-MS 定性过程示意图

　　常规 GC-MS 定性分析采用计算机辅助检索的方法，对组分的质谱图与质谱数据库图谱进行匹配比对，按匹配度（或相似度）高低顺序提供组分定性信息。其检索过程自动完成，方法简便快捷。但需注意的是，本法给出的定性结果中，匹配度低的结果不能采信，还需结合其他定性方法进一步确定。对于复杂样品组分的定性分析，采用高精度质量测定的质谱[如飞行时间质谱（TOFMS）]是解决常规 GC-MS 定性分析问题的有力手段。根据提供的准确质量和化合物的元素组成，可以提高组分定性的准确性，减少误判。

　　除了准确质量测定，保留指数辅助质谱检索也是一种常用的定性方法。保留指数仅与固定相的性质、柱温有关，与其他实验条件无关，具有很好的准确度和重现性。保留指数定性是一种很有效的定性方法，既可以单独用于定性，也可以作为其他定性结果的佐证。在分析复杂样品时，如将准确质量测定和保留指数结合起来进行定性研究，一方面可以充分发挥两者各自的优势，缩短分析时间，提高分析效率，另一方面可以大大增加定性分析的准确性和可靠性。

　　2. 气相色谱与傅里叶变换红外光谱（GC-FTIR）联用

　　GC-FTIR 联用仪一般都有谱图检索软件，可以对组分色谱峰进行定性检索。将得到的组分气态红外光谱图与数据库内的标准谱图进行比较，即可对未知组分进行定性。GC-FTIR 联用技术在化合物定性方面是 GC-MS 的重要辅助手段。GC-MS 灵敏度高并具有较大的标准谱图数据库，广泛用于复杂样品组分的定性。但是，GC-MS 难以区分异构体。对色谱图中不同异构体的色谱峰，谱库检索常给出相同的定性结果。而红外光谱能够提供化合物的结构单元信息，能够有效地区分异构体。GC-FTIR 方法的这些特性使其成为 GC-MS 的重要补充，二者结合有助于提高组分定性的准确性。此外，红外检测不破坏样品，组分经红外检测后可以继续进行质谱检测，也可以进行 GC-FTIR-MS 联用测定，进一步提高检测结果的可靠性。

　　目前 GC-FTIR 联用技术已经应用于中药挥发性成分的研究，特别是对异构体的鉴定。红外光谱在鉴定芳烃取代基异构体、顺反异构体以及含氧萜类化合物等方面的可靠性明显优于质谱。例如，应用 GC-MS 测定中药挥发性成分时，当出现几个色谱峰的质谱检索结果匹配度相近情况时，可以参照 GC-FTIR 给出的结构单元信息来确定目标组分或排除可疑化合物，提高定性结果的准确性。

3.2　色谱定量分析方法

色谱定量分析的依据是样品中待测组分的质量或浓度与检测器的响应信号（峰面积或峰高）成正比。色谱定量分析常用的方法包括归一化法、外标法、内标法和标准加入法等。在实际应用中，可以根据样品性质、分析测定目的和要求等选择适宜的定量分析方法。

3.2.1　归一化法

归一化法（normalization method）是复杂样品色谱分析常用的一种定量方法。当定量参数为峰面积时，归一化法的计算公式为

$$w_i(\%) = \frac{m_i}{m_1 + m_2 + \cdots + m_n} \times 100 = \frac{f_i'A_i}{\sum\limits_{i=1}^{n}(f_i'A_i)} \times 100 \qquad （3-4）$$

式中，m_i、A_i、w_i 分别为待测组分 i 的质量、峰面积、质量分数（或相对峰面积百分数）；f_i' 为组分 i 的相对定量校正因子。

归一化法应用的前提是在给定色谱条件下所有组分都能出现色谱峰。归一化法简便，进样量和操作条件的微小变动对测定结果影响较小，适于复杂样品组分的含量测定。

1. 定量校正因子

等量的同一组分在不同检测器上可能会有不同的响应灵敏度，等量的不同组分在同一检测器上的响应值也会不同，即相同量的不同组分可能会有不同的峰面积。因此，用峰面积定量时须将组分的峰面积乘上定量校正因子以准确测定组分的质量。定量校正因子的引入可使校正后的峰面积与组分的质量成正比。定量校正因子又分为绝对定量校正因子和相对定量校正因子，后者常用于定量测定。

绝对定量校正因子（f_i）是指某组分单位峰面积所对应的组分质量，即

$$f_i = \frac{m_i}{A_i} \qquad （3-5）$$

相对定量校正因子（f_i'）是组分 i 的绝对定量校正因子与标准物 s 的绝对定量校正因子的比值，即

$$f_i' = \frac{f_i}{f_s} = \frac{m_i / A_i}{m_s / A_s} = \frac{m_i}{m_s} \times \frac{A_s}{A_i} = \frac{w_i}{w_s} \times \frac{A_s}{A_i} \tag{3-6}$$

式中，A_s、m_s、w_s 分别为标准物的峰面积、质量和质量分数；A_i、m_i、w_i 分别为待测组分的峰面积、质量和质量分数。当 m_i、m_s 以质量为单位时，称为相对质量校正因子（f_m'）；以摩尔为单位时，称为相对摩尔校正因子（f_M'）。

2. 相对定量校正因子的测定

在相关手册和文献中，可以查到一些化合物的气相色谱定量校正因子。但对于没有文献报道的化合物或者实际测定所用的检测器或载气与文献不一致时，就需要自行测定。

测定方法：准确称取一定质量的待测物和标准物，配制成一定浓度的混合溶液后进样，测定峰面积，按照式（3-6）计算待测物的相对定量校正因子。制成混合溶液后进样可以保证实验条件的一致性。常用的标准物有苯（检测器用 TCD 时）、正庚烷（检测器用 FID 时）等。

测定时需注意以下事项：

（1）采用不同的标准物测得的定量校正因子数值不同。气相色谱手册中的数据多以苯或正庚烷为标准物测得。也可以根据需要选择其他标准物，如采用归一化法定量时，选择样品中某一组分为标准物。

（2）测定定量校正因子的条件（如检测器）应与定量分析的条件相同。

（3）FID 检测器的定量校正因子与载气性质无关；使用 TCD 检测器时，以氢气或氦气作载气测得的校正因子相差不超过 3%，可以通用，但以氮气作载气测得的校正因子与前二者相差很大，不能通用。

下面以苯、二氯苯的三个异构体的相对定量校正因子的测定为例说明其测定方法。

例 3-2　某样品中含有苯和二氯苯的三个异构体，各组分的质量分数均为 25%。采用聚乙二醇色谱柱测得各组分的峰面积为

组分	苯	间二氯苯	邻二氯苯	对二氯苯
峰面积/cm²	10	7.53	7.36	7.95

以苯为标准物，计算二氯苯的三个异构体的相对质量校正因子。

解　间二氯苯：

$$f_i' = \frac{w_i}{w_s} \times \frac{A_s}{A_i} = \frac{25\% \times 10}{25\% \times 7.53} = 1.33$$

邻二氯苯：

$$f_i' = \frac{w_i}{w_s} \times \frac{A_s}{A_i} = \frac{25\% \times 10}{25\% \times 7.36} = 1.36$$

对二氯苯：

$$f_i' = \frac{w_i}{w_s} \times \frac{A_s}{A_i} = \frac{25\% \times 10}{25\% \times 7.95} = 1.26$$

当样品中组分较多（如数十或数百）时，难以测得所有组分的定量校正因子。采用归一化法测定时，如果假定所有组分的定量校正因子相等，可将式（3-4）简化为式（3-7）。此时，样品中各组分的质量分数 w_i（%）用组分相对峰面积的百分数表示，计算得到的定量结果具有一定误差。

$$w_i(\%) = \frac{A_i}{\sum\limits_{i=1}^{n} A_i} \times 100 \qquad （3-7）$$

例如，中药挥发成分较为复杂，GC 测定组分含量时常以相对峰面积百分数表示。图 3-4 是采用 GC-MS 法测得的中药辛夷挥发油中挥发性成分的总离子流图谱。其中各组分的 w_i（%）可根据每个组分的峰面积占所有组分总峰面积的百分比计算得到。

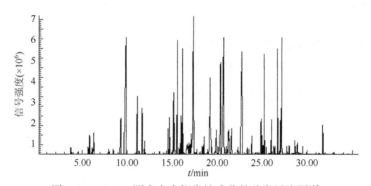

图 3-4　GC-MS 测定辛夷挥发性成分的总离子流图谱

3.2.2　外标法

外标法（external standard method）分为标准曲线法（calibration curve method）和外标对比法（外标一点法）。外标法不需要定量校正因子，但要求进样量准确、操作条件一致，适用于常规分析和大量样品的分析。

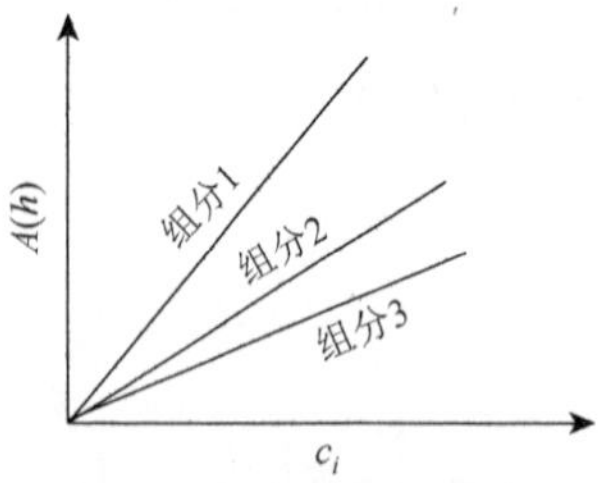

标准曲线法是用待测组分的标准品配制成具有一定浓度（c）梯度的系列标准溶液，在一定色谱条件下，分别测定各标准溶液中待测组分的峰面积 A（或峰高 h）。以峰面积（或峰高）对组分浓度进行线性回归或作图（图 3-5），得到线性回归方程 $A = a + bc$

图 3-5　标准曲线测定示意图

（a 为截距，b 为斜率）和相关系数 r。r 值用于评价标准曲线的线性关系。标准曲线中浓度点的数目（n）与分析目的和实际样品中待测组分的浓度范围有关，n 一般在 5～10 之间。

外标对比法（外标一点法）是用待测组分的标准品配制一定浓度的标准溶液（c_s）（其浓度与实际样品中待测组分浓度相近），同时配制样品溶液，并在相同条件下对标准溶液和样品溶液分别进行色谱测定，测得峰面积或峰高。根据式（3-8）计算出样品中待测组分的浓度（c_i）。

$$c_i = \frac{A_i}{A_s} \times c_s \qquad (3\text{-}8)$$

3.2.3　内标法

内标法（internal standard method）是向试样中定量加入某内标物（internal standard, IS）后进行色谱分析测定。根据样品质量（m）、内标物质量（m_{is}）、定量校正因子、待测组分和内标物的峰面积比，按照式（3-9）计算组分的质量分数。

$$m_i = \frac{A_i f_i}{A_{is} f_{is}} \times m_{is}$$

$$w_i(\%) = \frac{A_i f_i m_{is}}{A_{is} f_{is} m} \times 100 \qquad (3\text{-}9)$$

根据测定方法的不同，内标法又分为内标标准曲线法和内标对比法（内标一点法）。

内标标准曲线法是在待测组分的系列标准溶液中加入等量的内标物后进行色谱分析。以待测组分的峰面积 A_i 与内标物峰面积 A_{is} 的比值 A_i/A_{is} 为纵坐标、待测组分的浓度 c_i 为横坐标，经线性回归得到回归方程 $A_i/A_{is} = a + bc_i$ 和相关系数。向试样溶液中加入等量的内标物后，测得 A_i/A_{is}，然后依据回归方程计算出试样中待测组分的浓度或质量分数。

内标对比法（内标一点法）可以看作内标标准曲线法的简化，只用一份标准溶液，其浓度需与样品中待测组分的浓度相近。其计算式与式（3-8）类似，不同的是用 A_i/A_{is} 代替峰面积，即

$$c_i = \frac{A_i / A_{is}}{A_s / A_{is}} \times c_s \qquad (3\text{-}10)$$

内标法采用待测组分与内标物峰面积的比值进行定量，可以减小因实验条件和进样量微小波动或误差等对定量结果的影响，准确度高，适用于复杂基质样品的分析测定，如生物样品中目标组分的分析测定。

内标物的选择是内标法的关键之一。对内标物的选择有以下要求：①试样中不含有该物质；②与待测组分性质接近，保留时间应与待测组分接近；③纯度高、性质稳定；④与样品能互溶，但无化学反应。

3.2.4　标准加入法

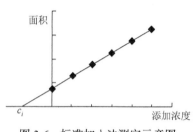

图 3-6　标准加入法测定示意图

标准加入法（standard addition method）测定过程是在若干份等量样品中依次加入不同浓度的待测组分的标准溶液，进行色谱分析后得到峰面积。以加入的标准溶液的浓度为横坐标，测得的峰面积为纵坐标绘制工作曲线，如图 3-6 所示。标准曲线的延长线与横坐标轴的交点到坐标原点的距离即为原样品中待测组分的浓度 c_i。

标准加入法因样品中待测组分与外加的标准品处于相同的样品基质中，可以在一定程度上校正样品基质对测定结果的影响，常用于复杂基质样品组分的测定。但由于本法对每种样品的测定都需配制至少三份以上含样品和标准品的溶液，工作量较大，不适于大批量样品的分析测定。

3.3　色谱系统适用性检验

色谱系统适用性检验（system suitability testing）是指在色谱分析过程中进行的一系列色谱系统参数的测定，以确保色谱系统在样品测定过程中运行良好。色谱系统适用性检验内容包括色谱柱的理论塔板数、分离度、仪器重复性、色谱峰对称因子或拖尾因子的测定等。此外，在测定中采用质量控制（quality control，QC）样品（简称 QC 样品）以保证色谱分析的正常进行，QC 样品测定参见本章 3.4.9 节。

3.3.1　色谱柱的理论塔板数

GC 分析中，常用苯、萘、正构烷烃、醇等化合物在一定温度下测定色谱柱的理论塔板数。根据化合物色谱峰的保留时间 t_R 和半峰宽 $W_{1/2}$，计算色谱柱的理论塔板数 n，应满足相关分析测定对柱效的最低要求。

3.3.2　分离度

定量分析要求组分的色谱峰应与相邻组分色谱峰之间有较好的分离。一般要求 $R \geqslant 1.5$。

3.3.3　仪器系统的重复性

量取一定体积的样品溶液或标准溶液，连续进样 5～6 次。除另有规定外，其峰面积测量值的相对标准偏差（relative standard deviation，RSD）应不大于 2.0%。

$$RSD(\%) = \frac{s}{\bar{x}} \times 100 \qquad (3\text{-}11)$$

式中，s 为标准偏差；$\bar{x}$ 为算数平均值。

3.3.4　对称因子或拖尾因子

为保证定量结果的准确性，要求定量组分的色谱峰具有良好的对称性。用峰高定量时，色谱峰的对称性会直接影响定量结果。因而，色谱定量测定时应检查组分色谱峰的对称因子（f_s）或拖尾因子（T）是否符合相关要求。一般要求 f_s 或 T 值在 0.95～1.05 之间。

3.4　分析方法的验证

进行分析方法验证（method validation）的目的是保证所用分析方法的各项指标或参数符合相关要求[1-3]。方法验证的参数包括：准确度、精密度（包括重复性、中间精密度和重现性）、选择性和专属性、灵敏度（检测限、定量限）、线性范围、范围和耐用性等。此外，还需采用 QC 样品对整个分析过程进行监控，用以监测测定中可能出现的问题，以保证仪器和测定方法在分析过程中保持正常状态和测定结果的准确度。

3.4.1　准确度

准确度（accuracy）是指分析方法的测定结果与真值之间接近的程度。方法准确度的评价常采用以下两种方式。一种是将某分析方法（如新建方法或改进方法）与标准方法（如国家级标准、省部级标准等）进行对比来评价分析方法的准确度。另一种是根据测得的回收率（recovery）来评价分析方法的准确度，分析方法在规定的范围内应具有稳定的回收率。

回收率的测定方法分为样品空白加标回收率和样品加标回收率两种。

（1）空白加标回收率：在不含待测组分的空白样品基质中加入定量的待测组分的标准品或纯品，按照样品制备和分析方法进行测定。待测组分的测得量与加入量比值的百分数即为空白加标回收率。一般要求测定高、中、低三种加标量，每种加标量平行测定样品至少三份，计算平均回收率和相对平均偏差。

$$回收率(\%) = \frac{测得量}{加入量} \times 100 \qquad （3-12）$$

（2）样品加标回收率：称取同一试样两份，其中一份定量加入待测组分的标准品；按照一定的测定方法对两份样品进行分析测定，加标样品的测定值减去未加标样品测定值的差值与加入标准品的质量比值的百分数即为样品加标回收率。实际测定时，需平行测定多份加标样品。例如，按照高、中、低三种加标量向样品中加入标准品，每种加标量平行测定样品至少三份，然后测定不同加标量样品的回收率，计算平均回收率和相对平均偏差。

$$回收率(\%) = \frac{加入标准品试样的测定量 - 原试样的测定值}{加标量} \times 100 （3-13）$$

在上述回收率测定方法中，空白加标回收率测定法需明确知道样品基质组成。空白样品中除不含待测组分外，其余成分应与样品基质组成完全一致。不然的话，测得的回收率就不能真实反映分析方法的准确性。本法在药物制剂配方组成明确的前提下，常用于药物含量测定方法准确度的评价。当样品基质组成不明确或者基质组成复杂无法制备空白样品时，常采用样品加标回收率测定法。

回收率测定时需注意以下事项：

（1）在规定范围内，至少用 9 份回收率测定结果进行评价。例如，制备 3 种不同浓度的样品，每种浓度平行制备至少三份样品。应报告 9 份回收率测定结果的平均值、平均值与真实值之差及可信限。

（2）标准品的加入量应与待测组分浓度水平接近。若待测物浓度较高，则加标后的总浓度不宜超过方法线性范围上限的 90%。在任何情况下，加标量都不得大于样品中待测组分含量的 3 倍。

（3）当加入的标准品与样品中待测组分的形态不一致时，测得的回收率不能真实反映样品测定的实际回收率。因此，建议采用与待测组分形态一致的标准品来测定回收率。

（4）当样品中存在的某些组分对待测组分的测定产生干扰时，测得的回收率不能反映实际样品测定时的干扰情况。

3.4.2　精密度

精密度（precision）是指在规定的测试条件下，从同一均匀样品中多次取样测定结果之间彼此接近的程度。常用偏差、标准偏差或相对标准偏差（RSD）来评价精密度。根据分析方法和要求的不同，精密度又分为重复性（repeatability）、中间精密度（intermediate precision）和重现性（reproducibility）。

重复性是指在相同的实验条件下，在较短的实验时间内（如同一天内）、由同一分析人员在同一台仪器上测定样品所得结果的精密度。例如，在进行药物含量测定方法的重复性验证时，在规定范围内，至少用 9 份测定结果的 RSD 进行评价（如制备 3 个不同浓度的样品，每种浓度平行测定至少 3 份），或用至少 6 份平行样品测定结果的 RSD 进行评价。

中间精密度是指在同一个实验室、由不同分析人员在不同日期、用不同仪器设备测定结果的精密度，以考察随机变动因素对方法精密度的影响。

重现性是指同一样品在不同实验室（如不同公司的实验室）、由不同分析人员测定结果的精密度。当分析方法将被法定标准采用前，应进行重现性试验。

如上所述，准确度是测定结果与真实值接近的程度；精密度是平行测定值之间接近的程度。有关分析方法的准确度与精密度之间的关系，用下面的示例予以说明。

图 3-7 表示甲、乙、丙、丁四人对同一试样进行分析测定的结果。由图可见，甲所得结果的准确度和精密度好，结果可靠；乙测定结果的精密度虽好，但准确度不高；丙测定结果的准确度和精密度都较差；丁测定结果间相差甚远，平均值和真值虽然比较接近，但这是由于大的正负误差相互抵消使得测定结果与真值凑巧接近而得，因而结果不可靠。

图 3-7　不同分析人员测定结果示意图

●表示测定值；|表示平均值

上述分析可得：①精密度高，不一定准确度高；②准确度高的前提是精密度高。精密度低，说明所得分析结果不可靠，这就失去了衡量准确度的前提。因此，精密度是保证准确度的先决条件。

总之，分析结果的准确度是表示分析结果的正确性，分析结果的精密度是表示分析结果的重复性。对于某分析方法，要求测定结果的精密度和准确度均达到分析要求。在实际分析中，精密度好是获得准确测定结果的前提和保证。当存在系统误差时，通过校正也可得到准确的测定结果。

3.4.3　选择性和专属性

选择性（selectivity）表示用某分析方法测定待测组分时，能够避免样品中其他共存组分的干扰而准确测定目标组分的能力。选择性通常表示为：在指定的测量准确度下，共存组分的允许量与待测组分含量的比值。比值越大，表明在指定的准确度下，该仪器方法的抗干扰能力越强，即选择性越好。提高分析方法的选择性是色谱分析中的一个重要研究内容。

用色谱分析方法测定生物样品中某药物的浓度时，样品中的内源性物质（如蛋白质、多肽、激素、递质、类脂、色素、无机盐等）和外源性物质（如合用药物、药物代谢产物、从食物中摄取的物质等）都有可能干扰待测药物的定量。此外，生物样品在提取、浓缩、衍生化等过程中所用的试剂有时也会影响分析方法的选择性。在体内药物分析中，常通过空白样品的测定来确定一些内源物是否干扰分析方法的测定结果。为考察其他在临床上可能同时服用药物的影响，采用在空白样品中加入其他可能合并应用的药物（加入量应尽可能达到临床用药量的高限），根据测定结果确定是否对待测药物的分析测定有干扰。因为基质复杂，生物样品中药物分析方法通常都会存在不同程度的干扰。当待测浓度较低时，这种干扰影响较大。一般应控制标准曲线回归方程的截距在最低定量限（limit of quantification，LOQ）响应值的 20% 以下。

专属性（specificity）是指分析方法只对待测组分产生响应信号。专属性与选择性的含义不同。若样品中共存的其他组分产生响应信号就会干扰测定结果。这种情况下，可以先将干扰组分分离后再进行测定或者改用其他专属性强的分析方法。

3.4.4　线性范围

线性范围（linear range）是指在实验范围内，响应值与待测组分的浓度呈正比的浓度范围。

对于组成简单的样品，可以直接用待测组分的标准品或纯品配制系列浓度的标准溶液，根据测得的响应值（峰面积或峰高）和待测组分的浓度进行回归，得到回归方程和相关系数。

对于复杂样品（如生物样品中药物和代谢物的分析），通过向空白样品中加入不同浓度（$n = 6 \sim 10$）的待测组分的标准品后进行测定，确定线性范围。其中高浓度应是低浓度的 $50 \sim 500$ 倍。标准曲线回归方程一般用最小二乘法直线回归求得，要求相关系数应大于 0.99。当标准曲线范围较宽时，应考虑采用权重系数（$1/c$ 或 $1/c^2$）以减小偏差。在实际测定中，不应外推标准曲线的范围。如果样品浓度超过标准曲线浓度的上限，可以适当稀释样品；如果样品较少，不够第二次测定，标准曲线的高限可外推 20%，但测定结果应以文字注明。

3.4.5　灵敏度

灵敏度（sensitivity）是指测定方法可以检测出的待测组分的最低浓度或最低量。常用检测限（limit of detection，LOD）和定量限（LOQ）来表示。LOD 是指分析方法能够定性检测（不要求准确定量）样品中某组分的最低浓度或最低量。LOQ 是指分析方法能准确、精密定量测定样品中某组分的最低浓度或最低量。

测定 LOQ 和 LOD 的方法通常是在空白样品中加入微量待测物的标准品，以能产生 3 倍信噪比（即 S/N ≥ 3）的样品浓度为 LOD，能产生 10 倍信噪比（即 S/N ≥ 10）的样品浓度为 LOQ。此外，也可通过测定一组空白样品的本底响应值，按以下公式分别计算 LOD 和 LOQ

$$LOD = \bar{x}_0 + 3SD$$

$$LOQ = \bar{x}_0 + 10SD$$

式中，$\bar{x}_0$ 和 SD 分别为本底响应值的平均值和标准偏差。

在实际测定中，LOQ 通常是标准曲线的最低浓度，在 LOQ 以下的样品浓度可标记为低于定量限（below the quantification limit，BQL），不能用于药物动力学参数的计算，也不能视为零处理。

待测组分的浓度与响应值之间的标准曲线的斜率（图 3-8）可以直观地反映方法的灵敏度。斜率越大表明方法的灵敏度越高，反之则表明灵敏度低。一般高灵敏度方法的线性范围较窄，而低灵敏度方法的线性范围较宽。

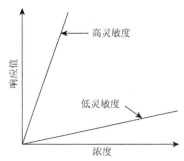

图 3-8　灵敏度与线性斜率示意图

3.4.6　范围

方法的范围（range）是指在具备一定精密度、准确度和线性关系的前提下，高浓度（或质量）与低浓度（或质量）之间的区间。范围一般大于等于工作曲线的线性范围。范围应根据分析方法的应用对象、方法的线性、准确度、精密度结果和要求确定。例如，一般要求原料药和制剂含量测定的范围应为测试浓度的 80%～120%；制剂含量均匀度检查的范围应为测试浓度的 70%～130%。

3.4.7　耐用性

耐用性（ruggedness）是指在分析测定条件出现微小波动时，分析测定结果不受其影响的承受程度。方法的耐用性可为常规检验提供依据。在建立新的分析方法时就应考虑其耐用性。例如，对于气相色谱法，其测定条件的微小波动因素包括载气压力、流速的波动、同一厂家不同批号的色谱柱、温度波动等。当测定方法对某种测定条件的要求限制比较高时，应在方法中特别予以说明。

3.4.8　稳定性

在建立分析方法时，还需对样品的稳定性（stability）进行考察，以保证样品的测定结果能够真实反应原样品中待测组分的含量或浓度。对于生物样品，除考察生物样品中待测物在室温条件下的稳定性外，还需考察在冷冻条件下的稳定性、反复冷冻、解冻后的变化、加入稳定剂对待测物稳定性的影响等，以明确待测样品的储存条件（温度、时间等）；同时，不能忽视对已完成样品制备、等待分析测定的样品稳定性的考察。分析测定条件、环境温度和湿度以及样品放置方式和时间都有可能影响测定结果。

3.4.9　质量控制

为了及时发现在分析测定中可能出现的异常、偶然误差或系统误差，以保证测定结果的准确性，需要对整个测定过程进行质量控制。常用的质控方法是设置高、中、低三种已知浓度的质量控制样品（简称 QC 样品），每次测定 6 个样品，要求至少有 4 个样品测定值在真实值的±20%范围内，且同一浓度的两个样品不得均超过真实值的±20%。QC 样品不能以标准曲线的样品代替，必需分别制备。《美国药典》（USP）要求质量控制样品和标准曲线的样品数目应占测定样品总数的 1/5，并应随机加入。如果实验是由两个或两个以上单位参加，还应进行实验室间质量控制，以保证不同实验室间测定结果的一致性和准确性。

除测定上述各种参数外，分析方法的确定还应兼顾测定方法的可行性、难易程度以及仪器设备的要求和费用等。

3.5　测定结果不确定度评定

样品分析测定常涉及多种方法和多个步骤，其测定结果在多个实验室间达到准确一致比较困难，因此会影响到结果的可靠性。所有测定结果都不可避免地具有不确定度，客观评价结果的可靠性非常重要，为此，引入了不确定度（uncertainty，u）的概念。1993 年由国际标准化组织（ISO）计量技术顾问组第三工作组（ISO/TAG4/WG3）起草，以 7 个国际组织的名义联合发布了《测量不确定度表示指南》（*Guide to the Expression of Uncertainty in Measurement*，GUM）。1999 年我国由国家质量技术监督局发布了《测量不确定度评定与表示》（JJF1059—1999）[4]。

不确定度是与测量结果相关联的参数，用以表征合理地赋予被测量之值的分散性。换言之，不确定度是用于表达测量结果的分散程度，是一个定量概念。不确定度越小，测量的水平越高，质量越高，实用价值也越高；反之亦然。测量不确定度评定是评价测量水平的指标，是判定测量结果可信度的依据。

3.5.1　有关概念

（1）标准不确定度（u）：以标准差表示的测量不确定度。

（2）不确定度的 A 类评定：用对观测列进行统计分析的方法，来评定标准不确定度。也称为 A 类不确定度评定。

表征 A 类标准不确定度分量的估计方差 u^2，是由一系列重复观测值计算得到的，即为统计方差估计值 s^2。标准不确定度 u 为 u^2 的正平方根值，故 $u=s$。

（3）不确定度的 B 类评定：用不同于对观测列进行统计分析的方法，来评定标准不确定度。也称为 B 类不确定度评定。

　　B 类标准不确定度分量的估计方差 u^2，则是根据有关信息来评定，即通过一个假定的概率密度函数得到。

　　（4）合成标准不确定度（u_c）：当测量结果是由若干个其他量的值求得时，按其他各量的方差或（和）协方差计算得到标准不确定度。它是测量结果标准差的估计值。

　　（5）扩展不确定度（U）：确定测量结果区间的量，合理赋予被测量值分布的大部分可望含于此区间。

　　（6）包含因子（k）：为求得扩展不确定度，对合成标准不确定度所乘的数字因子。

　　包含因子等于扩展不确定度与合成标准不确定度之比。根据其含义分为两种

$$k = U/u_c$$

$$k_P = U_P/u_C\ （P\ 为置信概率）$$

　　k 与分布状态有关，一般为 2~3。常用分布与 k 的关系如表 3-1 所示。

表 3-1　常用分布与包含因子（k）和标准不确定度（u）的关系

分布类别	P/%	k	$u\ (x_i)$
正态	99.73	3	$a/3$
三角	100	$\sqrt{6}$	$a/\sqrt{6}$
梯形 $\beta = 0.71$	100	2	$a/2$
矩形（均匀）	100	$\sqrt{3}$	$a/\sqrt{3}$
反正弦	100	$\sqrt{2}$	$a/\sqrt{2}$
两点	100	1	a

注：a 为 x_i 分散区间的半宽。

3.5.2　不确定度的可能来源

　　测量不确定度通常由测量过程的数学模型和不确定度的传播律来评定。测量中可能导致不确定度的来源一般有[4]：

　　（1）被测量的定义不完整。

　　（2）复现被测量的测量方法不理想。

　　（3）取样的代表性不够，即被测样本不能代表所定义的被测量。

　　（4）对测量过程受环境影响的认识不恰如其分或对环境的测量与控制不完善。

　　（5）对模拟式仪器的读数存在人为偏差。

　　（6）测量仪器的计量性能（如灵敏度、分辨力、死区、稳定性等）的局限性。

（7）测量标准或标准物质的不确定度。

（8）引用的数据或其他参量的不确定度。

（9）测量方法和测量程序的近似和假设。

（10）在相同条件下被测量在重复观测中的变化。

上述各来源之间可能存在相关。对于那些尚未认识到的系统效应，因不能在不确定度评定中予以考虑，可能导致测量结果的误差。

分析方法、测定过程和被测样品的特殊性和多样性给测定结果的准确程度带来许多不确定的因素。其中，测定过程所引入的不确定度因不同的测定过程而不同，对这种不确定度的评定应考虑具体的测定过程，要考虑所有可能引入不确定度的测定步骤，但注意不能重复计算。

3.5.3　测量不确定度评定

测量不确定度与测量误差既有联系又有区别。误差是客观存在的测量结果与真值之差。但由于真值难以获得，故误差无法准确得到。测量不确定度是说明测量分散性的参数，由人们经过分析和评定得到，因而与人们的认识程度有关。测量结果可能非常接近真值（即误差很小），但由于认识不足，测定得到的不确定度可能较大。也可能测量误差实际上较大，但由于分析估计不足，给出的不确定度偏小。因此，在进行不确定度分析时，应充分考虑各种影响因素，并对不确定度的评定加以验证。

采用气相色谱分析测定样品时，根据含量计算公式（数学模型）分析，单份供试品含量测定的不确定度可分为对照品溶液、供试品溶液及气相色谱仪进样的重复性不确定度。在计算标准不确定度时，按照相关要求[5]，对证书或其他说明书已给出区间但未说明置信水平的，如对照品的纯度、温度对定容体积的影响等，按矩形分布（$k = \sqrt{3}$）计算不确定度；对给出区间、未说明置信水平，但有理由认为不大可能为极端值的，如容量瓶、移液管等玻璃仪器的校正不确定度，采用三角分布（$k = \sqrt{6}$）计算不确定度；通过对随机变化过程的重复观测得到的估计值，如天平称量的重复性、容量瓶定容的重复性等引入的不确定度，采用实验的标准偏差表示。

考虑仪器分析法不确定度来源时，应注意仪器的测量性能。同样一个稳定的样品，连续进样多次，得到相对标准偏差；将所用的其他仪器和计量器具，包括天平（砝码）、容量瓶、移液管等的不确定度一一列出；简单的方法是直接计算它们的平方和的平方根，复杂情况还需考虑每一个不确定的自由度，再合成出有效自由度，然后再用相关公式计算。

下面以示例说明气相色谱测定结果不确定度评定的具体计算方法和过程，供读者参考。

以内标法 GC 测定白酒中乙酸乙酯含量的不确定度分析[6]为例说明不确定度

评定方法。本法根据溶液量取、配制和测定过程建立的数学模型进行不确定度分析和评价。测定过程包括标准溶液的制备、取样和 GC 测定等步骤。

1. 标准溶液的配制

乙酸乙酯标准储备溶液：称取 0.8g 乙酸乙酯标准品（纯度为 99.95%，称量准确至 0.0001g），用乙醇溶液（60%，体积分数）定容至 50mL。

内标乙酸正戊酯标准储备溶液：称取 0.5g 乙酸正戊酯标准品（纯度为 99.9%，称量准确至 0.0001g），用乙醇溶液定容至 50mL。

混合标准溶液：精密量取乙酸乙酯、内标物标准储备溶液各 1mL，用乙醇溶液定容至 10mL。

加入样液中的内标标准溶液的配制：称取 0.0508g 内标标准品（准确至 0.0001g），用乙醇溶液定容至 50mL（临用现配）。

2. 气相色谱测定方法

精密量取酒样 1.0mL，精密加入内标标准溶液 1.0mL，混匀，进样 0.5μL，进行 GC 分析，用内标法定量。

3. 数学模型的建立

酒样中乙酸乙酯的含量计算公式为

$$c = \frac{c_s A_{si} A m_i}{c_{si} A_s A_i V_1}$$

式中，c 为酒样中乙酸乙酯的含量（g/L）；c_s 为标样中乙酸乙酯的质量浓度（g/L）；c_{si} 为标准工作液中内标物的质量浓度（g/L）；A_{si} 为标准工作液中内标物的峰面积；A 为酒样中乙酸乙酯的峰面积；A_s 为标准工作液中乙酸乙酯的峰面积；A_i 为添加于酒样中内标物的峰面积；m_i 为酒样中添加内标物的质量（mg）；V_1 为酒样体积（本法中为 1.0mL）。

4. 结果与分析

由酒样中乙酸乙酯的含量计算式可知，乙酸乙酯测量结果不确定度来源主要有：标准工作液中乙酸乙酯、内标物质量浓度引入的不确定度；样液中内标物总量引入的不确定度；试样的量取引入的不确定度；重复性测量引入的不确定度。本法中没有任何样品制备步骤，因此不必考虑样品制备可能引入的不确定度。

1）标准工作液中乙酸乙酯、内标物质量浓度引入的不确定度

标准工作液中乙酸乙酯质量浓度按下式计算

$$c_s \text{ 或 } c_{si} = \frac{m}{V_1} \times \frac{V_2}{V_3} \times 10^3$$

式中，c_s、c_{si} 分别代表标准工作液中乙酸乙酯、内标物的质量浓度（g/L）；m 为乙酸乙酯或内标物的质量（g）；V_1 为 50mL 容量瓶的体积（mL）；V_2 为 1.0mL 吸量管的体积（mL）；V_3 为 10mL 容量瓶的体积（mL）。

标准工作液质量浓度引起的不确定度主要取决于标准品纯度 P、质量 m、体积 V（包括标准溶液移取、稀释和定容）的不确定度。

（1）纯度 P 引起的不确定度。标准物质乙酸乙酯、内标物的纯度分别为 99.95%、99.9%，按矩形分布处理，则由纯度引起的乙酸乙酯的不确定度 $u(P_{ysyz})$、内标物乙酸正戊酯的不确定度 $u(P_{ysyz})$ 及其相对不确定度分别为

$$u(P_{ysyz}) = 0.0005/\sqrt{3} = 0.000\ 29$$

$$u(P_{yswz}) = 0.001/\sqrt{3} = 0.000\ 58$$

$$u_{rel}(P_{ysyz}) = 0.000\ 29/0.9995 = 0.000\ 29$$

$$u_{rel}(P_{yswz}) = 0.000\ 58/0.999 = 0.000\ 58$$

（2）质量 m 引起的不确定度。本实验采用分度值为 0.0001g 的天平，根据检定证书，其最大允许误差为 ±0.0001g，按矩形分布，其不确定度为

$$u_1(m_{ysyz}) = u_1(m_{yswz}) = 0.0001/\sqrt{3} = 5.77 \times 10^{-5}\ （g）$$

根据相关标准计算分辨率产生的不确定度

$$u_2(m_{ysyz}) = 0.000\ 01 \times 0.029 = 0.000\ 000\ 29\ （g）$$

$$u_2(m_{yswz}) = 0.000\ 01 \times 0.058 = 0.000\ 000\ 58\ （g）$$

减量法称量两次，计算合成不确定度

$$u(m) = \sqrt{2u_1(m)^2 + u_2(m)^2}$$

$$u(m_{ysyz}) = 0.000\ 082$$

计算称量引起的相对不确定度（已知 $m_{ysyz} = 0.8457g$，$m_{yswz} = 0.5840g$）

$$u_{rel}(m) = u(m)/m$$

$$u_{rel}(m_{ysyz}) = 0.000\ 097$$

$$u_{rel}(m_{yswz}) = 0.000\ 14$$

（3）体积 V_1 引起的不确定度。50mL 容量瓶 A 级法定允许误差为 ±0.05mL，按矩形分布，计算其标准不确定度为

$$u(V_1) = 0.05 / \sqrt{3} = 0.029$$

其中温度升高引起的液体膨胀明显大于容量瓶的体积膨胀，因此只需考虑前者。已知水的体积膨胀系数为 $2.1 \times 10^{-4}/℃$，容量瓶在 20℃下校准的体积为 50.00mL，当标准配制时温度在（20±5）℃时引起的不确定度为

$$u_{temp}(V_1) = 50 \times 5 \times 2.1 \times 10^{-4} / \sqrt{3} = 0.030（mL）$$

合成 50mL 容量瓶的相对不确定度

$$u_{rel}(V_1) = \sqrt{0.029^2 + 0.030^2} / 50 = 0.000\ 83$$

体积 V_2（即 A 级 1mL 分度吸管）引起的不确定度：A 级 1mL 吸量管的体积允许误差为 ±0.008mL，按照体积 V_1 的不确定度计算步骤，计算 V_2 的相对不确定度

$$u_{rel}(V_2) = 0.0046$$

体积 V_3（即 A 级 10mL 容量瓶）引起的不确定度：A 级 10mL 容量瓶法定允许误差为 ±0.020mL，按照上述方法，计算 V_3 的相对不确定度

$$u_{rel}(V_3) = 0.0013$$

根据上述纯度 P、质量 m、体积 V 引起的不确定度，由合成不确定度的计算式可以计算合成不确定度

$$u_{rel}(c_s) \text{ 或 } u_{rel}(c_{si}) = \sqrt{u_{rel}^2(P) + u_{rel}^2(m) + u_{rel}^2(V_1) + u_{rel}^2(V_2) + u_{rel}^2(V_3)}$$

乙酸乙酯和内标物标准工作液引起的相对不确定度分别为

$$u_{rel}(c_s) = 0.0049 \quad u_{rel}(c_{si}) = 0.0049$$

2）样液中内标物加入量（m_i）引入的不确定度

$$m_i = \frac{m}{V_1} \times V_2 \times 1000$$

式中，m_i 为样液中内标物加入量（mg）；m 为称取内标物的质量（g）；V_1 为 50mL 容量瓶的体积（mL）；V_2 为 1mL 吸量管的体积（mL）。

根据上述公式，样液中内标物加入量的不确定度主要由以下几个方面引入：纯度引起的不确定度、称量引起的不确定度、50mL 容量瓶体积引起的不确定度和 1mL 吸量管引起的不确定度。其中 m 引起的相对不确定度

$$u_{rel}(m) = 0.000\ 082 / 0.0508 = 0.0016$$

计算得到样液中内标物加入量引起的相对不确定度

$$u_{rel}(m_i) = \sqrt{0.000\ 58^2 + 0.0016^2 + 0.000\ 83^2 + 0.0046^2} = 0.0050$$

3）试样量取（V_1）引入的不确定度

在本实验中，用 A 级 1mL 吸量管准确量取 1.0mL 酒样进行检验。由酒样中乙酸乙酯的含量计算公式中 V_1 引起的不确定度应与体积 V_2（即 A 级 1mL 吸量管）引起的不确定度计算方法相同：

$$u_{rel}(V_1) = 0.0046$$

4）重复性测量引入的不确定度

该不确定度分量主要是由人员操作重复性、进样重复性、色谱处理软件处理数据重复性等因素组成，但这些重复性测量不确定度分量主要体现在样液进样的重复性和标样进样的重复性引起的不确定度。本实验采用内标法，自动进样器进样 0.5μL，重复操作进样 10 次，对标准工作液中内标物峰面积与乙酸乙酯峰面积之比（A_{si}/A_s）、样液中内标物峰面积与乙酸乙酯峰面积之比（A_i/A）、样品中乙酸乙酯含量（c）及标准差（s_i）进行了计算，结果如表 3-2 所示。

表 3-2　计算重复性不确定度的有关量值

次数	1	2	3	4	5	6	7	8	9	10	平均值	s_i
A_{si}/A_s	1.136	1.147	1.127	1.139	1.129	1.158	1.127	1.114	1.137	1.139	1.135	0.012
A_i/A	0.930	0.935	0.937	0.925	0.938	0.930	0.930	0.922	0.933	0.932	0.931	0.005
$c/(g/L)$	1.553	1.562	1.565	1.545	1.567	1.553	1.553	1.540	1.558	1.557	1.556	0.0087

计算标准工作液重复测量的不确定度和相对不确定度

$$u(R_1) = s/\sqrt{n} = 0.012/\sqrt{10} = 0.0038$$

$$u_{rel}(R_1) = 0.0038/1.135 = 0.0033$$

计算样液重复性测量的相对不确定度

$$u_{rel}(R_2) = 0.0018$$

合成标准工作液和样液重复操作引入的不确定度

$$u_{rel}(R) = \sqrt{u_{rel}^2(R_1) + u_{rel}^2(R_2)} = \sqrt{0.0033^2 + 0.0018^2} = 0.0038$$

5）乙酸乙酯含量的合成相对标准不确定度

上述测定的各不确定度分量之间互不相关，酒样中乙酸乙酯含量测量结果的相对合成标准不确定度 $u_{rel}(c)$ 为

$$u_{rel}(c) = \sqrt{u_{rel}^2(c_s) + u_{rel}^2(c_{si}) + u_{rel}^2(m_i) + u_{rel}^2(V_1) + u_{rel}^2(R)}$$
$$= \sqrt{0.0049^2 + 0.0049^2 + 0.0050^2 + 0.0046^2 + 0.0038^2}$$
$$= 0.010$$

计算标准不确定度为

$$u(c) = u_{rel}(c) \times c = 0.010 \times 1.556 = 0.016 \ (g/L)$$

6）乙酸乙酯含量的扩展不确定度 U

取包含因子 $k = 2$，置信水平 $P = 95\%$，则其扩展不确定度为

$$U = k \times u(c) = 2 \times 0.016 = 0.032 \ (g/L)$$

7）乙酸乙酯含量测定结果的表示

该样品中乙酸乙酯含量测定结果表示为

$$c = （1.556 \pm 0.032） \ g/L \ （k = 2，P = 95\%）$$

由上可见，本法测定结果的扩展不确定度为 0.032g/L，各不确定度分量对乙酸乙酯含量测量不确定度的影响大致相当。其中在 B 类各个不确定度分量中，1mL 分度吸量管引起的不确定度是影响乙酸乙酯含量测量不确定度的主要因素，可以通过提高量取工具的精度来降低不确定度。

3.6　应 用 示 例

3.6.1　保留指数辅助质谱检索进行组分定性

保留指数既可以单独用于定性，也可以作为其他定性结果（如质谱检索）的佐证。例如，GC-MS 法分析测定复杂样品（如中药挥发油）组分时，质谱谱库常对不同色谱峰给出相同的检索结果，使得分析者难以对组分进行定性判断。下面以实例说明如何利用保留指数辅助质谱检索进行组分定性。

1. 薄荷挥发性组分中同分异构体的定性[7]

薄荷挥发性组分中含有多组同分异构体，分子量为 136 的组分有 11 个（均为单萜烯），分子量为 154 的组分有 5 个（均为醇或酮），分子量为 204 的组分有 14 个（均为烯烃）等。上述各组同分异构体结构相似，质谱图无明显差异，如果仅依靠质谱检索高匹配度来进行组分定性，有可能出现定性错误。在此种情况下，同时考虑分离峰的质谱匹配度和保留指数匹配度可以大大提高定性结果的准确性。

薄荷挥发油经 GC-MS 分析测定得到总离子流谱图，其中 24#色谱峰和 25#色谱峰的质谱图如图 3-9 所示。24#色谱峰的质谱检索结果为反式-β-罗勒烯（匹配度为 95%）和顺式-β-罗勒烯（匹配度为 91%），而 25#色谱峰的质谱检索结果为反式-β-罗勒烯（匹配度为 95%）和顺式-β-罗勒烯（匹配度为 95%）。由于反式-β-

罗勒烯和顺式-β-罗勒烯在 NIST 谱库中的标准质谱图（图 3-10）很相似，仅根据检索结果很难确定组分归属。此种情况若同时采用保留指数辅助定性则有助于提高定性的准确性。

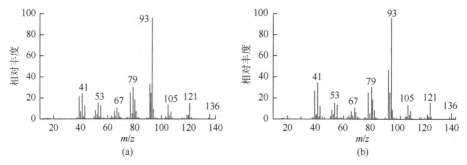

图 3-9　24#色谱峰（a）和 25#色谱峰（b）的 EI 质谱图

经实验测定得到 24#和 25#色谱峰的保留指数分别为 1039 和 1049，对比两化合物的保留指数文献值（顺式-β-罗勒烯的保留指数为 1037、反式-β-罗勒烯的保留指数为 1048），很容易确定两色谱峰所对应的化合物，即 24#色谱峰应为顺式-β-罗勒烯，25#色谱峰应为反式-β-罗勒烯。

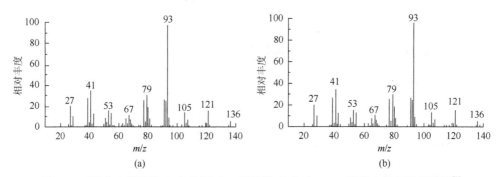

图 3-10　顺式-β-罗勒烯（a）和反式-β-罗勒烯（b）在 NIST 谱库中的标准质谱图[7]

2. 中药补骨脂中挥发性成分的定性[8]

采用 GC-MS 测定补骨脂挥发性成分，结合保留指数 KI 对其主要成分进行定性分析。

KI 值测定：精密移取正构烷烃混合对照品 20μL，加至 0.5g 补骨脂药材粉末中并配制成一定浓度的溶液，采用 GC-MS 法进行相关样品的测定，记录各正构烷烃保留时间，按照保留指数计算公式计算各组分的 KI 值。

对 GC-MS 测定得到的 TIC 中各组分峰进行 NIST 标准谱库检索，选取质谱匹配度高的前 10 个可能物质，计算其 KI 值，并与 NIST 库 KI 检索结果相比较，以质谱和 KI 匹配度最高的化学结构为最后鉴定结果，结果如表 3-3 所示。

表 3-3　GC-MS 分析测定补骨脂中挥发性成分

序号	化合物	分子式	质量分数/%	KI[②]	KI[①]
1	α-蒎烯	$C_{10}H_{16}$	0.73	928	933
2	β-蒎烯	$C_{10}H_{16}$	0.35	970	987
3	6-甲基-5-庚烯-2-酮	$C_8H_{14}O$	0.67	988	984
4	β-月桂烯	$C_{10}H_{16}$	1.70	990	989
5	1-甲基-2-异丙基苯	$C_{10}H_{14}$	1.21	1021	1022
6	D-柠檬烯	$C_{10}H_{16}$	1.36	1024	1032
7	γ-松油烯	$C_{10}H_{16}$	0.51	1055	1056
8	顺式-柠檬烯氧化物	$C_{10}H_{16}O$	4.59	1081	1073
9	异松油烯	$C_{10}H_{16}$	0.41	1085	1088
10	芳樟醇	$C_{10}H_{18}O$	1.38	1100	1098
11	蒲勒烯酮	$C_{10}H_{18}O$	0.55	1176	1196
12	6,6-二甲基二环[3.1.1]-2-庚醛	$C_{10}H_{16}O$	19.95	1178	1180
13	玷玭烯	$C_{15}H_{24}$	0.86	1370	1375
14	α-古芸烯	$C_{15}H_{24}$	0.57	1403	1401
15	石竹烯	$C_{15}H_{24}$	36.24	1412	1412
16	白菖烯	$C_{15}H_{24}$	2.79	1424	1432
17	α-石竹烯	$C_{15}H_{24}$	1.83	1446	1444
18	香橙烯	$C_{15}H_{24}$	0.26	1456	1461
19	(+)-δ-杜松烯	$C_{15}H_{24}$	0.52	1519	1524
20	石竹烯氧化物	$C_{15}H_{24}O$	7.48	1575	1574

注：①为 NIST 谱库检索值（HP-5MS 柱）；②为测定值。

3.6.2　双柱法同时定性、定量测定中药材农药残留[9]

中药材样品中常含有叶绿素、脂质、糖、有机酸等干扰物，影响对农药残留的分析测定。此外，不同于蔬菜、水果样品，中药材多为固体或半固体，含水量较少，提取后样品中的某些干扰组分也会被富集，干扰增大。因而对样品制备方法提出了更高的要求。可以先采用凝胶渗透色谱（GPC）除去大部分的色素、油脂等大分子杂质，再用固相萃取（SPE）进一步净化以除去剩余的色素和小分子杂质。经处理后得到的样品溶液，采用气相色谱法进行定性和定量测定。

气相色谱分析采用配有双自动进样器、双柱、双电子捕获检测器的气相色谱仪。双柱分别为 DB-1 弹性石英毛细管柱（30m×0.25mm×0.25μm，用于定量）；DB-17 弹性石英毛细管柱（30m×0.25mm×0.25μm，用于定性）。

采用双柱进行定性。当在 DB-1 柱中检出某种农药成分，再用 DB-17 柱去验证，只有可疑成分在两种色谱柱上均能和农药对照品的保留时间相一致的情况下，才可判定检出该农药。如果该农药超出标准允许的限值，再用质谱进一步验证测得的农药成分，以保证结果的真实可靠。

采用内标标准曲线法进行定量。配制各农药的标准溶液，加入内标物（十氯联苯）后进行色谱测定。记录各待测组分与内标物的色谱峰面积，以各成分的峰面积与内标峰面积之比为横坐标(x)，各成分的浓度与内标浓度比为纵坐标(y)，采用线性范围二次拟合进行回归分析得到回归方程。并对测定方法的精密度、加样回收率、检测限等进行测定。部分农药对照品在 DB-1 柱和 DB-17 柱上的气相色谱图如图 3-11 所示。采用本法测定了中药材中 56 种有机氯类及拟除虫菊酯类农药残留量。在 3 种中药材样品基质、3 水平添加条件下，56 种农药的回收率大多为 70.0%～110.0%，相对标准偏差小于 15%，检测限大多低于 0.01mg/kg，符合农药残留检测的要求。

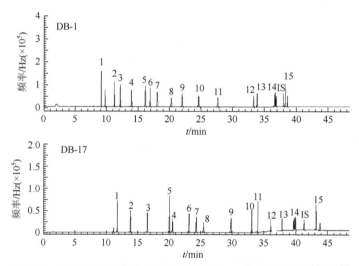

图 3-11　部分农药对照品在 DB-1 柱和 DB-17 柱上的气相色谱图[9]

参 考 文 献

[1]　Shan V P, Mioha K K, Dighe S, et al. Analytical methods validation：Bioavailibility, bioequivalence and pharmacokinetic studies. J Pharmaceut Sci，1992，81：309.

[2]　曾苏. 生物药物分析方法的认证、质量控制及其标准操作规程. 中国医药工业杂志，1995，26（1）：136.

[3]　周海均. ICH 药物注册的国际技术要求（质量部分）. 北京：人民卫生出版社. 2000.

[4]　国家质量技术监督局. 测量不确定度评定与表示（JJF1059—1999）. 1999.

[5]　Ellison S R，Rosslein M，Williams A. EURACHEM /CITAC Guide，Quantifying uncertainty in analytical measurement. 2nd ed. UK：Teddington，2000.

[6]　张素娟. 气相色谱法测定白酒中乙酸乙酯含量的不确定度分析. 食品科学，2010，31（2）：151.

[7]　苏越，王呈仲，郭寅龙. 基于准确质量测定和保留指数的 GC-MS 分析薄荷挥发性成分. 化学学报，
　　　2009，67（6）：546.

[8]　刘朋，徐琳琳，吕青涛，等. 顶空进样 GC-MS 结合保留指数分析补骨脂挥发性成分. 中国实验方剂
　　　学杂志，2011，17（10）：74.

[9]　郏征伟，毛秀红，苗水，等. 气相色谱双塔双柱法同时测定中药材中 56 种有机氯类及拟除虫菊酯类
　　　农药残留量. 药学学报，2010，45（3）：353.

第4章 气相色谱仪

气相色谱仪的基本构件有气路系统（气源、净化干燥管和气体流速控制）、进样系统（进样器及气化室）、分离系统（色谱柱、填充柱或毛细管柱）、检测系统（各种检测器，其中热导检测器、火焰离子化检测器为 GC 色谱仪的标准配置）、温度控制系统（柱箱、气化室、检测器等温度控制）、数据采集和处理系统（色谱工作站）等。配有热导检测器或火焰离子化检测器的气相色谱仪的基本构成分别如图 4-1 和图 4-2 所示。

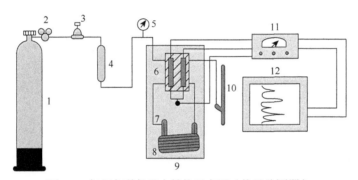

图 4-1 气相色谱仪基本结构示意图（热导检测器）

1. 高压气瓶（载气源）；2. 减压阀；3. 气流调节阀；4. 净化干燥管；5. 压力表；
6. 热导池；7. 进样口；8. 色谱柱；9. 恒温箱；10. 皂膜流量计；11. 测量电桥；12. 记录仪

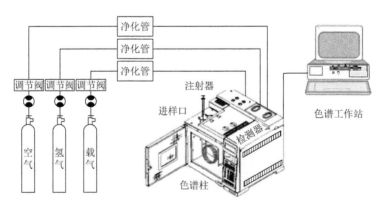

图 4-2 气相色谱仪结构示意图（火焰离子化检测器）

GC 分析测定过程分为样品制备、色谱进样、色谱柱分离、检测器检测、组分定性和定量分析等（图 4-3）。根据样品的状态和被测组分的性质，采取适宜的样品处理方法制得样品溶液，用微量进样器量取一定体积的样品溶液并快速注入进样口内。样品组分在高温的进样口衬管内快速气化并被载气携带进入柱箱内的色谱柱。在色谱柱内，各组分因化学结构和理化性质上的微小差异，与固定相间的分子作用及其强度不同而具有不同的保留时间，先后离开色谱柱进入位于色谱柱末端的检测器而被检测。组分响应信号经色谱工作站采集、数据处理后得到气相色谱图。基于各组分色谱峰的相关信息，采取适宜的分析测定方法，对各组分进行定性和定量分析测定。

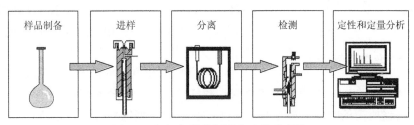

图 4-3　气相色谱分析测定过程示意图

4.1　气路系统

气相色谱仪的气路系统包括各种气源、气体净化管（又称捕集器）和载气流速控制配件等。常用的载气有氮气、氦气、氢气等。载气的选择主要取决于检测器、色谱柱和分析测定要求。氦气、氢气的分子量小，热导系数大，黏度小，常用于热导检测器；氮气的分子量相对较大，扩散系数小，除热导检测器外的其他检测器多采用氮气作载气。气相色谱分析需使用高纯度的载气（纯度>99.999%），同时仪器还需配备多种气体净化管等。除载气外，采用火焰离子化检测器时，还需使用氢气（燃气）和空气（助燃气）。

为保证气相色谱分析的准确性和重复性，要求载气流量恒定（流量变化小于1%）。通常使用减压阀、稳压阀、针型阀、稳流阀等器件来控制载气的稳定性。气体来源有高压气体钢瓶、气体发生器等。减压阀俗称氧气表，装在高压气瓶的出口，用来将高压气体调节到较小的工作压力，通常可将 10~15MPa 压力减小到 0.1~0.5MPa。流出的气体通过净化管到稳压阀，保持气流压力稳定。针型阀用来调节载气流量；稳流阀用以保证程序升温时的气流稳定。常用压力表或流量表指示载气的流量或流速。

气体净化管内装有吸附剂（硅胶、分子筛、活性炭等）、催化剂（脱氧剂）等材料。其主要作用是去除气体中可能存在的微量水分、烃类、氧气等杂质。这些杂质的存在不仅使仪器产生噪声、鬼峰和基线"毛刺"，而且会影响固定相的稳定性、色谱柱寿命以及检测器中一些部件的寿命。例如，氧气的存在会大大缩短检测器热丝或灯丝的寿命。

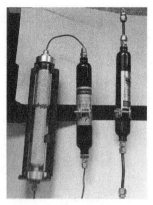

图 4-4 气相色谱气体净化管

由于上述原因，气相色谱分析中所用的载气及辅助气需进行严格的脱水、脱氧、脱碳氢化合物处理。通常在室温下用硅胶对气体进行初步脱水后，再用分子筛进一步脱水；用活性炭去除甲烷外的碳氢化合物；用脱氧剂去除氢气或氮气中的微量氧气。一般将用于去除不同杂质的几个净化干燥管串联在一起（图4-4），置于气源出口与气相色谱仪进样口之间。各种气体净化管的安装顺序为：水分净化管→烃类净化管→氧气净化管→气相色谱仪。气体净化管需直立放置，以免柱内材料中产生空隙。

采用毛细管柱气相色谱分析时，在毛细管柱的末端还需增加尾吹气，以增加色谱柱末端载气的流速，缩短流出色谱柱的样品组分进入检测器所需的时间，减小可能产生的扩散。典型的双柱气相色谱仪气路系统如图4-5所示。

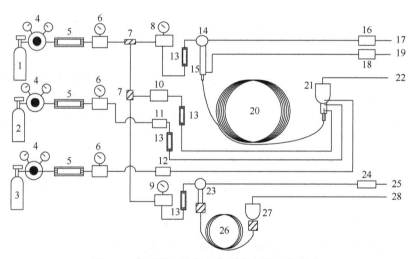

图 4-5 典型的双柱气相色谱仪气路系统示意

1. 载气（氮气或氦气）；2. 氢气；3. 压缩空气；4.减压阀（采用气体发生器就可不用减压阀）；5. 气体净化器；6. 稳压阀及压力表；7. 三通连接头；8. 毛细管柱柱前压调节阀及压力表；9. 填充柱柱前压调节阀及压力表；10. 尾吹气调节阀；11. 氢气调节阀；12. 空气调节阀；13. 流量计；14. 分流/不分流进样口；15. 分流器；16. 隔垫吹扫气调节阀；17. 隔垫吹扫放空口；18. 分流流量控制阀；19. 分流气放空口；20. 毛细管柱；21. FID；22. FID放空口；23. 填充柱进样口；24. 隔垫吹扫气调节阀；25. 隔垫吹扫放空口；26. 填充柱；27. TCD；28. TCD放空口

目前一些新型气相色谱仪多采用电子压力控制（electronic pressure control，EPC）系统来准确控制和调节载气、燃气和助燃气的流量。

EPC技术的主要优点：

（1）气体流量控制准确，重现性好。因载气流量变化引起的保留时间变化的相对标准偏差小于 0.02%。

（2）由仪器液晶屏显示气体的压力和流量，可省略压力表和部分流量调节阀，简化了仪器结构。

（3）提高了仪器的自动化程度。它可按操作人员预先设定的压力、流量参数进行自动运行，并记录运行过程的压力、流量变化；不进样时，可自动降低载气流速节省载气；可自动检查气相色谱系统是否漏气，保证了操作过程的安全。

（4）便于实现载气的多模式操作，如恒流操作、恒压操作和程序升压操作。尤其是程序升压操作为仪器提供了除程序升温操作以外的另一种优化分离条件的方法。

4.2　进样系统

气相色谱进样可采用微量进样器或自动进样器进样。自动进样器可自动完成进样针清洗、润冲、取样、进样、换样等过程，进样盘内可放置数十个试样瓶。

气相色谱仪一般配有填充柱和毛细管柱两个进样口。进样口内的衬管为气化室，是样品进样后使组分瞬间气化的装置。衬管多由玻璃或石英材料制成，不同仪器、不同进样方式所需衬管的形状和型号各异，常见的衬管结构如图 4-6 所示。值得注意的是，衬管上下温度具有一定差异，中部温度高而两端温度低（图 4-7）。进样时，针尖的位置应位于衬管的中部，有利于样品组分瞬间气化完全。毛细管柱色谱的进样系统还有分流器，包括分流比阀、针形阀和电磁阀等部件，用以完成不同进样方式的样品分流。

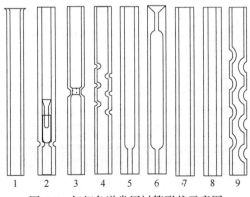

图 4-6　气相色谱常用衬管形状示意图

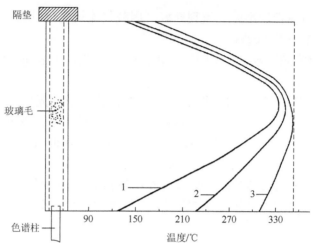

图 4-7　气化室温度（设定为 350℃）分布示意图

柱箱温度：1. 35℃；2. 150℃；3. 300℃

　　气相色谱的进样方式有填充柱进样、分流/不分流进样、顶空进样、裂解进样、冷柱上进样、程序升温气化进样、大体积进样、阀进样等。常见气相色谱进样口和进样技术的特点如表 4-1 所示。本章主要介绍气相色谱分析中最常用的填充柱进样和分流/不分流进样。有关裂解进样、顶空进样等将在第 9 章予以介绍。

表 4-1　常见气相色谱进样口和进样技术的特点

进样口和进样技术	特点
填充柱进样口	最简单的进样口，所有气化的样品均进入色谱柱。可接玻璃和不锈钢填充柱，也可接大口径毛细管柱直接进样
分流/不分流进样口	最常用的毛细管柱进样口，分流进样最为普遍，操作简单，但有分流歧视和样品可能分解的问题；不分流进样虽然操作复杂一些，但分析灵敏度高，常用于痕量分析
冷柱上进样口	样品以液体形态直接进入色谱柱，无分流歧视问题。分析精度高，重现性好，尤其适用于沸点范围宽或热不稳定的样品，也常用于痕量分析（可进行柱上浓缩）
程序升温气化进样口	将分流/不分流进样和冷柱上进样结合起来，功能多，适用范围广，是较为理想的 GC 进样口
大体积进样	采用程序升温气化或冷柱上进样，配以溶剂放空功能，进样量可达几百微升，可大大提高分析灵敏度，在环境分析中应用广泛，但操作较为复杂
阀进样	常用六通阀定量引入气体或液体样品，重复性好，易实现自动化，但进样对峰展宽的影响大，常用于永久气体的分析以及化工工艺过程中物料流的监测
顶空进样	只取复杂样品基体上方的气体进行分析，有静态顶空和动态顶空（吹扫、捕集）之分，适合于环境分析（如水中有机污染物）、食品分析（如气味分析）及固体材料中的可挥发物分析等
裂解进样	在严格控制的高温下，将不能气化或部分不能气化的样品裂解成可气化的小分子化合物，进而采用气相色谱分析，适合于聚合物样品或地矿样品等的分析

填充柱进样口简单、易于操作，其基本结构如图 4-8 所示。样品被注入进样口后瞬间气化，气化的样品组分被载气带入色谱柱后进行分离。填充柱分为玻璃柱和不锈钢柱，连接时使用不同的接头。玻璃柱可直接插入气化室，用螺母和石墨垫密封。此时插入气化室的色谱柱部分不应有填料在其中，否则会在高温下分解而干扰分析。这段空柱可起到类似玻璃衬管的作用（相当于填充柱柱上进样），防止了样品与气化室不锈钢表面的接触。若需进一步减小气化室死体积，可以在柱端插入一个玻璃或石英套管。玻璃填充柱常用于分析极性化合物，如农药分析等。当采用不锈钢柱时，柱端接在气化室的出口处，用螺母和金属压环密封。这时应在气化室安装玻璃衬管，以避免极性组分的分解和吸附。在日常分析工作中还要注意及时更换和清洗衬管。

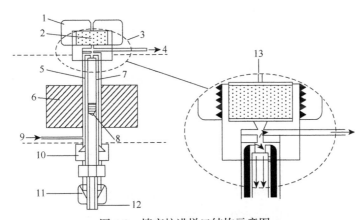

图 4-8　填充柱进样口结构示意图

1. 固定隔垫的螺母；2. 隔垫；3. 隔垫吹扫装置；4. 隔垫吹扫气出口；5. 气化室；6. 加热块；7. 玻璃衬管；8. 石英纤维；9. 载气入口；10. 柱连接件固定螺母；11. 色谱柱固定螺母；12. 色谱柱；13. 隔垫吹扫放大图

与填充柱进样相比，毛细管柱进样比较复杂，其中分流/不分流是毛细管柱最常用的进样口和进样方式。分流模式主要用于样品中高含量组分的 GC 分析，不分流模式用于痕量组分的气相色谱分析。

4.2.1　分流进样

由于毛细管柱的柱容量小，如果采用与填充柱相同的方式进样，易使毛细管柱超载。因此，必须减少进入毛细管柱的样品量。常采用分流进样（split injection），即样品气化后，通过进样口处的分流装置设定的分流比，只允许少量样品进入色谱柱，如图 4-9 所示。例如，若载气总流速为 101mL/min，通过色谱柱的流速为 1mL/min，那么在进样口进样 1μL 液体样品时，实际进入色谱柱的样品量为 0.01μL。

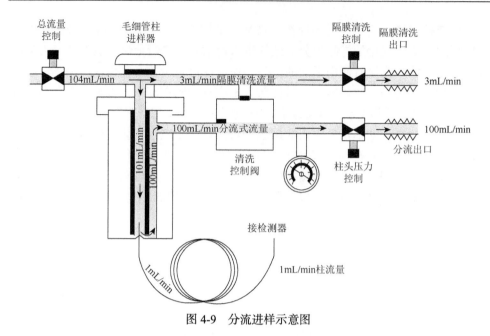

图 4-9　分流进样示意图

分流比计算式

$$分流比 = \frac{柱流量 + 分流出口流量}{柱流量} \qquad (4\text{-}1)$$

例如，图 4-9 中，进入色谱柱的流量为 1mL/min，分流出口流量为 100mL/min，按照式（4-1）可以计算出其分流比为 101∶1。

分流进样时需注意以下事项：①尽量减小分流歧视（即不同沸点组分分流比例不同）的影响：分流比较大时易发生分流歧视；②保证样品组分快速气化（适当添加经硅烷化处理的石英玻璃棉）；③分流进样时，色谱柱的初始温度尽可能高一些；④色谱柱安装时，注意色谱柱与玻璃衬管同轴。

4.2.2　不分流进样

不分流进样（splitless injection）与分流进样采用同一个进样口。不分流进样是在进样时关闭分流放空阀，让样品全部进入色谱柱。不分流进样的应用不如分流进样广泛，通常是在分流进样不能满足分析要求时（主要是灵敏度要求），才使用不分流进样。

不分流进样适于痕量组分分析。不分流进样可使痕量组分的绝对进样量明显增加，峰形尖锐，检测灵敏度可高出 1～3 个数量级，常用于天然产物、食品、香料、药品、环境等样品中痕量或超痕量组分的分析测定。

不分流进样最突出的问题是样品初始谱带较宽（样品气化后的体积较大）。气化的样品中有大量溶剂，不能瞬间进入色谱柱，结果溶剂峰就会严重拖尾，使先流出组分的峰被掩盖在溶剂拖尾峰中［图 4-10（a）］，难以对其分析测定。此现象称为溶剂效应。

采用瞬间不分流技术有助于消除溶剂效应。进样开始时关闭分流电磁阀，使系统处于不分流状态，待大部分气化的样品进入色谱柱后，开启分流阀，使系统处于分流状态。这样，气化室内残留的溶剂气体（包括少量样品组分）就很快从分流出口放空，从而在很大程度上消除了溶剂拖尾［图 4-10（b）］。分流状态一直持续到分析结束，下次进样时再关闭分流阀。

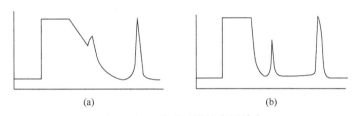

图 4-10　不分流进样的溶剂效应
（a）完全不分流；（b）瞬间不分流

不分流进样注意事项：①柱初始温度尽可能低一些，最好比溶剂沸点低 10～20℃。溶剂要与固定相匹配；②衬管尺寸尽量小（0.25～1mL），使样品在衬管内尽量少稀释；③使用直通式衬管，对于基质复杂的样品，可在衬管内加入经硅烷化处理的石英玻璃棉并经常更换；④根据溶剂沸点、样品待测组分沸点和浓度等，优化开启分流阀的时间，一般为 30～80s，可以保证 95%以上的样品进入色谱柱。

对于分流/不分流进样口，使用中需注意：①定期更换进样垫；②使用最低允许温度；③使用隔垫吹扫；④保持衬管洁净；⑤用溶剂清洗分流平板（必要时进行硅烷化去活）；⑥保持进样针清洁等。

衬管使用需注意以下事项：

（1）衬管对色谱柱有保护作用。在分流/不分流进样时，不挥发的样品组分会存留在衬管中而不进入色谱柱。当衬管内残留物积累一定量后，会对分析产生直接影响。例如，它会吸附极性组分而使组分色谱峰拖尾，甚至使色谱峰分裂，还可能出现鬼峰。因此，一定要保持衬管洁净，及时清洗和更换。

衬管清洗的一般步骤：①移去衬管中的石英棉；②将衬管置于适宜溶剂或酸液中超声处理；③清洗并干燥；④更换去活性（如硅烷化）的石英玻璃棉；⑤干燥。

（2）衬管内表面活性位点可能使样品组分吸附或分解，故需进行脱活处理。常用的方法是硅烷化处理。但需注意的是，硅烷化的衬管在高温下使用的有效期只有几天。在分析极性样品组分时，要注意及时更换衬管或重新硅烷化。

（3）衬管容积是影响分析质量的重要参数。基本要求是衬管容积至少要等于样品中溶剂气化后的体积。常用溶剂气化后体积要膨胀 150～1000 倍。如果衬管容积太小，会引起气化样品的"倒灌"，以及柱前压突变，影响分析测定。反之，如果衬管容积太大，又会带来不必要的柱外效应，使样品初始谱带展宽。故在实际测定中要注意衬管容积与样品进样体积的匹配性。

（4）衬管中是否填充填料依具体情况而定。在衬管内装填少量硅烷化处理的石英玻璃棉可加速样品的气化，还可起到拦截样品中可能存在的颗粒物或进样口隔垫可能产生的碎屑的作用。

4.3　分　离　系　统

分离系统由色谱柱（填充柱、毛细管柱）组成。色谱柱是色谱仪进行样品组分分离的核心部件。根据固定相状态的不同（固态、液态），气相色谱分为气-固色谱和气-液色谱，两者对比如表 4-2 所示。

表 4-2　气-液色谱和气-固色谱的比较

气-液色谱	气-固色谱
分配系数小，保留时间短	吸附系数大，保留时间长
吸附等温线的直线部分范围大，色谱峰对称	吸附等温线的直线部分范围很小，色谱峰常常不对称
重复性好，固定液批与批之间差异小，保留值重复性好	吸附剂批与批之间差异大，保留值及分离性能的重复性较差
固定液一般无催化活性	高温下一般吸附剂有催化活性
可用于高沸点化合物的分离	一般情况下不适于高沸点化合物的分离，适于永久气体和低沸点化合物的分离
品种多，选择余地大	品种少，选择余地不大
高温下易流失	在较高的柱温下不易流失

气-固色谱的固定相为多孔性的固态吸附剂，其分离主要基于吸附剂对样品中各组分吸附系数的不同，经反复吸附与解吸过程实现分离。气-液色谱的固定相在分析温度下为液态，其分离主要基于固定相对样品中各组分的分配系数的差异，组分在气-液两相间经反复多次分配实现分离。

气-液色谱分离样品组分的过程为：当样品由载气携带进入色谱柱与固定相接触时，因固定相与各组分间分子作用力及其强度不同，使得各组分在固定相中停留时间不同而彼此分离，并按先后顺序离开色谱柱进入检测器。

气相色谱柱分为填充柱和毛细管柱（图 4-11）。填充柱多由不锈钢或玻璃材料制成，通常将固定相均匀涂敷在载体表面后装填至柱内。对于载体有以下要求：具有多孔性并且孔径分布均匀，比表面积大；化学惰性，不与固定相及样品组分发生作用；热稳定性好；粒度均匀；具有一定的机械强度等。常用载体分为硅藻土和非硅藻土两类。硅藻土载体是由硅藻的单细胞海藻骨架组成，主要成分是二氧化硅和少量无机盐。根据制备方法不同又分为红色载体和白色载体。红色载体常用于非极性固定相，白色载体用于极性固定相。非硅藻土载体分为有机玻璃微球载体、氟载体、高分子多孔小球（GDX）等。填充柱的柱内径一般为 2～4mm，柱长为 1～5m。

　　常用的毛细管柱分为涂壁开管（wall-coated open tube，WCOT）柱和多孔涂层开管（porous layer open tube，PLOT）柱。WCOT 柱是将固定相均匀地涂敷在毛细管内壁而成，常用于气-液色谱分析；PLOT 柱是在毛细管内壁涂覆一层多孔吸附材料，用于气-固色谱分析；也可在多孔材料涂层表面再涂敷液态固定相后进行气-液色谱分析。毛细管柱传质阻力小，柱长可达几十米至上百米。与填充柱相比，毛细管柱的柱效高（每米理论塔板数为 3000 以上）、分析速度快、样品用量小，但柱容量低、要求检测器的灵敏度高。

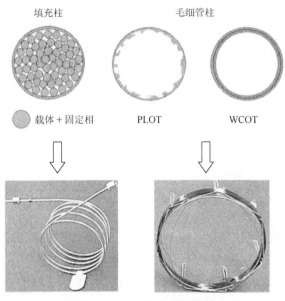

图 4-11　填充柱和毛细管柱

　　与气-固色谱相比，气-液色谱因液态固定相种类多、可选择范围大，使其应用更为广泛。有关气相色谱固定相的性质、色谱性能评价和色谱柱制备方法等内容详见本书第 5 章。

4.4　检测系统

　　样品组分经色谱柱分离后依次进入检测器,按组分浓度或质量随时间的变化,转换成相应的电信号,经放大记录后给出色谱图及相关数据。如果说色谱柱是色谱仪的心脏,那么检测器就是色谱仪的眼睛。气相色谱仪可以配备多种不同类型的检测器，其检测原理和检测对象各不相同。在实际应用中，应根据被测组分的结构和性质选择适宜的检测器。

4.4.1 检测器的类型及性能评价

气相色谱分析常用的检测器有热导检测器（thermal conductivity detector，TCD）、火焰离子化检测器（flame ionization detector，FID）、电子捕获检测器（electron capture detector，ECD）、氮磷检测器（nitrogen phosphorus detector，NPD）、火焰光度检测器（flame photometer detector，FPD）、质谱检测器（mass spectrometry detector，MSD）等。根据检测器的响应信号与被测组分的浓度或质量的关系，常将检测器分为浓度型检测器和质量型检测器。

浓度型检测器的响应信号 E 与某组分浓度 c 成正比：

$$E \propto c$$

浓度型检测器测得的峰高表示组分通过检测器时的浓度值，峰宽表示组分通过检测器的时间。峰面积随着流速增加而减小，峰高基本不变。该类型检测器常用的有 TCD 和 ECD 等。

质量型检测器的响应值 E 与单位时间进入检测器的组分质量成正比：

$$E \propto \mathrm{d}m / \mathrm{d}t$$

质量型检测器测得的峰高表示组分单位时间内通过检测器的质量，峰面积表示该组分的总质量。峰高随着流速增加而增大，峰面积基本不变。该类型检测器常用的有 FID、FPD 和 MSD 等。

此外，检测器还可分为通用型检测器和专属型检测器。前者对所有物质均有响应，后者只对特定物质产生响应。

对检测器的性能评价通常要求灵敏度高、检测限低、死体积小、响应迅速、线性范围宽、稳定性好等。对通用型检测器要求其适用范围广；对专属型检测器要求其选择性高。气相色谱中常用检测器的性能如表 4-3 所示。

表 4-3 常用检测器的性能

性能	TCD	FID	ECD	FPD
类型	浓度	质量	浓度	质量
通用型或专属型	通用型	专属型	专属型	专属型
检测限	$2 \times 10^{-6} \mathrm{mg/cm^3}$	$10^{-12} \mathrm{g/s}$	$10^{-14} \mathrm{g/cm^3}$	$10^{-12} \mathrm{g/s}$（对 P） $10^{-11} \mathrm{g/s}$（对 S）
最小检测浓度	$0.1\mu\mathrm{g/g}$	$1\mathrm{ng/g}$	$0.1\mathrm{ng/g}$	$10\mathrm{ng/g}$
线性范围	10^4	10^7	$10^2 \sim 10^4$	$10^3 \sim 10^4$（对 P） 10^2（对 S）
适用范围	有机物和无机物	含碳有机物	卤素及亲电子物质、农药	含硫、磷化合物，农药残留物

（1）响应值（或灵敏度）S：在一定范围内，响应信号 E 与进入检测器的物质质量 m 呈线性关系：

$$E = Sm$$

$$S = E/m$$

式中，S 表示单位质量的物质通过检测器时产生响应信号的大小。S 值越大，检测器的灵敏度越高。

色谱中检测信号常显示为色谱峰，响应值可用色谱峰面积 A 除以物质质量 m 得到

$$S = A/m$$

（2）最低检测限（最小检测量）：本底噪声水平会影响能被检测到的物质浓度或质量。

由图 4-12 可见，只有当组分响应信号高于本底噪声信号时，才能被选择性检测出来。一般将信噪比 S/N = 3 时对应的被测物浓度或质量定义为最低检测限。

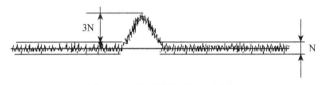

图 4-12　检测器信噪比示意图

（3）线性与线性范围：检测器的线性是指检测器响应值与组分质量或浓度之间的线性关系。检测器的线性范围是指检测器响应值与进样量成正比的数量范围，为最大允许进样量与最小允许进样量之比。检测器线性范围宽有利于对试样中高、低含量组分同时进行定量测定。

4.4.2　常用检测器

本节主要介绍气相色谱分析中常用的热导检测器、火焰离子化检测器、电子捕获检测器和氮磷检测器的工作原理和性能。质谱检测器参见第 8 章。

1. 热导检测器

热导是指热量从高温物体向低温物体传导的过程。热导检测器（TCD）通过测量被测物气流导热性能的变化，检测流出组分。TCD 为通用型检测器。

1）热导池结构

热导池基本结构如图 4-13 所示，其中惠斯登电桥由阻值相等的热敏电阻 R_1、R_2、$R_测$、$R_参$ 组成。热敏元件为钨丝。参考臂连接在进样口之前，仅允许载气通过。测量臂连接在色谱柱出口，样品分析时由载气携带样品组分通过测量臂。

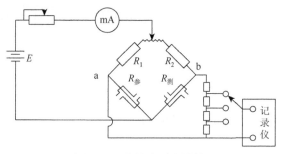

图 4-13　热导池基本结构

2）检测原理

TCD 检测是基于不同物质具有不同的热导系数。进样前，钨丝通电并且加热与散热达到平衡后，两臂电阻相等，此时无电压信号输出，色谱图为一条直线（基线）。

$$R_\text{参} = R_\text{测}；\ R_1 = R_2$$

则
$$R_\text{参} R_2 = R_\text{测} R_1$$

进样后，载气携带样品组分通过测量臂，使测量臂的温度改变，引起电阻的变化，此时因测量臂与参考臂的电阻不等而产生电阻差。这使得电桥失去平衡，a、b 两端存在电位差，有电压信号输出，因此记录得到组分浓度随时间变化的色谱峰，即

$$R_\text{参} \neq R_\text{测}$$

则
$$R_\text{参} R_2 \neq R_\text{测} R_1$$

3）影响 TCD 灵敏度的因素

（1）桥路电流：检测器的响应值与桥路电流 I 的 3 次方成正比。I 增加，钨丝温度升高，钨丝与池体之间的温差加大，有利于热传导，提高检测器灵敏度。但桥路电流太高时，会影响基线的稳定性，还可能烧断钨丝。

（2）池体温度：池体温度与钨丝温度相差越大，越有利于热传导，检测器的灵敏度也就越高。但池体温度不能低于色谱柱的温度，以防样品组分在检测器内冷凝。

（3）载气种类：载气与样品组分的热导系数相差越大，在检测器两臂中产生的温差和电阻差越大，检测灵敏度越高。载气的热导系数大，则有利于传热，可增大桥路电流，提高检测器的灵敏度。某些气体与蒸气的热导系数如表 4-4 所示。

表 4-4　某些气体与蒸气的热导系数（ λ ）　　［单位：J/（cm·℃·s）］

气体	$\lambda \times 10^5$（100℃）	气体	$\lambda \times 10^5$（100℃）
氢气	224.3	甲烷	45.8
氦气	175.6	乙烷	30.7
氧气	31.9	丙烷	26.4
空气	31.5	甲醇	23.1
氮气	31.5	乙醇	22.3
氩气	21.8	丙酮	17.6

4）TCD 的特点和注意事项

（1）为浓度型检测器。进样量一定时，色谱峰面积与载气流速成反比。因而用峰面积定量时要保持载气流速恒定。

（2）为通用型检测器。可以用于测定不同种类的组分，特别是可以测定 FID 不能直接测定的无机气体。

（3）为非破坏型检测器。可以在检测器后收集组分或再与其他仪器联用分析。

（4）为保护热丝，在 TCD 通电前，先开载气；关机时一定要先关电源，后关载气（否则会损害检测器）。

（5）载气中含氧气时会影响热丝的寿命。因而所用载气不能含氧气；不能用聚四氟乙烯作载气输送管（会渗透氧气）。

2. 火焰离子化检测器

火焰离子化检测器（FID）是气相色谱分析最常用的检测器之一，为质量型检测器。对有机化合物具有很高的灵敏度，信号值大小与碳原子数目有关，是有机物测定的通用型检测器。

1）FID 结构

FID 的主要部件是离子化室。离子化室由气体入口、喷嘴、发射极（−）和收集极（＋）等组成（图 4-14）。在发射极和收集极之间加有一定的直流电压（100～300V）构成一个外加电场。FID 需要三种气体：载气、燃气（氢气）和助燃气（空气）。燃烧气的流速对 FID 信号有明显影响，如图 4-15 所示。为保证检测器的灵敏度，三种气体之间需保持一定的比例，一般情况下，载气∶氢气∶空气为 1∶1∶10。增大空气流速、提高检测器的温度有利于有效去除组分燃烧时产生的水蒸气。

2）FID 工作原理

含碳有机物进入 FID 检测器后，在氢火焰（～2100℃）（图 4-16）中发生电离产生碎片离子，并在电场作用下产生微弱的离子流。离子流的电信号强度与组

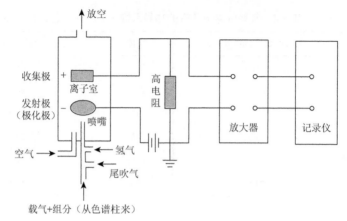

图 4-14 FID 结构示意图

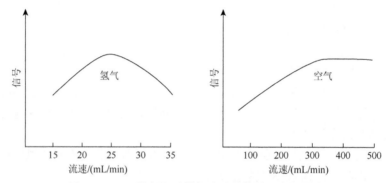

图 4-15 FID 燃气和助燃气流速对信号强度的影响

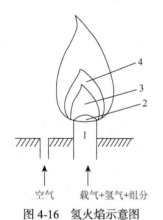

图 4-16 氢火焰示意图

1. 预热区；2. 点燃火焰；
3. 热裂解区（温度最高）；4. 反应区

分质量成正比。如图 4-14 所示，在发射极与收集极之间加有一定的直流电压（100～300V），形成一个静电场。组分电离产生的离子流被收集极吸引和捕获，通过高电阻产生信号，经放大记录下来。

目前有关 FID 检测有机物的反应机理尚无定论，可能发生的反应过程如下：

（1）当载气中的有机物（C_nH_m）进入氢火焰时，在高温热裂解区发生裂解反应产生自由基：

$$C_nH_m \longrightarrow \cdot CH$$

（2）产生的自由基在火焰反应区与外面扩散进来的激发态原子氧或分子氧发生如下反应：

$$\cdot CH + O \longrightarrow CHO^+ + e^-$$

（3）产生的 CHO^+ 离子与火焰中大量水分子碰撞而发生分子离子反应：

$$CHO^+ + H_2O \longrightarrow H_3O^+ + CO$$

（4）电离产生的正离子和电子在外加恒定直流电场的作用下分别向两极定向运动而产生微电流（约 $10^{-14} \sim 10^{-6}$ A）。

（5）在一定范围内，微电流的大小与进入离子室的样品组分的质量成正比。

（6）组分在氢焰中的电离效率很低，大约只有五十万分之一的碳原子被电离。

（7）离子流电信号经转换处理后，得到各组分的色谱峰和色谱图。

3）FID 工作条件

（1）要求仪器接地线，屏蔽良好。

（2）检测器温度应大于 150℃，以防止燃烧产生的水蒸气凝结在检测器内。检测器温度应比柱温箱设定的最高温度高 30℃。

（3）常用高纯氮气作载气。

4）FID 的特点和注意事项

（1）结构简单，稳定性好，响应迅速，线性范围宽（可达 7 个数量级）。

（2）为质量型检测器。

（3）为专属型检测器，对含碳有机物具有高灵敏度，比 TCD 的灵敏度高近 3 个数量级，检测下限可达 10^{-12} g/g；FID 产生的离子数目正比于碳原子数目。一些官能团（如羰基、羟基、卤素、氨基等）不易被离子化。对无机气体不灵敏。

（4）为破坏型检测器。组分进入 FID 后经高温燃烧破坏，检测后的样品不能再利用。

3. 电子捕获检测器

1）结构和工作原理

电子捕获检测器（ECD）的结构如图 4-17 所示。放射源（常用 ^{63}Ni）产生的 β 射线粒子使载气离子化，同时产生大量电子。这些电子在电场作用下向收集极移动，形成稳定的基流（$10^{-9} \sim 10^{-8}$A）。当含电负性元素的组分从色谱柱后进入

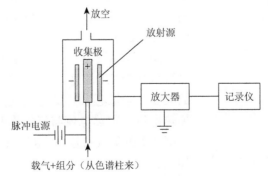

图 4-17　电子捕获检测器结构示意图

检测器时，会捕获慢速低能量电子使基流强度下降并产生一负峰（倒峰），经放大记录得到响应信号，信号强度与进入检测器的组分量成正比。由于负峰不便观察和处理，常通过极性转换使负峰变为正峰。

2）ECD 工作条件

（1）载气纯度：要求用高纯氮气（含氧量＜10ppm）。氧气具电负性，可使基流降低。

（2）极化电压：通常为 20～50V。极化电压过高使电子能量过大，不易被组分捕获，常采用脉冲供电，电子能量较小时易被捕获，提高灵敏度。

3）ECD 的特点和注意事项

（1）为专属型检测器，是目前分析测定含电负性元素有机物最常用的检测器，如含卤素、硫、氰基、硝基、共轭双键的有机物、过氧化物、醌类有机物等。对胺类、醇类及碳氢化合物等的检测灵敏度不高。

（2）为浓度型检测器。

（3）为非破坏型检测器。

（4）线性范围较窄。多用于测定农副产品、食品及环境样品中农药残留。

（5）ECD 检测器中具有放射性 ^{63}Ni 源，非专业人员不得自行拆卸或处理相关部件。

4. 氮磷检测器

氮磷检测器（NPD）是一种质量型检测器（图 4-18），对氮、磷化合物具有高灵敏度和高选择性。NPD 的结构与 FID 类似，但组分是在冷氢焰（600～800℃）中燃烧产生含氮、磷的电负性基团，再与硅酸铷（Rb_2SiO_3）电热头表面的铷原子蒸气发生作用，产生负离子。

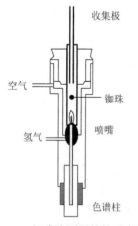

铷珠是一种外表面涂有碱金属盐（如铷盐）的陶瓷珠，放于燃烧的氢火焰和收集极之间。当组分蒸气和氢气流通过铷珠表面时，含氮、磷的化合物从被还原的碱金属蒸气上获得电子被电离，产生的离子被收集测定；失去电子的碱金属形成盐再沉积到铷珠表面上。

NPD 需要氢气、空气和补充气（氮气），但气流量小于 FID。这是由于 NPD 信号对气体流速的改变非常敏感，特别是氢气流速和活性元素的加热电流。加热电流与氢气流速相互制约，电流大则所需的氢气流速小，电流减小则氢气流速相应加大。

图 4-18　氮磷检测器结构示意图

（图中标注：收集极、空气、氢气、铷珠、喷嘴、色谱柱）

NPD 为专属型检测器，灵敏度高，在农药、石化、食品、药物、香料及临床医学等领域有广泛应用。NPD 对氮、磷化合物的响应与其杂原子数成正比；其响应大小还与化合物的结构有关，对易分解成氰基的化合物的响应值大，而对硝酸酯、酰胺类的响应小。

NPD 对不同结构化合物响应大小的一般顺序如下：

偶氮化合物＞腈化物＞含氮杂环化合物＞芳胺＞硝基化合物＞脂肪胺＞酰胺

NPD 检测器使用注意事项：

（1）NPD 要求所用的氮气、氢气、空气等气源的纯度在 99.999%以上，以保证检测器的正常使用。

（2）NPD 的使用温度通常为 330～340℃，以防止或减少检测器的污染，有利于铷珠在较低电压下激发。

（3）定期清洗或更换进样口的衬管，保证衬管清洁。

（4）定期检查和清洗检测器的喷嘴，避免污染物堵塞喷嘴使灵敏度降低。

（5）在使用 NPD 等检测器时，建议采用低流失、高惰性的色谱柱，以避免因固定相流失而污染检测器。避免使用含氰基的固定相（如 OV-275）。

（6）应避免除样品外的其他含电负性元素的组分进入检测器，避免使用卤代烃溶剂（如二氯甲烷、氯仿等），否则会影响组分的检测。

5. 火焰光度检测器

火焰光度检测器（FPD，也称硫磷检测器）对含硫、磷化合物具有高选择性和高灵敏度。FPD 为质量型检测器，其基本结构如图 4-19 所示。其工作原理是根据含硫、磷化合物在富氢火焰中燃烧时生成化学发光物质，并能发射出特征波长

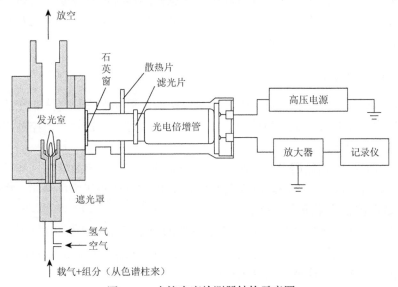

图 4-19　火焰光度检测器结构示意图

的光，通过记录这些特征光谱检测硫和磷。FPD 适于二氧化硫、硫化氢、石油精馏物的含硫量、有机硫、有机磷的农药残留物等的分析测定。也可用于其他含杂原子有机物和有机金属化合物的检测。

4.5　控制系统和数据处理系统

目前色谱仪的控制系统（温度控制、压力控制、操作参数设定、故障检测和预报等）和数据采集处理等操作都是通过色谱工作站来完成。色谱工作站是通过将一台电脑从硬件和软件上进行扩充，使其具有系统控制和数据采集处理等功能的仪器操作系统。通过色谱工作站，可以实时操控色谱仪并对色谱数据进行采集和处理，提供样品组分的定性和定量分析信息。

4.5.1　温度控制

气相色谱仪的气化室、色谱柱箱、检测器等都需进行温度设定和控制。气化室温度一般为 250～300℃。在保证样品组分能瞬间气化的前提下，应尽量降低气化室温度，以延长相关配件的使用寿命。

色谱柱箱的温度控制（恒温、程序升温）通过工作站完成。柱温的设定要低于色谱柱的最高使用温度。商品色谱柱一般标明两个最高使用温度，分别适于恒温分离和程序升温分离。采用程序升温时，色谱柱的最高使用温度会略高于恒温时的最高使用温度。在保证组分分离的前提下，尽可能降低色谱柱的使用温度，以减少高温可能带来的固定相流失、柱效下降等。

检测器温度的设定要保证被分离组分到达检测器时不被冷凝。例如，FID 在使用过程中因燃烧会不断地产生水蒸气，因而其温度应保持在 150℃以上。此外，FID 温度应高于气化室温度 20～30℃。

4.5.2　气体压力控制

气体流速稳定是气相色谱定性、定量分析的前提和保证。气体流速的控制通过气体压力的控制来完成。目前广泛采用电子压力控制（EPC）来控制气相色谱仪中气体压力的稳定。

在毛细管柱气相色谱中常使用分流/不分流进样口，分流的准确性和重复性对分析结果有直接影响。在进样口前端安装 EPC 以控制柱头压力的稳定；在分流口安装 EPC 以控制分流压力的稳定。

与传统气相色谱进样口相比，安装 EPC 的分流/不分流进样口的优势：

（1）在不分流情况下，通过进样口压力程序，使样品迅速进入色谱柱，以减少体积膨胀，增大进样量，提高灵敏度。

（2）通过压力程序，可以加快样品分离速度，提高分离效率。

（3）控制柱流量的稳定性，提高气相色谱分析测定的重复性。

4.5.3　数据采集和处理

色谱数据的采集和处理由色谱工作站来完成。通过信号采集器，又称模/数（A/D）转换器，将色谱仪检测器输出的模拟信号转变为数字信号，再利用相关软件实现谱图显示、峰检测和基线校正、定量计算、打印报告等功能。信号采集器与色谱仪一样也具重复性、线性等指标，这些指标应与仪器本身的相关指标相匹配。如果信号采集器的性能低于仪器本身的性能，则会影响色谱仪的工作性能。

利用色谱工作站，样品经气相色谱分析后即可得到气相色谱图（图4-20）。根据色谱图中组分的保留时间、色谱峰的峰面积或峰高等参数对目标组分进行定性和定量分析。

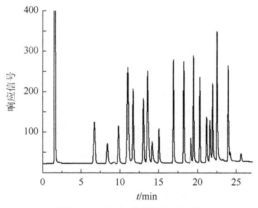

图 4-20　气相色谱图示意图

第5章　气相色谱固定相

在气相色谱分析中，样品组分色谱峰的分离度主要取决于固定相的选择性。在一定色谱条件下，当固定相与各组分之间的分子作用类型及作用强度存在一定差异时，使得各组分在固定相中保留时间不同而实现分离。固定相选择的一般原则是"相似相溶"，即选择与被测组分在化学结构、分子作用或理化性质（如极性等）等方面具有相似性的固定相。GC 固定相可以是固态（气-固色谱分析），也可以是液态（气-液色谱分析）。本章介绍经典的 GC 固定相的结构和性质、固定相特性常数（相对极性、麦氏常数、Abraham 溶剂化作用参数）、分子作用种类、固定相选择等内容。在 GC 固定相中，目前在各行业应用最为广泛的是聚硅氧烷类和聚乙二醇类，有各种商品柱供选择。

5.1　气-固色谱固定相

气-固色谱固定相在色谱分离温度下为固态，通常为多孔性的固体吸附剂颗粒，其分离性能主要基于固定相与不同组分之间吸附作用强度的差异。气-固色谱固定相的主要特点：①分离性能受吸附剂的制备条件和活化条件影响较大；②不同厂家生产的同一种吸附剂的分离效果差异较大；③此类固定相的种类相对较少，适合分离的组分范围较小。

传统的气-固色谱固定相主要有以下类型：

（1）活性炭：有较大的比表面积，吸附性较强。

（2）活性氧化铝：有较大的极性。适用于氧气、氮气、一氧化碳、甲烷、乙烷、乙烯等气体的分离。活性氧化铝对二氧化碳有强吸附，不能用于二氧化碳的分离。

（3）硅胶：具有与活性氧化铝相似的分离性能。以硅胶为吸附剂时，除能用于上述物质的分离外，还能用于二氧化碳、一氧化二氮、一氧化氮、二氧化氮、臭氧等的分离测定。

（4）分子筛：为碱金属和碱土金属的铝硅酸盐（沸石），具有多孔性，可用于氢气、氧气、氮气、甲烷、一氧化碳、氦、氖、氩、一氧化氮、一氧化二氮等的分离测定。

（5）高分子多孔微球（GDX 系列）：为有机合成固定相（苯乙烯与二乙烯基苯共聚）。适用于微量水、气体及低级醇的分析。

近年来，新型分离材料的研究和应用促进了气-固色谱固定相的发展，如石墨烯及其复合材料、金属有机框架材料、共价有机框架材料、新型大环类（如葫芦

脲等）等。这些新型材料作为气-固色谱固定相表现出良好的色谱分离性能，丰富
了该类固定相的种类，扩大了应用范围。其中一些新型固定相的分离性能和应用
见本书第 7 章。

5.2　气-液色谱固定相

气-液色谱固定相在色谱分离温度下为液体（也称为固定液），但在室温下不
一定为液体。其分离性能主要基于不同组分在固定相中分配系数的差异，组分在
气-液两相间多次反复地进行分配而分离。气-液色谱固定相种类较多，目前应用
最为广泛的是聚硅氧烷类和聚乙二醇类，表 5-1 列出了其中常用的固定相，其他
详见本书附录 3。此外，应用较多的还有环糊精类、室温离子液体类等固定相。
对于复杂样品组分，也可采用含有两种以上混合固定相的色谱柱进行分离分析。
上述种类固定相色谱柱大多已商品化，为实际样品的分析测定提供了广泛的选择。
需要指出的是，对于同一种固定相，不同厂家生产的色谱柱在分离性能上可能存
在不同程度的差异，主要源于制柱技术的不同或其他知识产权原因。

表 5-1　常用气-液色谱固定相

型号	化学组成	类似固定液	T_{max}/℃
Squalane	角鲨烷		120
OV-1	100%甲基聚硅氧烷	HP-1、DB-1、BP-1、CB-1（非极性）	350
OV-101	100%甲基聚硅氧烷	HP-101、DB-101、SP-2100（非极性）	350
SE-30	100%甲基聚硅氧烷	HP-1、DB-1、BP-1（非极性）	300
SE-52	5%苯基-95%甲基聚硅氧烷	HP-5、DB-5、BP-5（非极性）	300
SE-54	5%苯基-95%甲基聚硅氧烷	HP-5、DB-5、BP-5（非极性）	300
OV-17	50%苯基-50%甲基聚硅氧烷	DB-17、HP-17、HP-50（弱极性）	375
OV-1701	14%氰丙基苯基-86%二甲基聚硅氧烷	HP-1701、BP-10、DB-1701（中极性）	300
OV-210	50%三氟丙基-50%甲基聚硅氧烷	HP-210、SP-2401、QF-1（中极性）	275
OV-225	25%氰丙基-25%苯基-50%甲基聚硅氧烷	HP-225（中极性）	275
PEG-20M	聚乙二醇-20M	HP-20M、DB-WAX（极性）	250
FFAP	聚乙二醇-20M-2-硝基对苯二甲酸酯	HP-FFAP（极性）	275
DEGS	聚二乙二醇丁二酸酯		200
OV-275	100%氰丙基聚硅氧烷	SP-2340（强极性）	250

理想的气-液色谱固定相应满足以下要求：①高选择性，可用选择性因子 α 评
价固定相的选择性；②高热稳定性和惰性；③对各类组分有适宜的溶解性；④在
操作温度下有较低的蒸气压，减免流失；⑤操作温度范围宽；⑥润湿性良好；

⑦固定相黏度的温度系数小，可以减小液膜均匀性受柱温变化的影响；⑧固定相易于合成、成本低。

5.2.1 聚硅氧烷类

聚硅氧烷类是目前应用最为广泛的一类 GC 固定相，包括上百种含不同取代基或不同比例的聚硅氧烷，常见的聚硅氧烷结构如图 5-1 所示。聚硅氧烷因取代基种类或其含量的不同会表现出不同的极性和热稳定性（表 5-2）。一般情况下，极性取代基的含量增加会使聚硅氧烷的极性增大、最高使用温度降低。例如，100%二甲基聚硅氧烷为非极性固定相，其使用温度范围为–60～340/360℃（液膜厚度为 0.1～1.0μm 时）；14%氰丙基苯基-86%二甲基聚硅氧烷为中等极性固定相，其使用温度范围为–20～280/300℃（液膜厚度为 0.25～1.0μm 时）。

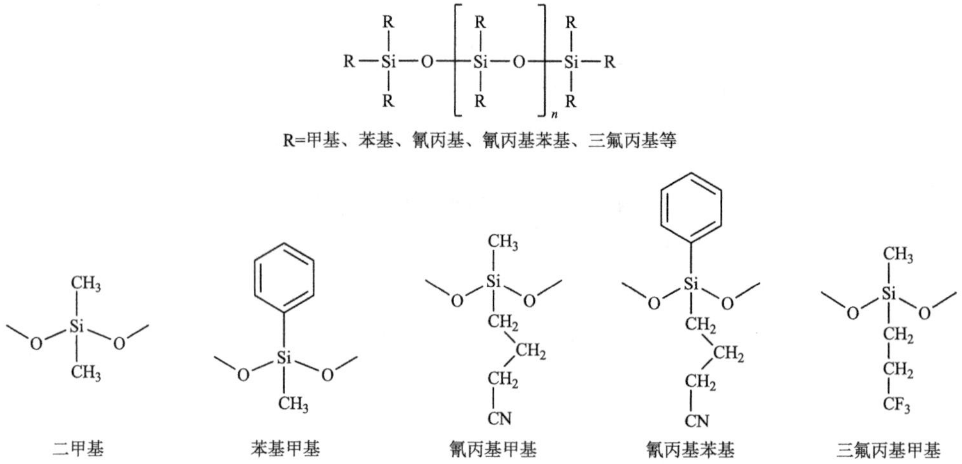

R=甲基、苯基、氰丙基、氰丙基苯基、三氟丙基等

二甲基　　　　苯基甲基　　　　氰丙基甲基　　　　氰丙基苯基　　　　三氟丙基甲基

图 5-1　聚硅氧烷类固定相结构示意图

表 5-2　聚硅氧烷类固定相的极性和使用温度

固定液	极性	相应色谱柱	应用	使用温度
100%二甲基聚硅氧烷	非极性	OV-1、OV-101、SE-30、DB-1、HP-1、BP-1	碳氢化合物、芳香化合物、农药、酚类、除草剂、胺、脂肪酸甲酯	0.1～1.0μm 时，–60～340/360℃；>1.0μm 时，–60～280/300℃
5%苯基-95%二甲基聚硅氧烷	弱极性	SE-54、DB-5、HP-5、BP-5	芳香化合物、农药、杀虫剂、药物、碳氢化合物	0.1～1.0μm 时，–60～340/360℃；>1.0μm 时，–60～280/300℃
50%苯基-50%二甲基聚硅氧烷	中等极性	HP-50、DB-17、OV-17	药物、杀虫剂、乙二醇	40～280/300℃
14%氰丙基苯基-86%二甲基聚硅氧烷	中等极性	HP-1701、DB-1701、OV-1701、BP-10	农药、杀虫剂、药物	0.25～1.0μm 时，–20～280/300℃

含有二甲基的聚硅氧烷最为常用[1]。二甲基聚硅氧烷是一类通用型固定相，与组分间的作用力主要是色散力。此外，其分子中—Si—O—Si—键由于不能被甲基完全屏蔽而表现出较弱的极性和受质子能力。在此类固定相色谱柱上，同系物一般按沸点顺序流出，低沸点组分先流出；非同类组分的流出顺序比较复杂，与组分的化学构成、分子量和极性等因素有关。

在表 5-2 中，不同苯基含量的二甲基聚硅氧烷是一类可极化的弱极性至中等极性的固定相。随苯基含量的增加，固定相的可极化率增加。对于含氰基的聚二甲基硅氧烷，由于氰基的引入使其具有中等极性或强极性。随着氰基含量增加（3%～100%），固定相的极性（偶极作用）增大。此类固定相对含芳基和不饱和键化合物的保留作用较强，氰基含量越高，其保留作用越强，适于复杂样品中不饱和烃、芳烃和不饱和脂肪酸的分离。此外，含三氟丙基的聚二甲基硅氧烷（如OV-210）具有较强的给质子能力，对羰基化合物有较强的保留作用。对同碳数酮的保留时间长于同碳数醇的保留时间。

一般来说，聚硅氧烷类固定相的热稳定性与取代基的种类和含量有关。甲基、苯基取代的聚硅氧烷类固定相的热稳定性较高，最高使用温度可达到 350℃；而由氰基取代的聚硅氧烷类固定相的最高使用温度相对较低。研究表明，在聚硅氧烷主链中引入亚芳基、十硼碳烷基、二苯醚等刚性基团（图 5-2）可以明显提高其热稳定性。主链中引入刚性基团可以减少聚硅氧烷链因回咬（back-biting）生成稳定的环状硅氧烷而发生断裂，因此可以提高聚硅氧烷的热稳定性。

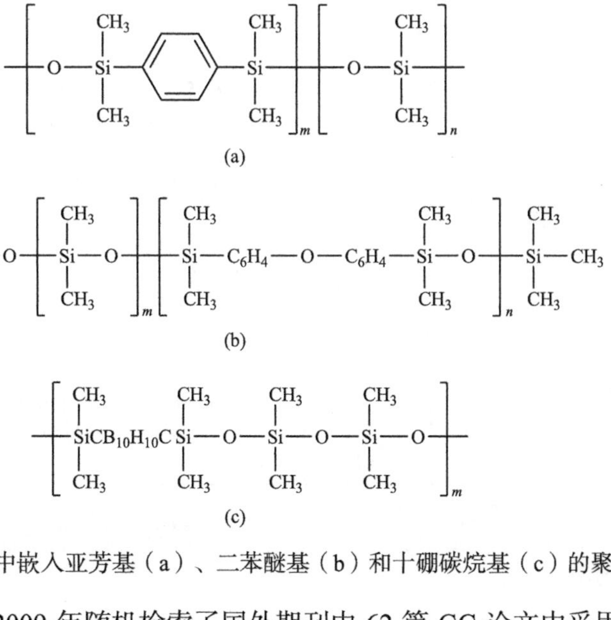

图 5-2　主链骨架中嵌入亚芳基（a）、二苯醚基（b）和十硼碳烷基（c）的聚硅氧烷

傅若农[2]曾于 2009 年随机检索了国外期刊中 62 篇 GC 论文中采用的色谱柱以及国内《分析化学》和《色谱》杂志在 2007～2008 年发表的 GC 论文中采用的

色谱柱，并分别对固定相种类进行了统计，统计结果分别见如表 5-3 和表 5-4 所示。由表中可见，其中 5%苯基-95%二甲基聚硅氧烷的应用占多数。

表 5-3　国外期刊 62 篇论文中采用的色谱柱固定相种类的统计

固定相	62 篇 GC 论文中各固定相的数量	各固定相所占的百分数/%
100%二甲基聚硅氧烷	7	11.3
5%苯基-95%二甲基聚硅氧烷	38	61.3
聚乙二醇类	7	11.3
其他	10	16.1

表 5-4　国内《分析化学》和《色谱》杂志在 2007～2008 年发表的 72 篇论文中采用的色谱柱固定相种类的统计

固定相	72 篇 GC 论文中各固定相的数量	各固定相所占的百分数/%
100%二甲基聚硅氧烷	9	12.5
5%苯基-95%二甲基聚硅氧烷	40	55.6
聚乙二醇类	3	4.2
其他	20	27.8

5.2.2　聚乙二醇类

聚乙二醇是一类氢键型极性固定相（表 5-5），适于分离极性组分（如醇、酮、羧酸、胺、酚等）。此外，该固定相对烷基苯类化合物也有良好的分离能力。聚乙二醇固定相易受载气中微量氧气的影响，必须使用高纯载气，同时保证载气管路不会有空气渗入。

表 5-5　聚乙二醇固定相和使用温度

固定相	极性	相应色谱柱	应用	使用温度
聚乙二醇　HO─$\left[\text{CH}_2\text{—CH}_2\text{—O}\right]_n$─OH	极性	HP-20M、HP-Wax、DB-Wax、CP-Wax、BP-20 等	溶剂、醇类、芳香化合物、游离酸、挥发油等	0.25～1.0μm 时，20～260/300℃；>1.0μm 时，20～240/260℃

5.2.3　环糊精类

环糊精（cyclodextrin，CD）是由 6 个以上吡喃葡萄糖单元以 α-1,4 键合生成的环状化合物，具有空腔结构和桶状外形。含 6、7、8 个葡萄糖单元的环糊

精分别称为 α-CD、β-CD 和 γ-CD，其中 β-CD 衍生物作为气相色谱固定相最为常用。β-CD 结构如图 5-3 所示。每个葡萄糖单元的 2-、3-仲羟基在环的大口端，6-伯羟基在环的小口端。环的外侧有多羟基，具有亲水性；环的内腔由氢原子和成桥氧原子形成，具有疏水性，能包合疏水性化合物。由于每个葡萄糖单体中有 5 个手性中心，所以环糊精衍生物常作为手性固定相用于光学异构体的分离测定。

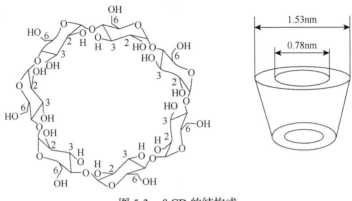

图 5-3　β-CD 的结构式

环糊精母体由于具有较强的分子内氢键作用，其熔点高（约 290℃时熔化并分解）、成膜性较差，不适于直接用作 GC 固定相。将环糊精衍生化（醚化或酯化）后可降低其熔点、改善成膜性，其衍生物的色谱选择性明显提高。衍生化常通过环糊精分子中 2-位和 3-位的仲羟基和 6-位的伯羟基来完成。在一定实验条件下，这些羟基的反应活性不同。在吡啶溶液中，其反应活性顺序为 6-OH＞2-OH＞3-OH；在 NaOH 存在下，其反应活性顺序为 2-OH＞6-OH＞3-OH。因而，根据色谱分析目的，控制适宜的反应条件可合成制备熔点低、成膜性好、选择性高的的环糊精衍生物固定相。

目前，作为气相色谱固定相研究和应用较多的环糊精衍生物有以下几类[3]：

（1）2-位、3-位和 6-位取代基完全相同的环糊精衍生物（如全甲基-β-CD、全乙基-β-CD、全戊基-β-CD 等）。

（2）2-位和 6-位取代基相同，3-位取代基不同的环糊精衍生物（如 2,6-二戊基-3-三氟乙酰基-β-CD、2,6-二甲基-3-戊基-β-CD 等）。

（3）2-位和 3-位取代基相同、6-位取代基不同的环糊精衍生物（如 2,3-二甲基-6-叔丁基-β-CD 等）。

在报道的环糊精衍生物中，手性拆分性能好且适用广的环糊精衍生物固定相有全甲基-α-CD 或全甲基-β-CD、2,6-二甲基-3-三氟乙酰基-β-CD、全戊基-α-CD 或全戊基-β-CD、2,6-二戊基-3-三氟乙酰基-α-（或 β-、γ-）CD、2,6-二戊基-3-丁酰基-γ-CD 等。环糊精衍生物及其分离样品如表 5-6[4] 所示。

表 5-6　环糊精衍生物固定相及其分离的样品

固定相	样品
全甲基-α-CD	二噁烷类、环氧丙烷、萜二烯、苯取代丁烯、醛、酮、醇、羧酸酯、芳香醇、氯代烷
全甲基-β-CD	蒎烯、螺缩醛、萜二烯、环己醇、环己酸、内酯、醇、卤代酸、酮、烯酸、酯、噁唑烷酮、顺式-氯菊酸甲酯、顺式-溴菊酸甲酯
全甲基-γ-CD	酒石酸酯、布洛芬
全苯基-α-CD	峰拖尾，不适合做气相色谱固定相
全乙酰基-β-CD	同上
2,3-二戊基-6-乙酰基-β-CD	几乎无选择性
2,6-二甲基-3-三氟乙酰基-β-CD	内酯、环戊酮、酮、卤代烷、哌啶酮、二氧戊环酮
全戊基-α-CD	醇、糖、酮、酸、螺缩醛、取代环氧丙烷
全戊基-β-CD	烯烃、醇、羟基酸、卤代烃
2,6-二甲基-α（β）-CD	糖、1-（1-萘基）乙胺
2,6-二甲基-γ-CD	胺、醇
6-（S）-羟丙基-α（β，γ）-CD（全甲基衍生物）	胺、酸、环氧化物、吡喃类、呋喃类、糖、醇、酯、酮、双环化物
全烯丙基-β-CD	α-溴丙酸甲酯
2,6-二烯丙基-3-戊基-β-CD	α-溴丙酸甲酯
2,6-二烯丙基-3-甲基-β-CD	α-溴丙酸甲酯
全戊基-γ-CD	羟基酸酯
全己基-β-CD	可拆分某些对映体
全庚基-α-CD	选择性较差
全壬基-α-CD	选择性较差
全辛基-β-CD	拆分性能较全戊基-β-CD 的稍差
2,6-二戊基-3-乙酰基-α-CD	内酯、醇、氨基酸、羟基酸、糖、琥珀酰亚胺、某些手性药物
2,6-二戊基-3-乙酰基-β-CD	α-手性胺、β-手性胺、氨基酸、内酯、氨基醇、醇
2,6-二戊基-3-丁酰基-γ-CD	氨基酸、α-羟基酸、β-羟基酸、醇、酮、胺、内酯、卤代烷、卤代环氧丙烷、双环或三环缩醛、甲基芷香酮
2,6-二甲基-3-三氟乙酰基-β-CD	内酯、取代环氧丙烷、环己烷、二噁烷、螺壬烷
2,6-二甲基-3-七氟丁酰基-β-CD	5-甲基-2-庚烯-4-酮
2,6-二戊基-3-三氟乙酰基-α-CD	醇、氨基醇、胺、羟基酸、卤代酸、α-卤代环酮、呋喃、吡喃、尼古丁衍生物
2,6-二戊基-3-三氟乙酰基-γ-CD	醇、氨基醇、胺、羟基酸、氯代烷、环氧化物、内酯、吡喃、呋喃、双环化物

续表

固定相	样品
2,3-二戊基-6-甲基-γ-CD	α-蒎烯、β-蒎烯、莳萝油、蒎醇、芳香醇、甲基芷香酮
2,3-二戊基-6-甲基-α-CD	芳香醇、胺、氨基酸、二噁烷、卤代烷、酮
2,3-二戊基-6-甲基-β-CD	醇、烯、异松蒎醇、α-蒎烯、β-蒎烯、异冰片、芳樟醇
2-甲基-3,6-二戊基-β-CD	多卤素取代烷烃
2,6-二甲基-3-戊基-γ-CD	红没药醇
2,6-二甲基-3-戊基-β-CD	芳樟醇、薰衣草醇、萜品醇、橙花叔醇
2,6-二甲基-3-三氟乙酰基-γ-CD	γ(δ)-内酯
2,3-乙酰基-6-TBDMS-β-CD	γ-内酯
2,6-二戊基-3-乙酰基-α-CD	γ-内酯
2,3-二戊基-6-乙酰基-α-CD	几乎无拆分性能
2,3-二乙酰基-6-TBOMS-α-CD	γ-内酯（$C_8\sim C_{12}$）、δ-内酯（C_6，C_7）
2,3-二乙酰基-6-TBOMS-γ-CD	γ(δ)-内酯
2,6-二戊基-3-甲基-β-CD	几乎无选择性
2,6-二甲基-3-戊基-β-CD	γ(δ)-内酯、环己酮、醇、α-苯丁酸、烯、酯、香茅醛、冰片、香芹酮、萜品醇、取代环丙烷
2,6-二戊基-3-（N-正丙基）甲酰基-β-CD	α-苯乙胺、α-苯乙醇、2-乙基己酸
2,6-二戊基-3-（N-异丙基）甲酰基-β-CD	某些氨基酸
2,6-二戊基-3-（N-苯基）甲酰基-β-CD	α-苯乙胺、α-苯乙醇、γ-内酯、2-壬醇、2-乙基己酸
2-甲基-3,6-二戊基-γ-CD	茉莉花酸
全甲基-α-CD-聚硅氧烷交联柱	薄荷醇、γ-内酯、卤代烷、苯取代环氧丙烷
2,6-二丁基-3-乙酰基-β-CD	几种氨基酸

如果环糊精衍生物仍具有较高的熔点，在应用时常将其与中等极性的聚硅氧烷（如 OV-1701）按照一定的比例混合后使用，相当于混合固定相。也可通过将环糊精与聚硅氧烷接枝后作为 GC 固定相。1990 年，Schurig 等将制备得到的全甲基环糊精接枝聚硅氧烷固定相（Chirasil-Dex）用于 GC 分析测定。该固定相将环糊精的手性选择性与聚硅氧烷的成膜性和热稳定性相结合，并在一定条件下使其与毛细管内壁交联固化，表现出明显的分离优势。

有关改性环糊精固定相分离对映体的机理尚不十分明确，涉及多种解释[2]：①包结机理；②缔合作用机理；③构象诱导作用机理；④主客体相互作用机理。实现对映体的分离应是不同分子作用之间综合作用的结果。其中主客体相互作用主要涉及氢键作用、偶极-偶极作用及范德瓦耳斯作用等。

　　我们曾采用溶胶-凝胶法制备了环糊精衍生物毛细管气相色谱柱[5, 6]。例如，七（2, 3, 6-三乙基）-β-环糊精（简称全乙基-β-CD）、七（2, 3, 6-三丙基）-β-环糊精（简称全丙基-β-CD）、七（2, 3, 6-三辛基）-β-环糊精（简称全辛基-β-CD）和 2, 6-二苄基-β-CD 等色谱柱。制得的色谱柱能够很好地分离苯衍生物的位置异构体（如难分离的二甲苯、甲酚等）。其中全烷基化（乙基、丙基、辛基）环糊精衍生物色谱柱的分离能力优于 2, 6-二苄基衍生化的环糊精色谱柱。甲酚位置异构体在 2, 6-二苄基-β-CD、全辛基-β-CD 和全乙基-β-CD 色谱柱上的 GC 色谱图如图 5-4 所示，其他苯衍生物位置异构体的分离结果如表 5-7 所示。

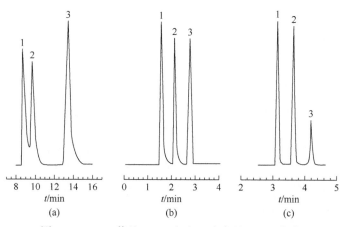

图 5-4　2, 6-二苄基-β-CD（a）、全辛基-β-CD（b）
和全乙基-β-CD（c）色谱柱分离甲酚异构体的气相色谱图
色谱峰：1. 邻甲酚；2. 对甲酚；3. 间甲酚

表 5-7　环糊精衍生物 GC 固定相分离苯衍生物的位置异构体

样品	固定相	出峰顺序	温度/℃	保留因子			选择性因子	
				k_1	k_2	k_3	$\alpha_{1/2}$	$\alpha_{2/3}$
甲酚	A	o、p、m	140	3.23	3.93	4.66	1.22	1.18
	B	o、p、m	120	12.9	16.6	18.0	1.28	1.09
	C	o、p、m	140	1.34	1.79	2.32	1.29	1.29
	D	o、p、m	140	9.15	10.23	14.65	1.12	1.43
硝基甲苯	A	o、m、p	140	3.30	4.06	4.77	1.23	1.17
	B	o、m、p	150	5.13	6.02	7.04	1.17	1.17
	C	o、m、p	140	2.23	2.80	3.16	1.25	1.13
	D	o、m、p	140	2.17	2.88	3.87	1.33	1.34

续表

样品	固定相	出峰顺序	温度/℃	保留因子			选择性因子	
				k_1	k_2	k_3	$\alpha_{1/2}$	$\alpha_{2/3}$
二甲氧基苯	A	o、m、p	140	3.40	4.14	5.75	1.21	1.38
	B	o、m、p	140	0.90	1.17	1.40	1.30	1.20
	C	o、m、p	140	1.56	1.91	2.78	1.22	1.45
	D	o、m、p	140	3.87	4.76	5.45	1.23	1.14
二氯苯	A	m、p、o	140	1.50	1.77	1.91	1.18	1.08
	B	m、p、o	100	7.01	8.01	8.69	1.14	1.08
	C	m、p、o	140	2.30	2.45	2.78	1.06	1.13
	D	m、p、o	140	0.65	0.96	1.25	1.48	1.30
溴代甲苯	A	o、m、p	120	3.76	4.68	4.92	1.24	1.05
	B	o、m、p	100	11.2	11.7	11.7	1.04	1.00
	C	o、m、p	130	0.73	2.67	2.91	3.67	1.08
	D	o、m、p	120	0.69	1.15	1.32	1.67	1.15
二甲苯	A	m、p、o	100	1.75	1.88	2.22	1.07	1.18
	B	m、p、o	100	2.27	2.38	2.72	1.05	1.14
	C	m、p、o	90	2.56	2.83	3.31	1.11	1.17
硝基氯苯	D	m、o、p	140	1.35	1.74	1.89	1.29	1.09
硝基溴苯	D	o、m、p	140	0.48	0.93	1.06	1.94	1.14

注：固定相 A. 全乙基-β-CD；B. 全丙基-β-CD；C. 全辛基-β-CD；D. 2,6-二苄基-β-CD。

5.2.4　离子液体类

离子液体（ionic liquid，IL）是一类完全由阴阳离子组成并具有较低熔点或玻璃化转变温度的有机物质。在室温及更低温度下保持液态的离子液体常称为室温离子液体（room temperature ionic liquid，RTIL）。离子液体具有低挥发性、低熔点、高黏度等特点，其阴阳离子结构单元可以提供多种选择性分子作用，作为气相色谱固定相可用于不同种类组分的分离。

离子液体的性质与其阴阳离子的结构及其组合密切相关。可以根据实际需要对离子液体的阴阳离子进行结构设计，通过改变阳离子上的取代基或阴阳离子的组合可以调控离子液体的理化性质。离子液体的这种"可设计性"为其作为色谱固定相的研究和应用提供了广泛的空间。由于离子液体结构的可设计性、特异的理化性质和分子作用，作为气相固定相对不同类型的样品组分表现出良好的分离能力。

目前作为 GC 固定相研究报道较多的离子液体组成如图 5-5 所示。其中，阳离子种类主要有咪唑类阳离子、季铵盐类阳离子、季鏻盐类阳离子、吡啶类阳离子、胍盐类阳离子等；阴离子种类主要有卤离子（X⁻）、四氟硼酸根离子（BF_4^-）、六氟磷酸根离子（PF_6^-）、二（三氟甲基磺酰）亚胺离子（NTf_2^-）、三氟甲磺酸根离子（TfO^-）等。研究报道的离子液体 GC 固定相较多，不能逐一介绍。本书结合我们课题组的工作，主要介绍咪唑类离子液体和胍盐离子液体作为 GC 固定相的研究和应用。

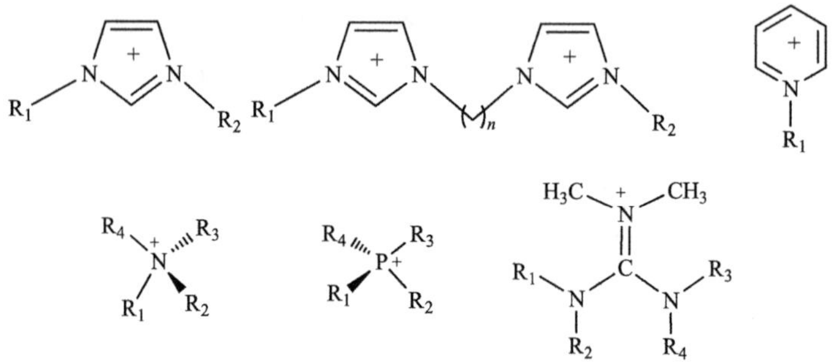

图 5-5　离子液体固定相常见的阳离子（a）和阴离子（b）的种类

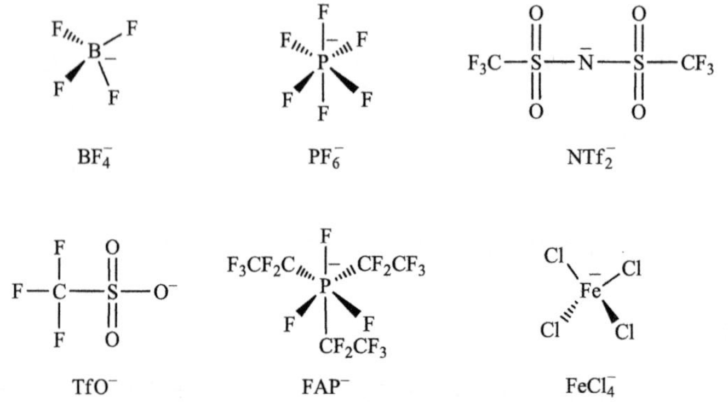

1. 咪唑类离子液体固定相

对于咪唑类离子液体，通过改变咪唑阳离子的取代基（烷基、芳基等）或者改变阴离子可以制备得到不同理化性质和色谱选择性的离子液体。烷基取代的咪唑类离子液体因其具有良好的热稳定性、溶解性、易于合成等特点，是目前应用最广的一类离子液体。

咪唑类离子液体的合成通常采用两步法（图 5-6）。第一步是通过烷基咪唑与卤代烃反应生成咪唑阳离子的卤盐；第二步是通过阴离子交换，用目标阴离子交换卤素阴离子，最终得到目标离子液体。

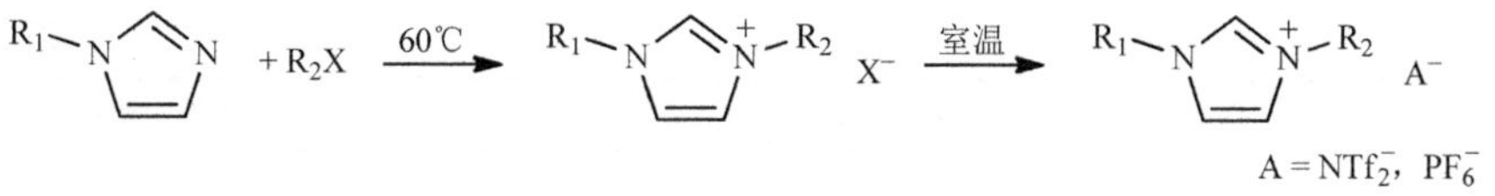

图 5-6　咪唑离子液体合成示意图

在离子液体作为气相色谱固定相的研究和应用上，美国得克萨斯大学 Armstrong 教授课题组取得了开创性研究成果。1999 年首次报道了咪唑离子液体 GC 固定相；2003 年报道了单阳离子咪唑离子液体 1-苯甲基-3-甲基咪唑三氟甲磺酸盐（BeMIM-TfO）和 1-（4-甲氧基苯基）-3-甲基咪唑三氟甲磺酸盐（MPMIM-TfO）固定相[7]；2005 年报道了双阳离子咪唑离子液体固定相[8]，结构如表 5-8 所示。研究表明，双阳离子咪唑离子液体固定相具有良好的热稳定性，对酯类、多环芳烃和含氯农药等具有良好的分离能力。

表 5-8　咪唑离子液体的结构[8]

序号	离子液体	分子量	密度/（g/cm³）
1	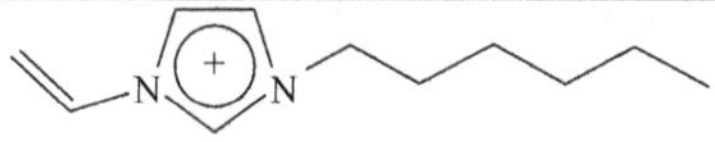 NTf$_2^-$ HVIM-NTf$_2$	459.1	1.36
2	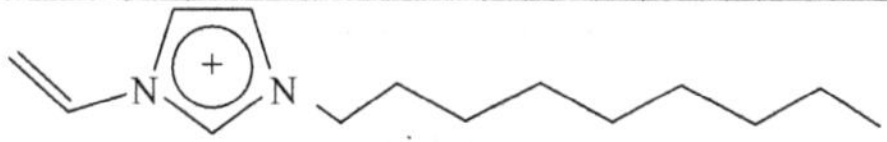 NTf$_2^-$ NVIM-NTf$_2$	501.2	1.28
3	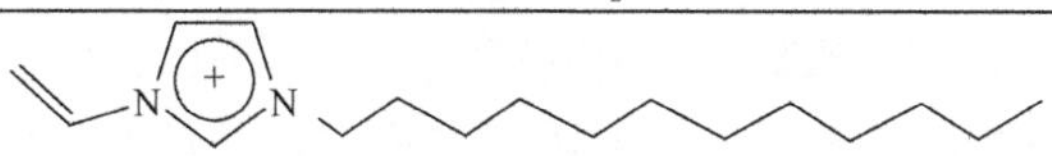 NTf$_2^-$ DVIM-NTf$_2$	543.3	1.23
4	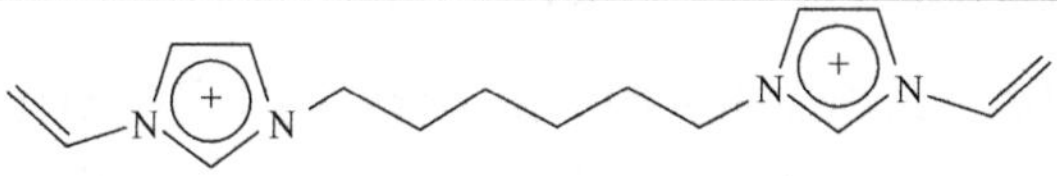 2NTf$_2^-$ C$_6$(VIM)$_2$-NTf$_2$	832.1	
	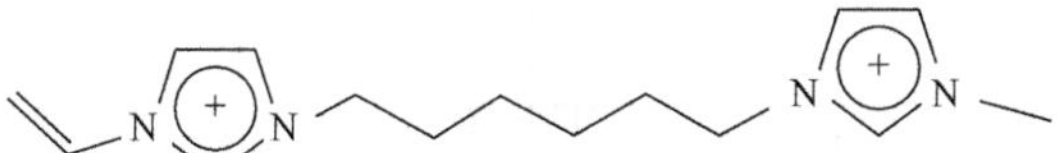 2NTf$_2^-$ C$_6$VM(IM)$_2$-NTf$_2$	820.1	1.53
	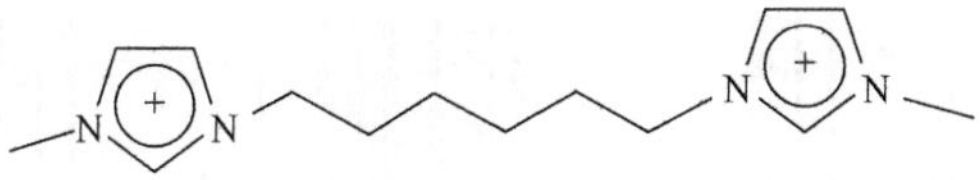 2NTf$_2^-$ C$_6$(MIM)$_2$-NTf$_2$	808.1	
	C$_6$(VIM)$_2$-NTf$_2$: C$_6$VM(IM)$_2$-NTf$_2$: C$_6$(MIM)$_2$-NTf$_2$ = 1 : 2 : 1		

续表

序号	离子液体	分子量	密度/（g/cm³）
5	2NTf₂⁻ C₉(VIM)₂-NTf₂	874.3	1.47
6	2NTf₂⁻ C₁₀(VIM)₂-NTf₂	888.3	—
7	2NTf₂⁻ C₁₁(VIM)₂-NTf₂	902.3	1.44
8	2NTf₂⁻ C₁₂(VIM)₂-NTf₂	916.3	1.42
9	NTf₂⁻ NMIM-NTf₂	489.3	1.30

　　本书作者和 Armstrong 教授[9]曾报道了将混合双阳离子咪唑离子液体色谱柱用于 GC-MS 分析测定多种植物挥发成分的研究，还对比研究了该混合固定相与单一双阳离子咪唑离子液体、5%苯基-95%甲基聚硅氧烷（HP-5MS）和聚乙二醇（HP-INNOWax）等固定相的色谱选择性。上述四种色谱柱及色谱条件如表 5-9 所示。在测定结果中，肉豆蔻挥发油的 GC-MS 测定的总离子流图如图 5-7 所示，其中标记的 20 种成分的名称、分子量、分子式等信息如表 5-10 所示。研究表明，混合双阳离子液体固定相对复杂样品组分的色谱选择性高于其他对比固定相，其色谱柱对不同种类和极性组分的综合分离能力强，具有很好的应用前景。

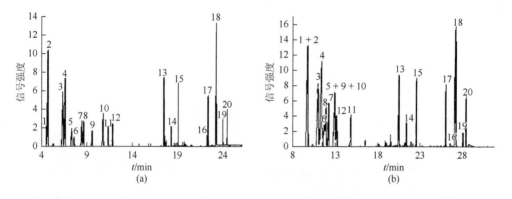

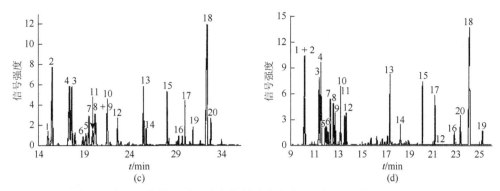

图 5-7　混合双阳离子液体等 4 种固定相色谱柱分离肉豆蔻挥发成分的 GC-MS 总离子流图

色谱柱：（a）混合双阳离子液体；（b）单一双阳离子液体；（c）HP-5MS；（d）HP-INNOWax

表 5-9　GC-MS 测定色谱条件

种类	固定相	色谱柱	程序升温
A	$NVIM-NTf_2 + C_9(VIM)_2-NTf_2 + OV-1701$	30m×0.25mm×0.125μm	60℃（10min）$\xrightarrow{10℃/min}$ 200℃（6min）
B	$C_9(VIM)_2-NTf_2$	30m×0.25mm×0.125μm	60℃（10min）$\xrightarrow{8℃/min}$ 200℃（10min）
C	HP-5MS	30m×0.25mm×0.25μm	60℃ $\xrightarrow{2℃/min}$ 100℃ $\xrightarrow{8℃/min}$ 180℃（5min）
D	HP-INNOWax	30m×0.25mm×0.25μm	60℃（5min）$\xrightarrow{10℃/min}$ 220℃（10min）

表 5-10　图 5-7 中 20 个色谱峰成分信息

峰号	化合物	分子量	分子式
1	2-甲基-5-（1-甲基乙基）二环[3.1.0]-2-己烯	136	$C_{10}H_{16}$
2	α-蒎烯	136	$C_{10}H_{16}$
3	β-蒎烯	136	$C_{10}H_{16}$
4	4-乙烯基-1-（1-甲基乙基）二环[3.1.0]己烷	136	$C_{10}H_{16}$
5	3-莰烯	136	$C_{10}H_{16}$
6	α-水芹烯	136	$C_{10}H_{16}$
7	4-莰烯	136	$C_{10}H_{16}$
8	D-柠檬烯	136	$C_{10}H_{16}$
9	β-水芹烯	136	$C_{10}H_{16}$
10	1-甲基-4-（1-甲基乙基）-1,4-环己二烯	136	$C_{10}H_{16}$
11	1-甲基-2-（1-甲基乙基）苯	134	$C_{10}H_{14}$
12	1-甲基-4-（1-甲基乙烯基）环己烯	136	$C_{10}H_{16}$
13	4-甲基-1-（1-甲基乙基）-3-环己醇	154	$C_{10}H_{18}O$

峰号	化合物	分子量	分子式
14	松油醇	154	$C_{10}H_{18}O$
15	异黄樟素	162	$C_{10}H_{10}O_2$
16	丁香酚	164	$C_{10}H_{12}O_2$
17	甲基异丁香酚	178	$C_{11}H_{14}O_2$
18	肉豆蔻醚	192	$C_{11}H_{12}O_3$
19	异丁香酚	164	$C_{10}H_{12}O_2$
20	榄香素	208	$C_{12}H_{16}O_3$

咪唑离子液体具有熔点低、黏度高、挥发性低和多种分子作用等特性，作为气相色谱固定相能用于不同种类组分的分离分析。单阳离子咪唑离子液体易于合成和纯化，但其色谱柱的热稳定性较低，通常在 200℃以上时固定相会出现明显的流失现象。但热分析结果表明，一般离子液体的热分解温度多在 250℃以上，这表明热分解不是引起离子液体色谱柱固定相流失的主要原因。流失的可能原因是小分子离子液体的黏度受温度影响较大，黏度随温度的增加而快速下降，易使固定相液膜发生聚集而影响了固定相液膜的均匀性和柱效。因此，我们认为改善离子液体涂层的热稳定性是提高其色谱柱热稳定性的关键。

针对单阳离子咪唑离子液体固定相在热稳定性和色谱选择性等方面存在的不足，我们课题组开展了以下三方面的研究工作：①在咪唑离子液体取代基中引入特殊基团；②使小分子离子液体聚合生成聚合离子液体；③将咪唑离子液体与聚硅氧烷接枝制备离子液体接枝聚硅氧烷固定相。

1）在咪唑离子液体取代基中引入特殊基团

我们对含端羟基的烷基取代咪唑离子液体作为气相色谱固定相的色谱选择性和热稳定性进行了研究[10]。设计合成的离子液体结构如图 5-8 所示，分别为 1-（6-羟己基）-3-丁基咪唑-二（三氟甲基）磺酰亚胺盐（HHBIM-NTf₂）和 1-（8-羟辛基）-3-丁基咪唑-二（三氟甲基）磺酰亚胺盐（HOBIM-NTf₂）。在研究中，同时采用不含端羟基的 1-辛基-3-丁基咪唑-二（三氟甲基）磺酰亚胺盐（OBIM-NTf₂）作为对照固定相。

采用静态法分别制备了上述 3 种离子液体的毛细管气相色谱柱，并采用 Grob 试剂混合物、混合醇和芳香族异构体等试样对色谱柱的分离性能和热稳定性进行了研究。Grob 试剂混合物是一种具有一定挑战性的用于综合评价 GC 色谱柱选择性和惰性的检验混合物（见 6.3 节）。结果表明，与不含端羟基的 OBIM-NTf₂ 相比，含端羟基的离子液体 HHBIM-NTf₂ 和 HOBIM-NTf₂ 对混合物中不同种类的组分具有更好的分离能力。此外，相比不含端羟基的 OBIM-NTf₂ 色谱柱，

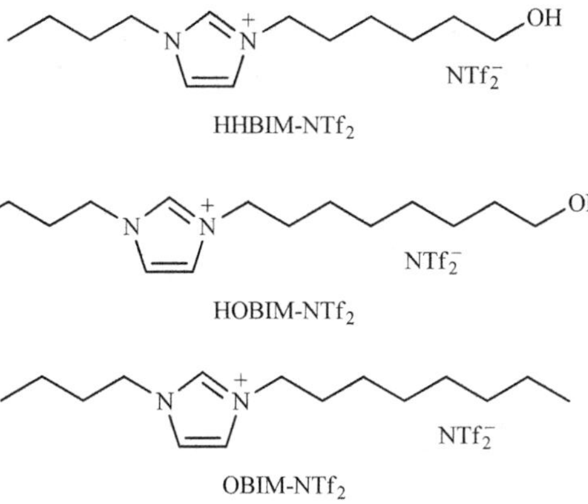

图 5-8　咪唑离子液体（HHBIM-NTf$_2$、HOBIM-NTf$_2$、OBIM-NTf$_2$）

HHBIM-NTf$_2$ 和 HOBIM-NTf$_2$ 色谱柱具有更高的热稳定性。其原因可能是由于含端羟基烷基的离子液体存在较强的分子间氢键作用而减少了固定相在高温下的流失；此外，端羟基离子液体的高黏度也有利于减小固定相液膜受温度的影响。

2）小分子离子液体聚合生成聚合离子液体

将单阳离子咪唑离子液体在毛细管柱内进行自由基聚合反应生成聚合离子液体，提高离子液体色谱柱的热稳定性和色谱选择性[11]。将 1-乙烯基咪唑与氯苄反应生成 1-乙烯基-3-苄基咪唑氯盐（VBIm-Cl）离子液体，经阴离子交换得到 1-乙烯基-3-苄基咪唑阳离子的二（三氟甲基磺酰）亚胺盐离子液体（VBIm-NTf$_2$）（合成过程如图 5-9 所示）。VBIm-NTf$_2$ 在毛细管柱内以偶氮二异丁腈（azobisisobutyronitrile，AIBN）为引发剂，使端乙烯基在一定温度下反应生成聚合离子液体（PVBIm-NTf$_2$）。使溶剂缓慢挥发后，老化制得 PVBIm-NTf$_2$ 色谱柱。

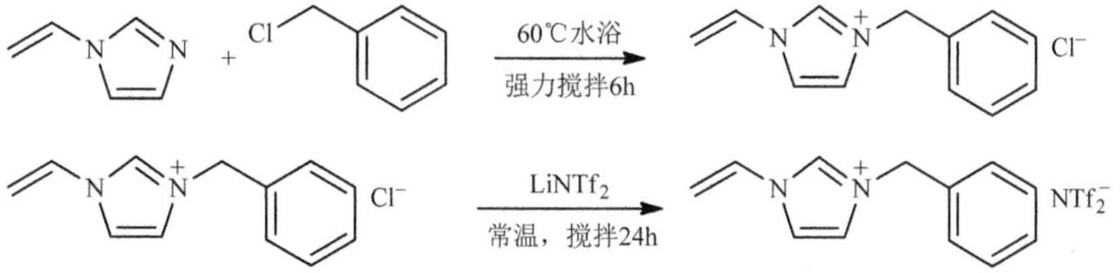

图 5-9　VBIm-NTf$_2$ 合成示意图

与非聚合的离子液体 VBIm-NTf$_2$ 色谱柱相比，PVBIm-NTf$_2$ 色谱柱具有良好的色谱选择性和热稳定性。后者对 Grob 试剂、混合醇、混合酯和苯系物等具有高分离能力。为考察聚合离子液体色谱柱的热稳定性，将 PVBIm-NTf$_2$ 和 VBIm-NTf$_2$ 色谱柱分别在 190℃、220℃和 250℃下老化后对 Grob 试剂进行了分离测定。结果表明，PVBIm-NTf$_2$ 色谱柱经 250℃老化后仍具有良好的分离能力，而 VBIm-NTf$_2$ 色谱柱经 190℃老化 6h 后，固定相有明显的流失，色谱分离能力明显降低。因此，将小分子离子液体聚合能明显提高其热稳定性。

　　为深入探究固定相与组分（溶质）间的主要相互作用，我们测定了 PVBIm-NTf$_2$ 色谱柱的 Abraham 溶剂化作用参数（相关内容见 5.4.3 节）。在三个温度（50℃、70℃、100℃）下，分别测定了 38～43 个探针化合物在 PVBIm-NTf$_2$ 色谱柱上的保留因子 k。根据测得的各探针化合物的 lg$k$ 和溶质描述符通过 SPSS 软件进行线性拟合，得到了系统常数 c 和固定相与溶质间相互作用的溶剂化作用系数（表 5-11）。结果表明，该聚合固定相与溶质之间的分子作用主要为偶极-偶极、诱导偶极和氢键碱性作用等。

表 5-11　PVBIm-NTf$_2$ 固定相的 Abraham 溶剂化作用参数

温度/℃	c	e	s	a	b	l	n	r^2
50	−3.04 (0.07)	−0.06 (0.08)	1.88 (0.08)	1.62 (0.08)	0.82 (0.10)	0.58 (0.02)	38	0.99
70	−2.88 (0.07)	0.11 (0.08)	1.59 (0.09)	1.39 (0.09)	0.68 (0.11)	0.49 (0.02)	43	0.99
100	−3.37 (0.06)	−0.01 (0.07)	1.78 (0.08)	1.27 (0.07)	0.61 (0.10)	0.46 (0.01)	42	0.99

注：括号内为标准偏差。

3）咪唑离子液体接枝聚硅氧烷

　　通过将咪唑离子液体 VHIm-NTf$_2$ 和 VHIm-PF$_6$ 分别接枝到聚硅氧烷（PMS）上制得咪唑离子液体接枝聚硅氧烷固定相 PMS-VHIm-NTf$_2$ 和 PMS-VHIm-PF$_6$，其合成过程如图 5-10 所示[12]。

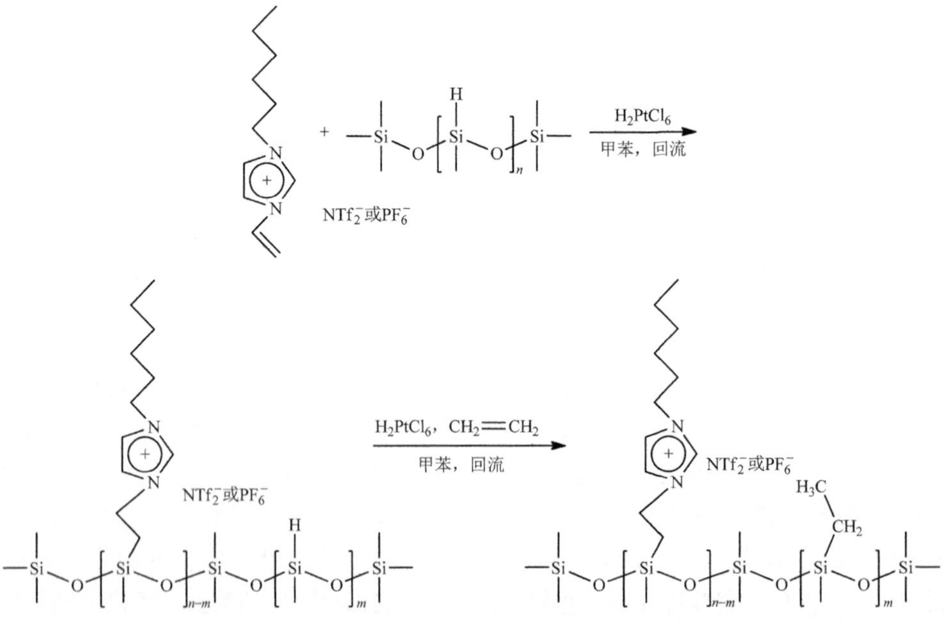

图 5-10　咪唑离子液体接枝聚硅氧烷合成过程

采用静态法分别制备了 PMS-VHIm-NTf$_2$ 和 PMS-VHIm-PF$_6$ 毛细管色谱柱，并对其色谱选择性和热稳定性进行了研究。两色谱柱分离含 26 种组分混合物的气相色谱图如图 5-11 所示。结果表明，将咪唑类离子液体与聚硅氧烷相结合能明显提高其对复杂样品组分的色谱选择性和热稳定性。其高选择性源于咪唑类离子液

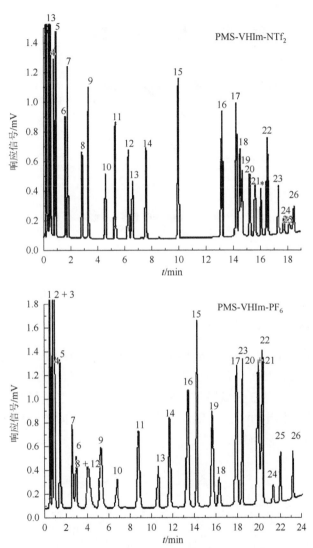

图 5-11　PMS-VHIm-NTf$_2$ 和 PMS-VHIm-PF$_6$ 毛细管柱分离 26 种组分混合物的色谱图

色谱峰：1. 己烷；2. 甲醇；3. 乙醇；4. 乙酸乙酯；5. 正丙醇；6. 正丁醇；7. 正十一烷；8. 正癸烷；9.正戊醇；10. 正十三烷；11. 正己醇；12. 庚酸甲酯；13. 正十四烷；14. 正庚醇；15. 正辛醇；16. 癸酸甲酯；17. 正癸醇；18. 苯甲酸乙酯；19. 二环己基胺；20. 2,6-二甲基苯酚；21. 水杨酸甲酯；22. 正十一醇；23. 2,6-二甲基苯胺；24. γ-丁内酯；25. 1,4-丁二醇；26. 正十二醇。*未知物色谱峰

色谱柱：10m×0.25mm×0.31μm；程序升温：50℃（1min）$\xrightarrow{5℃/min}$ 140℃（PMS-VHIm-NTf$_2$），50℃（1min）$\xrightarrow{5℃/min}$ 150℃（5min）（PMS-VHIm-PF$_6$）

体侧链和聚硅氧烷骨架的综合作用，其热稳定性的提高可能是由于柱温升高时，结构中聚硅氧烷（PMS）部分趋向毛细管柱内表面，而结构中阴离子趋向于位于咪唑阳离子和 PMS 之间的位置以保持固定相整体呈电中性（图 5-12）。此外，接枝固定相的分子内氢键作用也有利于提高该接枝聚合物的热稳定性。

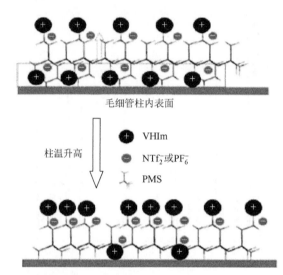

图 5-12　离子液体接枝聚硅氧烷固定相表面结构变化示意图

2. 胍盐类离子液体固定相

胍盐类离子液体（guanidinum-based ionic liquids，GBIL）是近年出现的一类新型离子液体（图 5-13），作为气相色谱固定相表现出良好的分离性能和应用前景[13, 14]。其阳离子中的 3 个氮原子共轭，正电荷分布于三个氮原子和中心碳上，使得分子具有高热稳定性；3 个氮原子上取代基多为不同碳链长度的烷基，在有机溶剂中具有良好的溶解性。

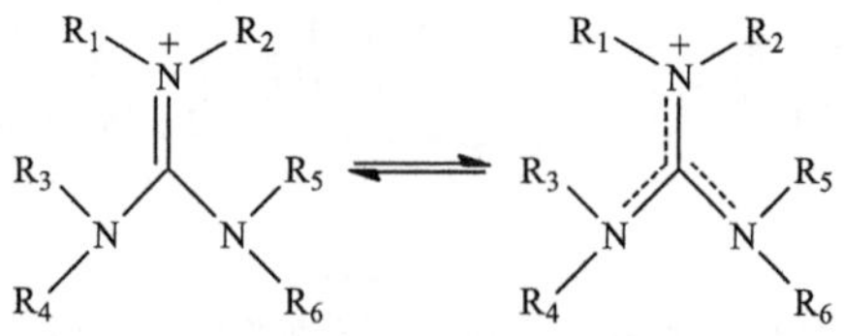

图 5-13　胍盐阳离子的基本结构

我们课题组曾设计合成了多种胍盐离子液体（表 5-12），并对这些离子液体的 GC 分离性能进行了研究[13]。其中，3 种胍盐离子液体 DOTMG-PF$_6$、DOTMG-NTf$_2$ 和 TODMG-NTf$_2$ 的不同规格的色谱柱如表 5-13 所示，其麦氏常数如表 5-14 所示。结果表明，上述胍盐离子液体固定相的平均极性为 293～390，属于中等极性的固定相，其中 DOTMG-PF$_6$ 和 DOTMG-NTf$_2$ 的极性高于 TODMG-NTf$_2$ 的极性。

表 5-12 胍盐离子液体的结构式、中文名及英文缩写

结构式	中文名	英文缩写
C$_8$H$_{17}$—N$^+$=C(N(CH$_3$)$_2$)$_2$ · PF$_6^-$（C$_8$H$_{17}$）	N,N,N',N'-四甲基-N'',N''-二辛基胍六氟磷酸盐	DOTMG-PF$_6$
C$_8$H$_{17}$—N$^+$=C(N(CH$_3$)$_2$)$_2$ · NTf$_2^-$（C$_8$H$_{17}$）	N,N,N',N'-四甲基-N'',N''-二辛基胍双-三氟甲基磺酰亚胺盐	DOTMG-NTf$_2$
C$_6$H$_{13}$—N$^+$=C(N(CH$_3$)$_2$)$_2$ · PF$_6^-$（C$_6$H$_{13}$）	N,N,N',N'-四甲基-N'',N''-二己基胍六氟磷酸盐	DHTMG-PF$_6$
C$_6$H$_{13}$—N$^+$=C(N(CH$_3$)$_2$)$_2$ · NTf$_2^-$（C$_6$H$_{13}$）	N,N,N',N'-四甲基-N'',N''-二己基胍双-三氟甲基磺酰亚胺盐	DHTMG-NTf$_2$
HOC$_6$H$_{12}$—N$^+$=C(N(CH$_3$)$_2$)$_2$ · NTf$_2^-$（HOC$_6$H$_{12}$）	N,N,N',N'-四甲基-N'',N''-二羟己基胍双-三氟甲基磺酰亚胺盐	DHHTMG-NTf$_2$
CH$_3$—N$^+$=C(N(C$_8$H$_{17}$)$_2$)$_2$ · PF$_6^-$（CH$_3$）	N,N,N',N'-四辛基-N'',N''-二甲基胍六氟磷酸盐	TODMG-PF$_6$
CH$_3$—N$^+$=C(N(C$_8$H$_{17}$)$_2$)$_2$ · NTf$_2^-$（CH$_3$）	N,N,N',N'-四辛基-N'',N''-二甲基胍双-三氟甲基磺酰亚胺盐	TODMG-NTf$_2$

表 5-13 胍盐离子液体毛细管色谱柱

色谱柱	固定相	色谱柱规格（柱长 m×内径 mm×膜厚 μm）
1	DOTMG-PF$_6$	10×0.25×0.16
2	DOTMG-NTf$_2$	10×0.25×0.16
3	TODMG-NTf$_2$	10×0.25×0.16
4	DOTMG-NTf$_2$	10×0.25×0.32
5	SE-54	10×0.25×0.16
6	PEG-20M	10×0.25×0.16

表 5-14　胍盐离子液体固定相的麦氏常数

固定相	X'	Y'	Z'	U'	S'	总极性	平均极性
DOTMG-PF$_6$	234	392	353	538	426	1943	389
DOTMG-NTf$_2$	283	395	367	506	397	1948	390
TODMG-NTf$_2$	209	302	275	354	327	1467	293
SE-54	33	72	66	99	67	337	67
PEG-20M	322	536	368	572	510	2308	462

注：X'表示苯，Y'表示正丁醇，Z'表示 2-戊酮，U'表示 1-硝基丙烷，S'表示吡啶；测定温度为 120℃。

　　我们将上述胍盐离子液体色谱柱用于含不同种类组分（烃类、醇类、酯类、醛类、酮类及芳香物）的样品分离；同时以聚硅氧烷 SE-54 和聚乙二醇 PEG-20M 色谱柱为对照，研究了这些色谱柱的综合分离性能。由图 5-14 可见，当固定相的阴离子不同时，相比 DOTMG-NTf$_2$，DOTMG-PF$_6$ 对组分 4/5（N，N-二甲基甲酰胺/壬醛）和组分 11/13（对硝基溴苯/十二醇）具有更高的分离能力；当阳离子不同时，TODMG-NTf$_2$ 表现出明显的分离优势。此外，一些组分在 3 种胍盐离子液体色谱柱上的流出顺序不同，主要受阳离子的影响。此外，胍盐离子液体与 SE-54 和 PEG-20M 的组分出峰顺序有明显差异，表明其分子作用和分离机理明显不同于常规固定相。

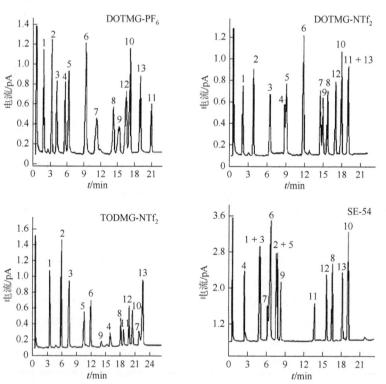

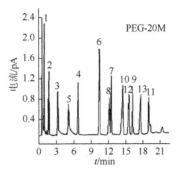

图 5-14　各色谱柱分离 13 种组分混合物色谱图对比

色谱峰：1. 癸烷；2. 十一烷；3. 辛醇；4. *N*, *N*-二甲基甲酰胺；5. 壬醛；6. 苯乙酮；7. *N*-甲基-2-吡咯烷酮；8. 十

一酸甲酯；9. 邻氯苯胺；10. 十二酸甲酯；11. 对硝基溴苯；12. 十一醇；13. 十二醇

色谱条件：DOTMG-PF$_6$、DOTMG-NTf$_2$ 和 SE-54 色谱柱，40℃（2 min）$\xrightarrow{5℃/min}$ 150℃；

TODMG-NTf$_2$ 和 PEG-20M 色谱柱，40℃（2 min）$\xrightarrow{5℃/min}$ 130℃

在气相色谱分析中，色谱柱的分离能力主要取决于固定相的色谱选择性。此外，色谱柱固定相的膜厚对组分分离也有一定的影响。例如，用不同膜厚的 DOTMG-NTf$_2$ 色谱柱分离 Grob 试剂时，当固定相膜厚从 0.16μm 增加至 0.32μm 时，能明显提高一些组分的分离度。但需注意的是，对某些与固定相作用力强的组分，增加膜厚反而会影响其分离。因而，在实际分析应用中，需根据样品中主要组分的性质选择适宜膜厚的色谱柱。

研究发现，DOTMG-NTf$_2$ 固定相具有特异的两亲选择性和分离性能[14]。图 5-15 是 DOTMG-NTf$_2$ 色谱柱和聚乙二醇商品柱（HP-INNOWax）分离复杂组分混合物的色谱图。由图中可见，样品组分在两色谱柱上均得到了基线分离，但流出顺序

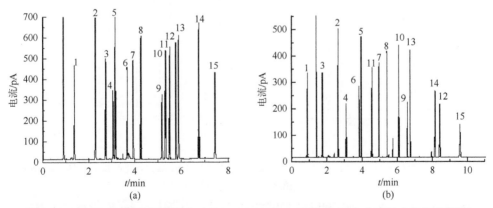

图 5-15　DOTMG-NTf$_2$ 色谱柱（a）和 HP-INNOWax 商品柱（b）分离混合物的色谱图

色谱峰：1. 辛烷；2. 乙苯；3. 癸烷；4. 庚醛；5. 邻氯甲苯；6. 庚酸甲酯；7. 庚醇；8. 苯甲醛；9. 对二溴苯；

10. 1,4-丁内酯；11. 十四烷；12. 苯酚；13. 癸醇；14. 联苯；15. 芘

程序升温：40℃（1min）$\xrightarrow{20℃/min}$ 160℃

存在明显差异。结果表明，虽同为极性固定相，DOTMG-NTf$_2$的保留行为不同于聚乙二醇。对比发现，在 DOTMG-NTf$_2$ 色谱柱上，非极性直链烷烃（如辛烷、癸烷、十四烷）的保留时间延长，明显不同于常规极性固定相的保留行为。这种现象可能是由于该固定相的长烷基链与直链烷烃组分间较强的色散作用，使得该固定相表现出一定的形状匹配选择性。此外，类似原因也使得苯酚和癸醇在两色谱柱上的流出顺序相反，癸醇在 DOTMG-NTf$_2$ 上比苯酚后流出。这种特异的保留行为使得极性固定相 DOTMG-NTf$_2$ 表现出一定的非极性固定相的特点，即该固定相具有两亲性保留行为。

为进一步探究 DOTMG-NTf$_2$ 固定相的两亲选择性，我们将其用于异构体的分离，包括非极性烷烃异构体和极性醇类异构体，并同时以聚乙二醇商品柱的分离结果为对照。由图 5-16 可见，DOTMG-NTf$_2$ 固定相对两组不同极性的异构体均表现出高选择性和分离能力，具有明显的分离优势。

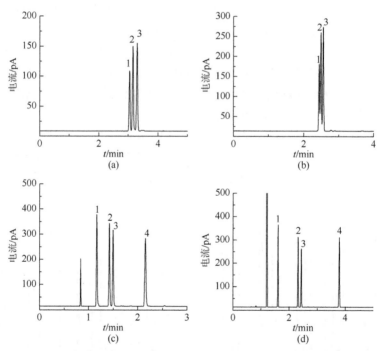

图 5-16　DOTMG-NTf$_2$ 色谱柱（a、c）和聚乙二醇商品柱（b、d）分离己烷异构体（a、b）和
戊醇异构体（c、d）

色谱峰（a、b）：1. 2,2-二甲基丁烷；2. 2-甲基戊烷；3. 正己烷；（c、d）：1. 2-甲基-2-丁醇；2. 3-戊醇；
3. 2-戊醇；4. 正戊醇

色谱条件（a、b）：30℃，载气流速为 0.25mL/min；（c、d）：40℃ $\xrightarrow{10℃/min}$ 160℃

目前已有一些商品化的离子液体 GC 色谱柱（如 SLB-IL 系列色谱柱），部分 IL 固定相中的阳离子和配对阴离子结构式如图 5-17 所示。Cagliero 等采用惰化处理的 IL 商品柱（SLB-IL60i、SLB-IL76i、SLB-IL111i）和 OV1701 聚硅氧烷商品柱分离测定了 Grob 试剂混合物和挥发油等样品[15]。各色谱柱对 Grob 试剂的分离测定结果如图 5-18 所示，供读者参考。

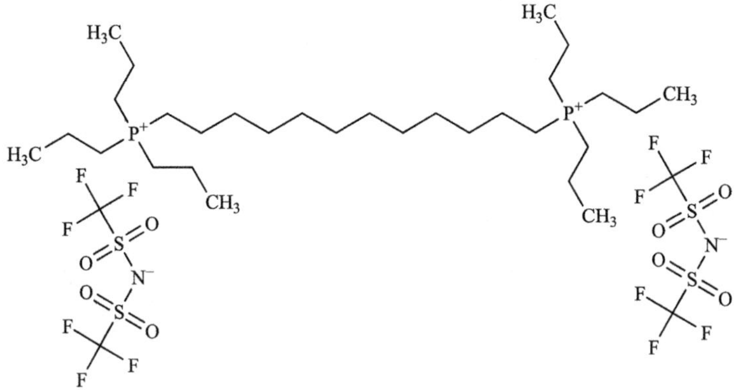

SLB-IL60

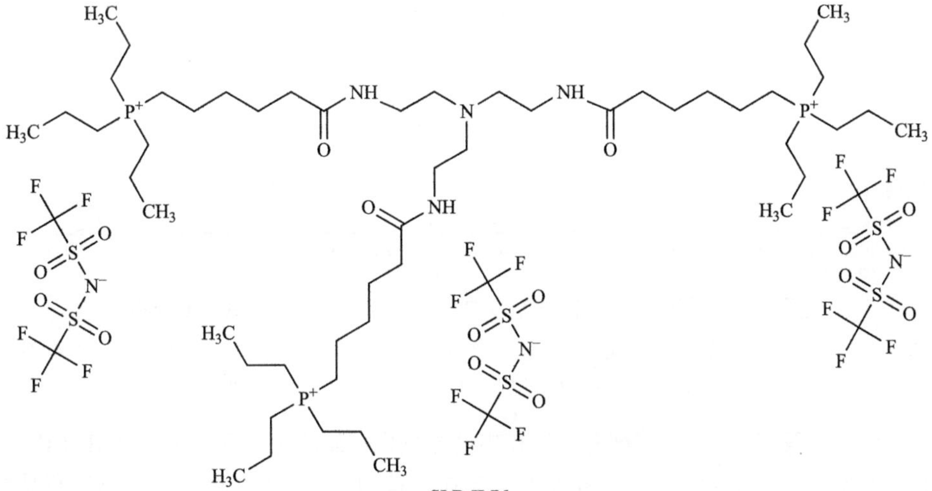

SLB-IL76

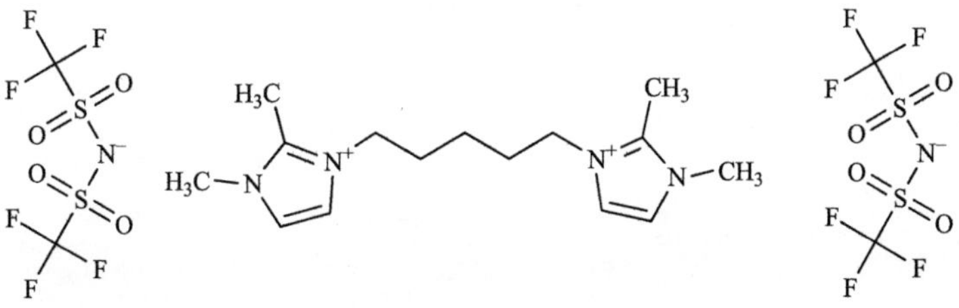

SLB-IL111

图 5-17 IL 固定相结构式（阴离子均为 NTf_2^-）

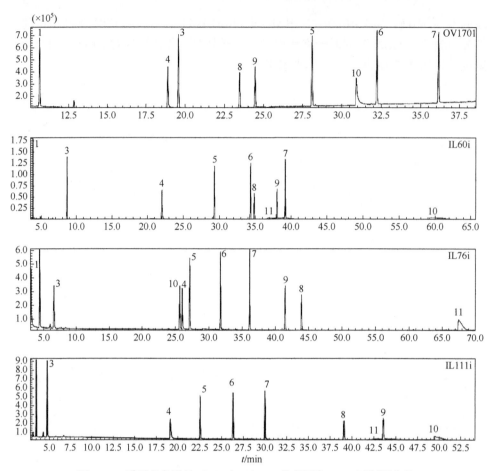

图 5-18　采用各色谱柱（30m）GC-MS 分离测定 Grob 试剂混合物

色谱峰：1. 癸烷；2. 十一烷；3. 十二烷；4. 辛醇；5. 癸酸甲酯；6. 十一酸甲酯；7. 十二酸甲酯；8. 2,6-二甲基苯酚；9. 2,6-二甲基苯胺；10. 二环己胺；11. 2-乙基己酸

Amaral 等采用 Grob 试剂混合物和咖啡挥发物样品评价了 IL 商品柱（SLB-IL60、SLB-IL76、SLB-IL111）、非极性聚硅氧烷商品柱（DB-5）和极性 PEG 商品柱（DB-Wax）等的分离性能[16]。Grob 试剂混合物的分离结果如图 5-19 所示，供读者参考。

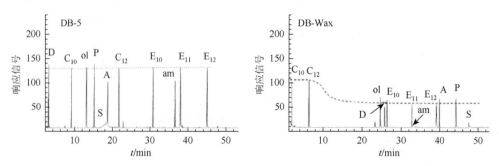

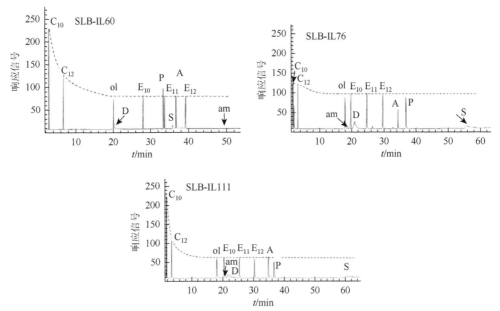

图 5-19　在标示的色谱柱（30m）上 GC-FID 分离测定 Grob 试剂混合物

色谱峰：癸烷（C_{10}）；十二烷（C_{12}）；辛醇（ol）；癸酸甲酯（E_{10}）；十一酸甲酯（E_{11}）；十二酸甲酯（E_{12}）；2,6-二甲基苯酚（P）；2,6-二甲基苯胺（A）；二环己胺（am）；2-乙基己酸（S）；2,3-丁二醇（D）

我们课题组近年研究了离子液体功能化蝶烯类固定相，有关其结构、色谱特性参数及分离性能等见本书第 7 章。

5.3　气-液色谱填充柱的载体

在填充柱气-液色谱中，需先将液态固定相均匀涂渍到载体（support）的表面，再通过一定的方法装填到不锈钢管柱内。载体一般为化学惰性的多孔性固体颗粒，具有较大的比表面积。

载体应满足的基本条件：①表面多孔，比表面积大，孔径分布均匀；②化学惰性，表面无化学吸附，与样品组分不反应；③具有较高的热稳定性和机械强度，不易破碎；④颗粒均匀、粒度适宜。常用粒度为 60～80 目、80～100 目。

常用载体分为硅藻土类和非硅藻土类。硅藻土类又分为红色载体和白色载体。红色载体具有孔径小、表孔密集、比表面积较大、机械强度好等特点，适于非极性、弱极性组分的分离。其不足是表面有活性吸附位点。白色载体在原料煅烧前加入了少量助熔剂（碳酸钠），其颗粒疏松、孔径较大、表面积较小、机械强度较差，但表面吸附性显著减小，适于极性组分的分离。非硅藻土类又分为高分子微球、玻璃微球、氟载体等。填充柱气相色谱载体种类、特点及应用如表 5-15 所示。

表 5-15　填充柱气相色谱常用载体

种类		载体名称	特点及用途	生产厂家
硅藻土类	红色硅藻土载体	201 红色载体	适用于涂渍非极性固定液分析非极性物质	上海试剂厂
		301 釉化红色载体	由 201 釉化而成，性能介于红色与白色硅藻土载体之间，适用于分析中等极性物质	
		6201 红色载体		大连催化剂厂
	白色硅藻土载体	101 白色载体 101 酸洗 101 硅烷化白色载体 102 白色载体	适用于涂渍极性固定液分析极性物质 催化吸附性小，减小色谱峰拖尾	上海试剂厂
非硅藻土类		高分子微球	由苯乙烯和二乙烯基苯共聚而成	
		玻璃微球	经酸碱处理，比表面积为 $0.02\ m^2/g$，可在较高温度下使用，适宜分析高沸点物质	上海试剂厂
		氟载体	由四氟乙烯聚合而成，比表面积为 $10.5m^2/g$，适宜分析强极性物质和腐蚀性物质	

5.4　固定相特性常数

气相色谱固定相特性常数主要表征的是固定相的极性及其分子作用种类。在实际应用中，常将固定相按照极性大小进行大致的分类，以便根据样品组分的性质选择适宜极性的固定相。值得注意的是，固定相极性的表征不同于化合物极性的表征，化合物的极性常用偶极矩表征，而固定相的极性是用标准物或探针化合物在固定相上的保留值来表征。固定相的特性常用相对极性、麦氏常数和 Abraham 溶剂化作用参数等表示。

5.4.1　相对极性

相对极性（P）是 1959 年由 Rohrschneider（罗氏）提出的用于表征固定相极

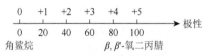

图 5-20　固定相相对极性示意图

性的参数。本法规定：非极性固定相角鲨烷的极性为 0，强极性固定相 β, β'-氧二丙腈的极性为 100。各种固定相的相对极性介于 0～100 之间（图 5-20）。将相对极性分为五级（每 20 单位为一级）：低于 +1 为非极性固定相；+2 为弱极性固定相；+3 为中等极性固定相；+4 以上为强极性固定相。常用固定相的相对极性如表 5-16 所示。

表 5-16　常用固定相的相对极性

固定相	相对极性	级别	固定相	相对极性	级别
角鲨烷	0	0	XE-60	52	+3
阿皮松	7～8	+1	聚新戊二醇丁二酸酯	58	+3
SE-30, OV-1	13	+1	PEG-20M	68	+3
DC-550	20	+2	PEG-600	74	+4
己二酸二辛酯	21	+2	聚乙二醇己二酸酯	72	+4
邻苯二甲酸二壬酯	25	+2	聚乙二醇丁二酸酯	80	+4
邻苯二甲酸二辛酯	28	+2	双甘油	89	+5
聚苯醚 OS-124	45	+3	TCEP	98	+5
磷酸二甲酚酯	46	+3	β, β'-氧二丙腈	100	+5

　　固定相相对极性的测定方法：选择一对化合物（如正丁烷-丁二烯、环己烷-苯），分别测定它们在 β, β'-氧二丙腈、角鲨烷及待测固定相色谱柱上的调整保留时间，然后按式（5-1）和式（5-2）计算待测固定相的相对极性 P_x。

$$q_x = \lg \frac{t'_R (\text{丁二烯})}{t'_R (\text{正丁烷})} \tag{5-1}$$

$$P_x = 100 - \frac{100(q_1 - q_x)}{q_1 - q_2} \tag{5-2}$$

式中，1 为 β, β'-氧二丙腈；2 为角鲨烷；x 为待测固定相。

5.4.2　麦氏常数

　　麦氏常数是 1970 年由 McReynolds 在罗氏常数的基础上提出的改进参数，可用于不同种类固定相的极性和选择性的评价。麦氏常数的测定是选用苯（X'）、正丁醇（Y'）、2-戊酮（Z'）、1-硝基丙烷（U'）、吡啶（S'）等五种标准物（也称探针化合物），用以表征固定相与这些组分间可能存在的主要分子作用的种类及其强度。各标准物用以表征的主要分子间作用如表 5-17 所示，涉及 π 电子作用、氢键作用、偶极-偶极作用、色散作用等。

表 5-17　各标准物的分子作用

常数	标准物	作用	化合物类型
X'	苯	π电子作用	芳香烃、烯烃
Y'	正丁醇	质子供体/质子受体	醇、腈、羧酸
Z'	2-戊酮	质子受体	酮、醚、醛、酯、环氧化物
U'	1-硝基丙烷	偶极-偶极作用	硝基/氰基衍生物
S'	吡啶	强质子受体	芳香碱性化合物

测定方法是在 120℃柱温下，分别测定上述五种标准物在待测固定相和角鲨烷上的保留指数（保留指数的测定方法和计算公式参见本书 3.1.2 节），并计算每种标准物在两种固定相上测得的保留指数的差值 ΔI，之后计算五种标准物得到的 ΔI 的总和（也称为总极性）。将总和取平均值即为平均极性。固定相的总极性或平均极性越大，则极性越强。常用固定相的麦氏常数参见表 5-18 和附录 3。

$$\Delta I = I_p - I_s$$

式中，ΔI 为某标准物保留指数的差值；I_p 为某标准物在待测固定相上的保留指数；I_s 为某标准物在参比固定相（角鲨烷）上的保留指数。

表 5-18　常用固定相的麦氏常数

固定相	型号	苯 X'	正丁醇 Y'	2-戊酮 Z'	1-硝基丙烷 U'	吡啶 S'	平均极性	总极性	最高使用温度/℃
角鲨烷	SQ	0	0	0	0	0	0	0	100
甲基硅橡胶	SE-30	15	53	44	64	41	43	217	300
苯基（10%）-甲基聚硅氧烷	OV-3	44	86	81	124	88	85	423	350
苯基（20%）-甲基聚硅氧烷	OV-7	69	113	111	171	128	118	592	350
苯基（50%）-甲基聚硅氧烷	DC-710	107	149	153	228	190	165	827	225
苯基（60%）-甲基聚硅氧烷	OV-22	160	188	191	283	253	219	1075	350
三氟丙基（50%）-甲基聚硅氧烷	QF-1	144	233	355	463	305	300	1500	250
氰乙基（25%）-甲基硅橡胶	XE-60	204	381	340	493	367	357	1785	250
聚乙二醇-20M	PEG-20M	322	536	368	572	510	462	2308	225
聚乙二醇己二酸酯	DEGA	378	603	460	665	658	553	2764	200
聚乙二醇丁二酸酯	DEGS	492	733	581	833	791	686	3504	200
三（2-氰乙氧基）丙烷	TCEP	593	857	752	1028	915	829	4145	175

5.4.3　Abraham 溶剂化作用参数

麦氏常数是最常用的固定相特性常数，常作为色谱柱极性选择的依据。但麦氏常数存在一些不足：①角鲨烷固定相的热稳定性较差，无法作为高温下标准物保留指数测定的参照；②测试的五种标准物易于挥发，其保留时间较短，在一定程度上会影响保留值测定的准确性；③用一种标准物代表一种分子间作用的假设与实际情况不相符，通常是分子间存在多种分子作用；④模型并未考虑表面吸附对组分保留的贡献；⑤保留指数的差值同时依赖正构烷烃和标准物的保留指数，因此建立的分子间作用模型还会受到正构烷烃的影响。

　　针对麦氏常数的上述问题，Abraham 等[17, 18]提出了一个基于线性自由能关系的溶剂化作用参数模型（Abraham's solvation parameter model），用来表征固定相（溶剂）与组分分子（溶质）之间的分子作用。Abraham 溶剂化作用参数模型用于综合评价固定相特性，其原理与相对极性、麦氏常数等在分别评价不同种溶剂-溶质间相互作用这一点上相似。但溶剂化作用参数模型对每种分子间作用都用多种探针化合物来表征，大大增加了测得的参数系数的准确性。

　　基于空穴理论，气态溶质分子进入液态固定相的过程可以分为三步[19]：第一步在固定相液膜中形成一定大小的空穴，该吸热过程打乱了固定相分子间即溶剂-溶剂分子间的作用。固定相分子越大，需要断裂的链也越多，而且由于极性固定相分子间的强相互作用，在其中创建空穴需要的能量高于非极性固定相。第二步，空穴形成以后，固定相分子会在空穴附近重新排列，以减小分子的混乱程度，这一步对自由能的贡献很小，但能为固定相-溶质分子作用提供方向。第三步，溶质分子进入空穴后，形成固定相-溶质分子间作用，为放热过程。分子间作用力包括氢键、定向力、诱导力和色散力等。

　　固定相溶剂化作用参数模型假设：溶质从气相到固定相（溶剂）过程中总自由能的变化为不同来源的自由能的线性加和。溶质与固定相间的多种作用具有线性加和性，其总和表述了溶质在固定相上总的保留数据，这样得到的线性自由能关系如式（5-3）所示。

$$SP = c + eE + sS + aA + bB + lL \qquad (5\text{-}3)$$

式中，SP 为因变量，表示在给定温度下溶质分子在固定相上的保留数据，即溶质与固定相之间总的分子作用。SP 可以是色谱测定中的保留因子、相对保留时间、分配系数等。其中，色谱保留因子 k 的测量较为方便，通过测定溶质的保留时间并按照相应公式计算得到。若采用分配系数 K，需要测定或计算色谱柱的相比（β）。当使用保留因子 k 作为因变量时，相比 β 被包含在系统常数 c 中。以保留因子表示的固定相溶剂化作用参数模型的自由能关系如式（5-4）所示。

$$\lg k = c + eE + sS + aA + bB + lL \qquad (5\text{-}4)$$

式中，等式左边的因变量 $\lg k$ 是溶质分子在固定相上保留因子的常用对数；等号右边中大写字母的系数是溶质描述符，分别描述不同溶质（探针化合物）的各种分子间作用。各种探针分子的溶质描述符为常数，可在文献[2]中查得；c 为系统常数，e、s、a、b、l 为溶剂化作用参数，分别用来表征固定相（溶剂）与溶质分子间的各种相互作用，其值的大小反映了相应作用力的强弱。各溶质描述符和溶剂化作用参数系数表示的分子间作用如表 5-19 所示。大小写字母系数的乘积代表一类分子间作用的总和，eE 代表的是分子间电子的相互作用，sS 代表分子间的偶极类作用，aA 和 bB 代表氢键类作用，lL 代表空穴形成作用和色散力作用之和。

表 5-19　溶质描述符和溶剂化作用参数代表的溶质间的分子作用

溶质描述符	相互作用	溶剂化作用参数	溶剂（固定相）-溶质相互作用
E	20℃的摩尔折射率	e	π-π、n-π 电子相互作用
S	偶极和极化作用	s	偶极-偶极作用
A	氢键酸性（供质子）	a	氢键碱性作用（氢键受体）
B	氢键碱性（受质子）	b	氢键酸性作用（氢键供体）
L	25℃在 C_{16} 中的分配系数	l	空穴形成、色散作用

　　在一定温度下，通过测定溶质的保留时间可以得到各探针分子的保留因子 k。将 $\lg k$ 与探针分子的溶质描述符 E、S、A、B、L 代入式（5-4）进行多元线性回归分析（可利用统计分析软件 SPSS 计算），即可计算得到 c、e、s、a、b、l 等参数的数值。溶剂化作用参数描述了特定分子间作用在固定相对溶质分子的保留机理中所起作用的大小。数值越大表明贡献越大。这些参数值会随温度的变化而发生改变。一般情况下，这些参数会随着温度的升高而不同程度地减小。主要是由于温度升高时，气态溶质分子间的排列变得更加无序，使得溶质-溶剂间的作用减弱。

　　目前，一些常用的 GC 固定相的溶剂化作用参数已有文献报道[20-24]。2008 年，Poole 等总结了聚硅氧烷类和聚乙二醇类固定相的溶剂化作用参数[20]；2011 年，他们总结了一些离子液体固定相的溶剂化作用参数[21]以及咪唑类离子液体的溶剂化作用参数范围（表 5-20）。此外，Abraham 等[22]和 Anderson 等[23, 24]也曾报道了离子液体固定相的溶剂化作用参数，并研究了离子液体中阴阳离子的变化对其溶剂化作用参数的影响。我们课题组报道了胍盐离子液体的溶剂化作用参数，并分析了各参数与固定相保留行为和色谱选择性之间的关系[13, 14]。固定相的溶剂化作用参数可以为探讨固定相的分子作用和保留机理提供重要的参考。

表 5-20　离子液体（咪唑类、吡啶类、季镶类）与非离子液体的溶剂化作用参数范围[21]

溶剂化作用参数	系数范围	
	离子液体	非离子液体
e	−0.35～0.45 （0～0.29）	−0.46～0.39
s	1.10～2.72 （1.30～2.00）	0.07～1.90
a	0.45～2.72 （1.35～2.50）	0～2.21
b	0～1.62 （0～1.00）	0
l	0.31～0.62 （0.37～0.50）	0.45～0.65

注：括号内数字为常见范围。

5.5　分子间作用与固定相的选择

在气相色谱分离过程中，载气对组分分子只起载运作用，其与组分分子之间的作用可以忽略。此外，由于 GC 分析的样品组分浓度较低，组分分子间的作用力也可忽略。因此，在 GC 分离中，分子间作用主要表现在组分分子与固定相分子之间的分子作用。分子间作用强的组分，在固定相中保留的时间长。样品中各组分与固定相分子间作用力的差异是实现组分分离的前提。熟悉色谱分离过程中可能存在的各种分子作用将有助于更好地理解色谱分离结果，还可为高选择性固定相的结构设计提供依据。下面将对气相色谱中常见的分子间作用力的种类、与色谱选择性的关系及固定相选择原则等做介绍。

5.5.1　分子间作用力

在气相色谱中，固定相与组分分子间常见的分子间作用力包括定向力（偶极-偶极）、诱导力（偶极-诱导偶极）、色散力（诱导偶极-诱导偶极）和氢键作用等。前三种力统称为范德瓦耳斯力，都与电场作用有关。此外，其他未被广泛关注的分子间作用力如 π-π 堆积（π-π stacking）、卤键（halogen-bonding）、离子-π 作用等也对色谱分离有重要作用。

1. 范德瓦耳斯力

范德瓦耳斯力（van der Waals force）是存在于分子间的一种不具方向性和饱和性、作用范围在几百皮米之间的力，比化学键弱得多（相差 1~2 个数量级）。它对物质的沸点、熔点、气化热、熔化热、溶解度、表面张力、黏度等理化性质有决定性的影响。一般来说，某物质的范德瓦耳斯力越大，则它的熔点、沸点就越高。对于组成和结构相似的物质，范德瓦耳斯力一般随着分子量的增大而增强。范德瓦耳斯力分为定向力（偶极-偶极）、诱导力（偶极-诱导偶极）、色散力（诱导偶极-诱导偶极）。

定向力是极性分子永久偶极之间的作用力。永久偶极是指极性分子中因电荷分布不均匀而出现的正电荷中心与负电荷中心相分离的状态。当极性分子相互接近时，由于正负电荷间的静电作用，它们的永久偶极因同极相斥而异极相吸趋于定向排列。

在色谱分析中，组分分子 A 与固定相 S 分子间永久偶极相互作用的势能 ε_D 为

$$\varepsilon_D = -\frac{2\mu_A^2 \mu_S^2}{r^6 kT} \tag{5-5}$$

式中，μ 为偶极矩；k 为玻尔兹曼常数；T 为热力学温度（K）；r 为分子间距离。由式（5-5）可见，ε_D 的大小与分子的极性、温度和分子间距离有关。ε_D 与偶极矩的四次方成正比，极性分子的偶极矩越大，定向力越大。常见有机分子的偶极矩（μ_A）如表 5-21 所示。

表 5-21　常见有机分子的偶极矩（μ_A）

有机分子	偶极矩/deb[*]	有机分子	偶极矩/deb[*]
R—CH=CH₂	0.4	R—Cl	1.8
R—O—Me	1.3	R—COOMe	1.9
R—NH₂	1.4	R—CHO	2.5
R—OH	1.7	R—CO—R	2.7
R—COOH	1.7	R—CN	3.6

* 1deb = 3.335 ×10⁻³⁰C·m。

组分分子

固定相

图 5-21　诱导力作用示意图

诱导力是极性分子的永久偶极与非极性分子的诱导偶极间的作用力。非极性分子没有永久偶极，但当极性分子与非极性分子相互接近时，非极性分子在极性分子永久偶极的作用下会发生极化产生诱导偶极（图 5-21），然后非极性分子的诱导偶极与极性分子的永久偶极之间相互吸引而产生分子间的作用力。当然，极性分子之间也存在诱导力，只是这种诱导偶极作用相比永久偶极作用弱得多。

诱导偶极矩 μ 的大小与外电场强度 E 成正比，即

$$\mu = \alpha E \tag{5-6}$$

式中，α 为被诱导分子的极化率。分子的极化率越大，越易产生诱导偶极。

在色谱分析中，当一个非极性或弱极性分子 A 处于极性固定相 S 的环境中时，如果只考虑极性分子对非极性或弱极性分子的诱导作用，所产生的平均诱导能 ε_I 为

$$\varepsilon_I = -\frac{\alpha_A \mu_S^2}{r^6} \tag{5-7}$$

例如，非极性分子环己烷、甲苯、正庚烷的永久偶极矩很小，但它们的极化率较高（α 分别为 109C·m³、123C·m³ 和 136C·m³），易被诱导，因而在极性固定相或溶剂中具有较高的极化能。

色散（dispersion）是两个无永久偶极的电中性分子在近距离内产生相互吸引的现象。非极性分子在运动中因出现瞬间正、负电荷中心不重合而产生瞬时偶极。瞬时偶极之间的作用力称为色散力。色散力普遍存在于任何相邻的原子和分子之间，是范德瓦耳斯力的主要来源。非极性分子之间的相互作用力主要是色散力。

在色谱分析中，组分分子 A 与固定相 S 分子间色散相互作用势能 ε_L 为

$$\varepsilon_L = \frac{3\alpha_A \alpha_S I_A I_S}{2r^6 (I_A + I_S)} \tag{5-8}$$

式中，I_A 和 I_S 分别为组分分子和固定相分子的第一电离势；α_A 和 α_S 分别为组分分子和固定相分子的极化率；r 为分子间距离。

由式（5-8）可见，因各种分子间的电离能相差不大（880～1100 kJ/mol），所以色散力主要取决于分子的极化率 α 和分子间距离 r。由于 π 电子的极化率较高，所以具有共轭 π 电子结构的分子（如共轭烯烃、芳烃）间具有较强的色散力。色散相互作用势能与温度无关，而与分子间距离的六次方成反比。当分子间距离增大时，色散力急剧下降。此外，分子的极化率为无定向的量（非矢量），没有饱和性。

色散力的大小与分子的变形性等因素有关。分子大小会对色散力有影响。分子中含有的电子越多并且电子可移动的范围越大，则可能产生的瞬间偶极越大，分子的变形性越大，色散力越大。这也是在其他条件一定时，较大的分子具有较高沸点的原因。

分子的形状也会对色散力有影响。当所含的电子数相同时，直线形长链分子因电子移动范围大，其产生的瞬间偶极大于支链分子的瞬间偶极。直链分子间易于彼此靠近叠合在一起，分子间的色散力大，相互作用强。例如，正丁烷和异丁烷为同分异构体，分别为直链分子和支链分子。正丁烷的沸点为–0.5℃，异丁烷的沸点为–11.7℃，其差异主要源于正丁烷直链分子间的色散力大于异丁烷支链分子间的色散力。

综上所述，在 GC 分析中，不同结构、不同大小的组分分子与固定相之间作用力种类和强弱的差异是实现组分分离的前提。通常，极性分子间存在色散力、诱导力和定向力；极性分子与非极性分子间存在色散力和诱导力；非极性分子间只有色散力。其中色散力在各类分子中都存在，也是色谱分离中的主要分子间力。

2. 氢键

氢键（hydrogen bonding）是指氢原子与电负性较大的原子 X（如 F、O、N 原子）共价结合时，因 X 原子强烈吸引氢原子的核外电子云，使氢原子显 δ^+ 正电，该氢核与邻近分子中电负性较大的 Y 原子接近时，能与 Y 产生较强的静电作用，形成 $X^{\delta^-}—H^{\delta^+}\cdots Y^{\delta^-}$ 的稳定结构，因而形成氢键。氢键的本质是静电作用。例如，水分子间形成的氢键如图 5-22 所示。带 δ^+ 正电的氢原子与氧原子上的孤对电子形成氢键。

氢键的键能约为共价键平均键能的 1/10。O、

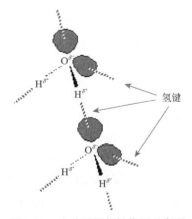

图 5-22　水分子间氢键作用示意图

F 和 N 等原子形成氢键的键能为 16~33 kJ/mol。氢键形成的一个特征是其所连接的两个强电负性原子间的键长减小。例如，正常 O—O 键的键长为 0.35 nm，生成氢键后的键长减小为 0.27 nm。

氢键中与氢相连的两个原子 X 和 Y 可以相同也可不同。氢键的强弱与 X 和 Y 原子的电负性及原子半径有关。电负性越大，形成的氢键越强；原子半径越小，越易接近氢核，形成的氢键越强。例如，F 原子的电负性最大，原子半径小，其形成的氢键 F—H···F 是最强的氢键。此外，可以根据分子的酸碱性来判断形成氢键的强弱。一般而言，提供质子的分子的酸性越强或接受质子的分子的碱性越强，则形成氢键的强度越大。

含有—OH 或—NH 基团的化合物分子间易形成氢键，与不含—OH 或—NH 的分子大小相近的化合物相比，常具有较高的沸点。例如，乙醇（CH_3CH_2OH）和甲醚（CH_3OCH_3）具有相同的分子式且分子结构的链长相近，但因结构中的官能团不同而具有不同的沸点。乙醇分子间因可形成氢键，其沸点较高（78.5℃），而甲醚分子间不能形成氢键，其沸点（–24.8℃）远低于乙醇。此外，比较正戊烷、正丁醇和 2-甲基丙醇的结构和沸点（表 5-22），也可明显看到化合物分子间氢键作用对其沸点的影响。

表 5-22   化合物的分子结构与沸点

化合物	结构式	沸点/℃
正戊烷	$CH_3CH_2CH_2CH_2CH_3$	36.3
正丁醇	$CH_3CH_2CH_2CH_2OH$	117
2-甲基丙醇	CH_3CHCH_2OH 　　$\vert$ 　　CH_3	108

3. π-π 堆积作用

π-π 堆积（π-π stacking）作用是发生在含不饱和键的化合物分子之间的一种弱的非共价键作用，常发生在相对富电子和相对贫电子的分子之间。典型的 π-π 堆积作用强度大约为 2 kJ/mol。近年的研究表明，π-π 堆积作用在构建超分子体系、功能材料、色谱分离和样品选择性富集等方面具有重要的作用。

有关 π-π 堆积作用的本质目前尚无定论，仍有多种观点。1990 年，剑桥大学 Hunter 和 Sanders 等[25]基于溶解状态和固态下卟啉分子间的 π-π 作用的研究，提出了一种 π-体系中电荷分布的模型（Hunter-Sanders 模型），并用以探究 π-π 堆积作用的本质。该模型的要点包括：①π-π 堆积作用的主要贡献来自范德瓦耳斯力和静电作用。其中，范德瓦耳斯力决定 π-π 堆积作用的强度，静电作用决定

发生作用时 π-体系间的空间排列方式（几何构型）。②将 π-体系分为 σ-骨架和
π-电子两部分，带正电的 σ-骨架位于体系的中央，带负电的 π-电子分别位于 σ-
骨架的上下，类似夹心结构。π-π 电子间具有排斥作用，而 σ-骨架与 π 电子间则
相互吸引。该研究认为，π-π 堆积作用是 π-σ 电子间的吸引作用超过 π-π 电子间
的排斥作用而净剩的吸引作用。该模型能合理解释目前大多数 π-π 堆积作用的相
关体系。

两个苯环间 π-π 堆积作用可能有以下三种排列方式（图 5-23）[26]：①完全堆
积（面对面，face-to-face π-stacked）；②平行堆积或错位堆积（parallel displaced；
offset π-stacked）；③T 型堆积（T-shaped；edge-on；point-to-face）。其中 T 型堆
积也常称为 C-H-π 作用。

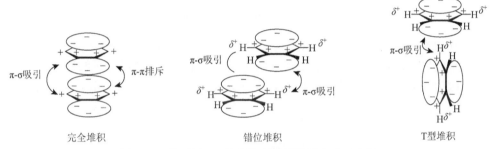

图 5-23　苯环间 π-π 堆积作用及其排列方式示意图

根据 Hunter-Sanders 规则，对于非极化 π-体系，错位堆积和 T 型堆积为有利
构型。缺 π 电子体系和富 π 电子体系之间的 π-π 作用倾向完全堆积的方式。苯环
上的取代基或杂原子会影响苯环上的电荷分布的均一性。研究表明，吸电基团（如
F、NO_2、CO_2Me、醌基等）或杂原子会降低苯环上 π 电子密度，减小 π 电子排斥，
有利于增强 π-π 作用；供电基团（如 R、OR、NH_2、NR_2 等，R = 烷基）则增强 π
电子排斥，不利于 π-π 作用。N 原子有吸电作用，吡啶、双吡啶和其他含氮杂环
为缺 π 电子体系。一般地，两个 π-体系间 π-π 作用的稳定性有以下规律：缺 π 体
系-缺 π 体系 > 缺 π 体系-富 π 体系 > 富 π 体系-富 π 体系。

4. 卤键作用

当卤素原子与其他原子或基团键合时，卤素的电子密度会重新分布，电子密
度在共价键延伸方向减弱而在垂直方向增加，使得在共价键延长线外端出现一个
小的正电区域（σ-hole）[27]，因而卤素原子局部区域具有一定的亲电性。卤键
（halogen-bonding，XB）作用[27-29]是指发生在卤素原子 X（路易斯酸）和路易斯
碱 Y 之间的非共价作用，即 R—X···Y，其中虚线为卤键，R—X 为卤键供体（XB
donor），Y 为卤键受体（XB acceptor）。卤键作用示意图如图 5-24 所示。

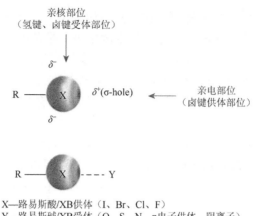

亲核部位
（氢键、卤键受体部位）

X—路易斯酸/XB供体（I、Br、Cl、F）
Y—路易斯碱/XB受体（O、S、N、p电子供体、阴离子）
R—F、Cl、Br、I、C、N

图 5-24　卤键作用示意图

在卤素原子 X 的静电势表面具有亲电区（δ^+，σ-hole）或潜在的亲电区；Y 可以是阴离子或具有至少一个亲核区域的中性单元，如含孤对电子的原子或 π-体系。因为卤素原子也可以参与其他类型的键合，卤键特指当卤素起亲电作用（电子受体）时的非共价作用，具有一定的方向性。卤键强弱的一般趋势为：F＜Cl＜Br＜I，其中 I 原子的卤键作用最强。当卤素原子与吸电基团键合时，卤素形成卤键的能力增强。研究表明，卤键作用在晶体工程、材料化学、分子识别、药物设计等领域已引起人们的关注。相信其在色谱固定相的设计合成和分离机理等方面也将会发挥重要的作用。

5. 离子-π 作用

离子-π 作用包括阳离子-π 和阴离子-π 作用。一般认为，阳离子-π 作用是由于电子堆积和阳离子诱导极化引起的。过渡金属与共轭 π 键之间的相互作用较强，而碱金属、碱土金属与共轭 π 键之间的相互作用较弱。研究表明，阳离子-π 作用能增加 2～5 kcal/mol 的结合能，在药物-受体和蛋白质-蛋白质作用中能与氢键等作用相竞争。阳离子-π 作用作为一种分子间弱作用广泛存在于一些生命体系中。例如，赖氨酸中 sp^2 和 sp^3 杂化的氮原子与酪氨酸的苯环之间的边对链形式的相互作用；乙酰胆碱酶等会通过阳离子-π 作用与蛋白质结合等。近年来，阳离子-π 作用在分子识别、自组装、生物体系、药物-受体作用、催化等领域的研究报道增多[30]。

阴离子-π 作用[31]是指阴离子与缺电芳香体系之间的相互作用，主要由静电作用和阴离子诱导的极化主导。当芳香体系含吸电基或杂环，具有强的电子接受能力并具有正的电四极矩时，常表现出较强的阴离子-π 作用。例如，六氟苯（C_6F_6）与一些阴离子间的相互作用如图 5-25 所示。研究表明，阴离子-π 作用在超分子结构构筑中具有重要作用[32]。

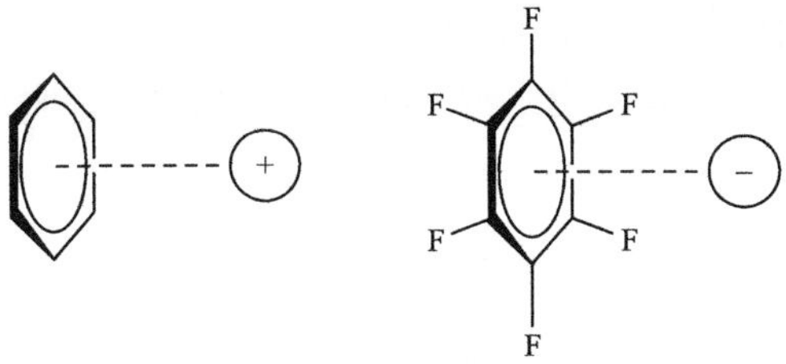

阳离子-π作用　　　　　阴离子-π作用

图 5-25　阳离子-π 和阴离子-π 作用示意图

5.5.2　固定相的选择

在实际 GC 分析中，色谱柱固定相的选择通常是按照"相似相溶"的原则，即选择与样品组分极性相近、分子作用相近或结构相近的固定相。性质相近的组分与固定相间的作用力较强，在柱内保留时间长；作用力弱的组分则保留时间短。因而使得各组分因保留时间的差异而得到分离。

色谱柱固定相的选择还可参考以下建议：

（1）当组分为非极性物质时，一般选用非极性固定相。此种情况下，色散力对分离起主要作用，组分按沸点顺序出峰，沸点低的先出峰。例如，用角鲨烷柱分离某样品时，组分出峰顺序为：甲烷（-161.5℃）、乙烯（-103.9℃）、乙烷（-88.6℃）、丙烯（-47.7℃）、丙烷（-42.2℃）。

（2）当组分为极性物质时，选择极性固定相。组分与固定相分子间的作用力主要是定向力，极性越大，定向力越强。此时，组分按极性从小到大顺序出峰。例如，用极性固定相聚乙二醇-600 分析乙醛、丙烯醛气体混合物时，乙醛的极性比丙烯醛小，故先出峰。

（3）当样品中同时含有非极性和极性组分时，需根据分析目的、组分性质等具体情况选择适宜极性的固定相。通常优先选择具有适宜极性的固定相，非极性组分先出峰，极性组分后出峰。例如，苯和环己烷混合物，在非极性固定相上很难将其分离；但在极性固定相聚乙二醇-400 上，苯的保留时间是环己烷的 3.9 倍，容易实现分离；在极性更强的 β,β'-氧二丙腈固定相上，苯的保留时间是环己烷的 6.3 倍。这可能是由于苯环上的 p 电子易被极化，与极性固定相的分子作用更强所致。

（4）当样品组分为氢键型物质，优先选择极性或氢键型固定相。组分按其与固定相分子间形成氢键能力大小先后流出，氢键作用强的组分后流出。例如，分离醇类时，优先选择聚乙二醇类固定相等。

（5）当样品组分为挥发性酸/碱有机物时，一般选用极性固定相。为避免这些组分色谱峰出现明显拖尾或变形，优先选择经惰化处理的色谱柱以实现组分的良好分离。

（6）当样品组分复杂，采用单一固定相色谱柱难以实现理想分离时，也可采用混合固定相色谱柱；或者采用二种不同极性的色谱柱，利用二维或全二维气相色谱法进行分离。

参 考 文 献

[1] 傅若农. 气相色谱固定相的演变. 化学试剂，2006，28（1）：11.

[2] 傅若农. 毛细管气相色谱柱近年的发展. 化学试剂，2009，31（3）：183.

[3] 史雪岩，王敏，傅若农. 环糊精衍生物气相色谱手性固定相研究进展. 分析测试学报，2001，20（6）：75.

[4] 周昕，万宏，欧庆瑜. 改性环糊精气相色谱手性固定相拆分对映体的选择性及拆分机理的讨论. 色谱，1994，12（4）：249.

[5] 葛晓霞，齐美玲，李良，等. 溶胶-凝胶法制备四种环糊精衍生物毛细管气相色谱柱. 色谱，2005，23（3）：305.

[6] Liang M M，Qi M L，Zhang C B，et al. Peralkylated-beta-cyclodextrin used as gas chromatographic stationary phase prepared by sol-gel technology for capillary column. J Chromatogr A，2004，1059：111.

[7] Anderson J L，Armstrong D W. High-stability ionic liquids. A new class of stationary phases for gas chromatography. Anal Chem，2003，75：4851.

[8] Anderson J L，Armstrong D W. Immobilized ionic liquids as high-selectivity/high-temperature/ high-stability gas chromatography stationary phases. Anal Chem，2005，77：6453.

[9] Qi M L，Armstrong D W. Dicationic ionic liquid stationary phase for GC-MS analysis of volatile compounds in herbal plants. Anal Bioanal Chem，2007，388：889.

[10] 卢凯，刘伟，齐美玲，等. 两种高热稳定性端羟基单阳离子型咪唑离子液体毛细管气相色谱固定相的性能评价. 色谱，2010，28（8）：731.

[11] 陈晓燕，卢凯，齐美玲，等. 聚合离子液体毛细管气相色谱固定相的性能评价. 色谱，2009，27（6）：750.

[12] Wei Q Q，Qi M L，Yang H X，et al. Separation characteristics of ionic liquids grafted polymethylsiloxanes stationary phases for capillary GC. Chromatographia，2011，74（9）：717.

[13] Qiao L Z，Lu K，Qi M L，et al. Separation performance of guanidinium-based ionic liquids as stationary phases for gas chromatography. J Chromatogr A，2013，1276：112.

[14] Wang Y Z，Qi M L，Fu R N. Amphiphilic selectivity of guanidinium-based ionic liquid stationary phase for structural and positional isomers. RSC Adv，2015，5：86440.

[15] Cagliero C，Bicchi C，Cordero C，et al. Analysis of essential oils and fragrances with a new generation of highly inert gas chromatographic columns coated with ionic liquids. J Chromatogr A，2017，1495：64.

[16] Amaral M S，Marriott P J，Bizzo H R，et al. Ionic liquid capillary columns for analysis of multi-component volatiles by gas chromatography-mass spectrometry：Performance，selectivity，activity and retention indices. Anal Bioanal Chem，2018，410：4615.

[17] Kollie T O，Poole C F，Abraham M H，et al. Comparison of two free energy of solvation models for characterizing selectivity of stationary phases used in gas-liquid chromatography. Anal Chim Acta，1992，259：1.

[18] Abraham M H. Scales of solute hydrogen-bonding：Their construction and application to physicochemical and biochemical processes. Chem Soc Rev，1993，22：73.

[19] Abraham M H，Whiting G S，Doherty R M，et al. A new characterisation of the McReynolds 77-stationary phase set. J Chromatogr A，1990，518：329.

[20] Poole C F，Poole S K. Separation characteristics of wall-coated open-tubular columns for gas

chromatography. J Chromatogr A, 2008, 1184: 254.

[21] Poole C F, Poole S K. Ionic liquid stationary phases for gas chromatography. J Sep Sci, 2011, 34: 888.

[22] Abrahama M H, Acree W E Jr. Comparative analysis of solvation and selectivity in room temperature ionic liquids using the Abraham linear free energy relationship. Green Chem, 2006, 8: 906.

[23] Yao C, Anderson J L. Retention characteristics of organic compounds on molten salt and ionic liquid-based gas chromatography stationary phases. J Chromatogr A, 2009, 1216: 1658.

[24] Twu P, Zhao Q C, Pitner W R, et al. Evaluating the solvation properties of functionalized ionic liquids with varied cation/anion composition using the solvation parameter model. J Chromatogr A, 2011, 1218: 5311.

[25] Hunter C A, Sanders J K M. The nature of π-π interactions. J Am Chem Soc, 1990, 112: 5525.

[26] Janiak C. A critical account on π-π stacking in metal complexes with aromatic nitrogen-containing ligands. J Chem Soc Dalton Trans, 2000, 3885.

[27] Clark T, Hennemann M, Murray J S, et al. Halogen bonding: The sigma-hole. J Mol Model, 2007, 13: 291.

[28] Desiraju G R, Ho P S, Kloo L, et al. Definition of the halogen bond (IUPAC Recommendations 2013). Pure Appl Chem, 2013, 85: 1711.

[29] Cavallo G, Metrangolo P, Milani R, et al. The halogen bond. Chem Rev, 2016, 116: 2478.

[30] Dougherty D A. The cation-π interaction. Acc Chem Res, 2013, 46: 885.

[31] Quiñonero D, Garau C, Rotger C, et al. Anion-π interactions: Do they exist?. Angew Chem Int Ed, 2002, 41: 3389.

[32] Chifotides H T, Dunbar K R. Anion-π interactions in supramolecular architectures. Acc Chem Res, 2013, 46: 894.

第6章 毛细管柱气相色谱法

毛细管柱气相色谱法具有分离能力强、灵敏度高、分析速度快等特点，是目前 GC 分析最常用的方法，在石化、食品、环境、化工、医药、刑侦等领域有广泛的应用。本章将介绍毛细管柱气相色谱法的发展和分类、毛细管色谱柱的制备、色谱柱性能评价、色谱条件的选择、分析测定注意事项及应用等。

6.1 毛细管色谱柱的发展和分类

6.1.1 毛细管色谱柱的发展

提高色谱柱的分离能力一直是色谱分析发展的重要目标之一。由速率理论可知：减小组分在色谱柱内的涡流扩散和传质阻力，可降低塔板高度，提高柱效；由塔板理论可知：增加色谱柱长度可增加塔板数。基于色谱相关理论和实践，1957 年在第一届气相色谱会议上，戈雷（Golay）做的毛细管柱气相色谱法的报告标志着毛细管柱气相色谱法的开端。毛细管色谱柱的出现是气相色谱发展中的一个重要的里程碑，它使气相色谱的分离效率和分析速度大大提高。

在之后的二十多年里，人们对毛细管柱材料和固定相涂渍方法等都进行了广泛的研究和应用。理想的毛细管色谱柱的柱材料应具备高惰性、高热稳定性、内表面平滑和可润湿性、易于操作使用等特点。1979 年，熔融石英毛细管柱（fused-silica capillary column）的出现使毛细管柱色谱的发展又进入了一个新的阶段。熔融石英毛细管柱具有纯度高、柔韧性好、使用方便等特点，应用广泛。GC 毛细管柱多为开管柱（open-tubular column），固定相涂层在柱内壁上。

与填充柱相比（表 6-1），毛细管开管柱具有以下特点：

（1）柱内为空腔，涡流扩散为零，消除了组分在填充柱内因涡流扩散引起的峰展宽。

（2）毛细管柱内壁上的固定相涂层薄，传质阻力小。

（3）毛细管柱的柱效高，每米理论塔板数可高至 5000 左右。

（4）毛细管柱可以长至百米。

表 6-1 毛细管开管柱与填充柱的比较

参数	填充柱	毛细管开管柱
长度/m	1～5	1～200
内径/mm	2～4	0.10～0.53

续表

参数	填充柱	毛细管开管柱
液膜厚度/μm	～10	0.1～1
每米塔板数	数百～1000	2000～5000
分离度	低	高
流速/（mL/min）	10～60	0.5～20
柱容量/（μg/峰）	～10	> 0.1

石英和玻璃的主要化学成分为二氧化硅。玻璃中的二氧化硅通常是一个硅原子和四个氧原子结合成四面体。每个二氧化硅四面体通过硅氧键形成一个三维网络，这样由硅和氧原子形成一个不规则的六元环。石英结构中硅氧夹角为150°，因 Si—O—Si 之间的角度易于变动而具有柔性，这种环状结构相对稳定。它具有高度交联的三维结构，具有熔点高（近 2000℃）、热膨胀系数低、抗化学腐蚀性好和抗张强度高等特性，能拉制成优质弹性薄壁毛细管柱，常称为弹性石英毛细管柱。

在随后几十年的发展过程中，色谱工作者在毛细管柱内壁改性、固定相涂渍方法等方面开展了大量的研究和应用。毛细管柱气相色谱法的标志性进展如表 6-2 所示。目前毛细管柱气相色谱法已成为气相色谱分析的主流方法。

表 6-2　毛细管柱气相色谱法的标志性进展

年份	标志性进展
1957	毛细管柱理论，GC 会议（阿姆斯特丹）
1959	进样口分流器；毛细管色谱柱专利（Perkin-Elmer 公司）
1960	Desty 发明玻璃毛细管拉制机
1965	高效玻璃毛细管
1975	第一届毛细管柱色谱会议
1978	不分流进样
1979	冷柱头进样；熔融石英（惠普公司）
1981～1984	去活方法和交联固定相
1981～1988	毛细管柱与光谱检测器联用（MS、FTIR、AED）
1983	大内径毛细管柱
1992～2005	程序升温蒸发电子压力控制进样系统；MS 级别的色谱柱；SPME 样品制备技术；大体积进样；多维 GC；溶胶-凝胶色谱柱；台式 GC-MS 等

资料来源：Barry E F, Barry, Grob R L. Columns for gas chromatography. Hoboken：John Wiley & Sons, Inc., 2007.

毛细管柱气相色谱法具有以下特点：

（1）分离效率高，比填充柱高 10～100 倍。

（2）分析速度快，比填充柱的分析时间短。

（3）色谱峰窄、峰形对称性高，多采用程序升温方式。

（4）灵敏度高。

（5）涡流扩散为零。

（6）柱容量小于填充柱。

6.1.2 毛细管色谱柱的分类

目前广泛应用的熔融石英毛细管柱的外表面覆盖有聚酰亚胺涂层（图 6-1），其在毛细管柱拉制的同时被涂敷，用以保护毛细管柱的外壁并有利于增加毛细管柱的柔韧性。聚酰亚胺涂层具有较好的强度和耐热性，但在温度高于 400℃时易分解，不适于高温下使用。样品需在高温下分析测定时，可采用柱外层镀铝的耐高温石英毛细管柱。

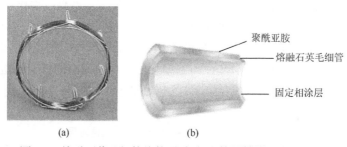

(a)   (b)

图 6-1 熔融石英毛细管柱外观（a）和管壁结构示意图（b）

毛细管柱按照制备方法分为填充型毛细管柱和开管型毛细管柱两大类（图 4-11），其中开管型毛细管柱在气相色谱中应用最为广泛。

开管型毛细管柱按照制备方法分为以下四类：

（1）壁涂开管柱（wall coated open tubular column，WCOT 柱）：将固定相均匀涂渍并固化在柱内壁上。制柱方法相对简单，应用较多。

（2）多孔层开管柱（porous layer open tubular column，PLOT 柱）：在毛细管柱内壁上制备（或原位生成）多孔性微粒涂层。此类色谱柱常用于气-固色谱分析。

（3）载体涂渍开管柱（support coated open tubular column，SCOT 柱）：将载体微粒固化在毛细管柱内壁上，再涂渍固定相。可以采用多孔纳米材料作为载体，有利于增加毛细管柱的比表面积和柱载量。

（4）化学键合或交联柱：将固定相通过化学反应键合在毛细管柱内壁上或使固定相分子间交联在一起。此类色谱柱的热稳定性高。

开管型毛细管气相色谱柱按照柱内径分为以下三类：

（1）常规毛细管柱：内径为 0.1～0.3mm（常用为 0.25mm）的弹性石英毛细管柱。

（2）小内径毛细管柱（microbore capillary column）：内径小于 100μm（常用为 50μm）的弹性石英毛细管柱。这类色谱柱主要用于快速色谱分析。

（3）大内径毛细管柱（megabore capillary column）：内径一般为 0.32mm 和 0.53mm。固定相液膜厚度为 1～5μm。大内径厚液膜毛细管柱的载样量高，在一定条件下可以替代填充柱。

6.1.3　戈雷方程

1958 年，戈雷（Golay）为描述毛细管气相色谱柱中的色谱峰展宽效应，提出了毛细管柱速率方程（$H = B/u + Cu$），称为戈雷方程，其形式与填充柱的速率方程类似，但涡流扩散项为零（$A = 0$）。对于开管型毛细管柱，其固定相在内壁上，柱内没有填料，不存在多路径效应，其理论塔板高度（H）只与色谱分离过程中组分分子的纵向扩散和传质阻力有关。

对于开管型毛细管柱气-液色谱法，其戈雷方程为

$$H = \frac{B}{u} + Cu = \frac{B}{u} + (C_g + C_s)u \tag{6-1}$$

综合各种影响因素后，式（6-1）可以进一步表示为

$$H = \frac{2D_g}{u} + \frac{(1 + 6k + 11k^2)r^2}{24(1+k)^2 D_g}u + \frac{2kd_f^2}{3(1+k)^2 D_s}u \tag{6-2}$$

式（6-1）和式（6-2）中，H 为理论塔板高度（cm）；u 为载气线速度（cm/s）；C_g 为气相传质阻力系数；C_s 为液相（固定相）传质阻力系数；r 为色谱柱半径（cm）；D_g 为组分在气相中的扩散系数（cm²/s）；D_s 为组分在固定相中的扩散系数（cm²/s）；d_f 为液膜厚度（cm）；k 为保留因子。

式（6-2）中的气相传质阻力项，当 $k \geqslant 10$ 时，$(1 + 6k + 11k^2)/(1+k)^2$ 可以近似看作常数。此时，气相传质阻力引起的塔板高度增加主要与色谱柱半径的平方及载气线速度成正比，与组分在载气中的扩散系数成反比。在较高线速下进行快速分析时，纵向扩散的影响可以忽略，气相传质阻力成为塔板高度增加（柱效降低）的主要原因。此时选择分子量较小、扩散系数较大的载气（如氦气、氢气）有利于减小气相传质阻力，降低塔板高度，提高色谱柱的柱效。

由式（6-2）中的液相（固定相）传质阻力项可以看出，固定相的传质阻力与液膜厚度的平方成正比，与组分在固定相中的扩散系数成反比。这表明较薄的固定液液膜和较大的扩散系数有利于降低液相传质阻力，进而降低塔板高度，提高色谱柱的柱效。在 GC 分析中，通过适度提高柱温可有效增加组分在固定相中的扩散速度，有利于提高柱效。

对于开管型毛细管柱气-固色谱法，其速率方程为

$$H = \frac{2D_g}{u} + \frac{2t_d k}{(1+k)^2} u \qquad (6\text{-}3)$$

式中，t_d 为样品组分在固定相表面的平均吸附时间。如果吸附过程符合一级反应动力学，则 t_d 等于一级速率常数的倒数。升高柱温有利于加速传质过程。

上述方程中，载气线速度 u（cm/s）可根据色谱柱长 L（cm）和死时间 t_M（s）计算得到，计算式为

$$u = \frac{L}{t_M} \qquad (6\text{-}4)$$

采用 FID 为检测器时，常以甲烷的保留时间为死时间；采用 TCD 或 MS 检测器时，常以空气的保留时间为死时间。一些气相色谱仪可以基于色谱条件自动计算给出死时间。

毛细管柱通常是缠绕在一定直径的圆形金属支架上。根据色谱柱支架的直径（d）和毛细管柱缠绕的圈数（s）可以估算色谱柱长（L），即

$$L = \pi d s \qquad (6\text{-}5)$$

除线速度外，载气流速也常用载气流量（也称体积流速，mL/min）来表示。载气流量常用皂膜流量计或电子流量计在检测器或色谱柱出口处进行测定。也可以利用载气线速度估算载气流量，反之也可。两者之间的换算式为

$$载气流量（mL/min） = 60\pi r^2 u \qquad (6\text{-}6)$$

式中，r 为毛细管柱半径（cm）；u 为载气线速度（cm/s）；60 为时间从秒到分钟的转换因子；πr^2 为色谱柱的截面积。

需要注意的是，式（6-6）仅用于载气线速度或载气流量的估算，准确计算还应考虑柱前压力（柱入口压力）和柱出口压力等。柱出口压力常为大气压（质谱检测器除外）。此外，由于气体具有可压缩性，虽然单位时间内通过色谱柱任一截面的载气质量相同，但由于柱中各部位载气的压力和密度不同，使得各部位的载气流量不完全一致，存在一定差异。

6.1.4　仪器结构特点

气相色谱仪一般配有填充柱和毛细管柱二套接口。对毛细管柱配有分流进样和柱后尾吹部件（图 6-2）。由于毛细管柱内径小，柱容量小，允许的进样量小，需采用分流进样技术以保证进样量的准确性；采用柱后尾吹是由于毛细管柱载气流量低，组分流出色谱柱末端进入检测器之前，流速慢时易引起组分的柱后扩散，使色谱峰展宽。因而常在毛细管柱的末端增加尾吹气（也称补气）以使柱后流出的组分尽快进入检测器。采用分流进样和柱后尾吹可以避免毛细管柱的超载以及柱后组分因扩散引起的色谱峰展宽。毛细管柱气相色谱仪的气路结构见本书第 4 章。

　　毛细管柱气相色谱的进样系统包括进样口和分流器。进样口内插有衬管,在进样的同时完成样品组分的气化。分流器包括分流比阀、针形阀和电磁阀等控制部件,用以完成气化后样品的分流。毛细管柱气相色谱常用的进样方式有分流进样和不分流进样,有关内容见本书第 4 章。

　　衬管材料多为玻璃或石英。根据样品情况和分析要求,可以在衬管内充填少许硅烷化石英棉(图 6-3),一般将石英棉置于注射针尖下方约 1~2mm 处。其作用是:①防止微量进样器针尖的歧视效应(指因针尖内低沸点的溶剂和组分先气化、高沸点组分后气化而导致样品各组分气化不同步的现象);②加速样品气化;③避免固体物质进入并堵塞色谱柱等。衬管在一定程度上可保护色谱柱,使不挥发性物质滞留在衬管内。但长时间使用后,衬管内可能会留有一些污染物,其对样品组分的吸附会引起色谱峰拖尾、分裂或出现鬼峰。因而,需定期清洗或更换衬管,保持衬管的洁净,以保证分析结果的准确性。有关衬管使用注意事项及清洗方法等见本书第 4 章 4.2 节。

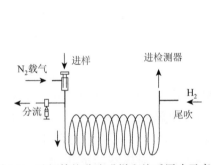

图 6-2　毛细管柱分流进样和柱后尾吹示意图

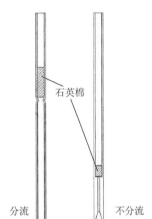

图 6-3　衬管和石英棉充填示意图

6.2　毛细管色谱柱的制备方法

　　在气相色谱分析中,色谱柱的分离性能是影响样品组分分离及其分析测定的重要因素,主要取决于固定相的选择性和色谱柱制备技术。对于某固定相,通过适宜的色谱柱制备方法,得到高柱效、高选择性、高惰性、高热稳定性的色谱柱一直是色谱工作者追求的目标。通常,毛细管色谱柱的制备过程主要包括以下步骤:毛细管空柱内壁表面处理(表面粗糙化、惰化、化学改性等)、固定相涂渍(静态法、动态法、溶胶-凝胶法等)、色谱柱老化和色谱性能的评价。当色谱柱的色谱性能满足相关要求时,即可用于样品的气相色谱分析测定。毛细管色谱柱制备及其应用过程如图 6-4 所示。

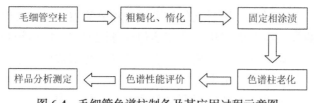

图 6-4　毛细管色谱柱制备及其应用过程示意图

6.2.1　毛细管柱内表面处理

对毛细管柱内壁表面进行粗糙化、惰化或化学改性的目的：①去除内壁表面的活性位点，提高柱惰性；②通过化学或物理方法降低毛细管柱内壁的表面张力，增加固定相在内壁的可润湿性（wettability），以获得均匀稳定的固定相涂层，制备高柱效色谱柱。可润湿性是液态固定相内部的内聚力与毛细管内壁固体表面能量平衡的过程，液态固定相的内聚力取决于表面张力，固体表面的能量是由表面自由能决定的。固定相的可润湿性可以理解为固定相能克服自身的表面张力、均匀地附着在毛细管内表面的性能。

当液态固定相与毛细管内壁接触时，可能呈现 3 种状态（图 6-5）：①固定相均匀分布在毛细管内壁上，呈润湿状态；②呈部分润湿状态；③呈不润湿状态。液滴边缘与固体表面切线的夹角为接触角（θ）。液体对固体表面的润湿性与接触角成反比。当 $\theta = 0°$时，液体可完全润湿固体表面；当 $0° < \theta < 90°$，液体可部分润湿固体表面；当 $\theta > 90°$，液体不能润湿固体表面。

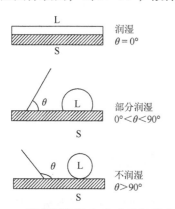

图 6-5　液态固定相（L）在毛细管内壁（S）上的 3 种可能状态

为得到高柱效色谱柱，要求毛细管内壁固定相涂层均匀稳定，并且不易受柱温和其他操作条件的影响。石英毛细管柱内壁对非极性和弱极性固定相润湿性较好，固定相涂层的稳定性高；对极性固定相的润湿性较差，因其表面张力较大，涂层稳定性较低。因而，增加固定相在毛细管内壁的润湿性有利于提高色谱柱固定相涂层的稳定性。为此，色谱柱在涂渍固定相之前，常需对柱内壁表面进行粗糙化或惰化处理，使原来的高能表面变成低能表面或者使柱表面吸附活性降低。

1. 表面粗糙化（surface roughing）

一般来说，相比光滑的表面，液体更易在粗糙的表面上均匀涂覆。这是因为在粗糙表面上，液滴下部具有较大的比表面积，有助于液滴释放能量，提高涂层的稳定性。对毛细管柱内表面进行粗糙化处理，有利于减小固定相与内壁的接触角，形成稳定的固定相涂层。常用的粗糙化方法有微粒沉积法、化学反应法等。其中，氯化钠微晶沉积法是一种有效的表面处理方法[1-3]。本法的基本过程为：先制备饱和的氯化钠无水甲醇溶液，向移取的上清液中加入三氯甲烷，得到氯化钠悬浮液。在一定氮气压力下，将氯化钠悬浮液缓慢通过毛细管柱，直至流出的液体较为浑浊为止。之后通入氮气，将柱内残留溶液推出并吹干后，在一定温度下重结晶。实验表明，毛细管柱内壁沉积具有一定的饱和值。只要条件适宜，不会出现因过度沉积而堵塞色谱柱的现象。

2. 表面惰化（surface deactivation）

熔融石英为二氧化硅（石英，硅石）的非晶态（玻璃态）。熔融石英毛细管内壁上的活性位点主要是硅羟基，其有多种存在形式，包括游离硅羟基、偕二硅羟基、水合硅羟基等。游离硅羟基呈弱酸性（$K_a = 1.6 \times 10^{-7}$），在柱表面的浓度约为 $6.2 \mu mol/m^2$。偕二硅羟基在柱表面的浓度约为 $1.6 \mu mol/m^2$。

色谱柱内壁活性位点惰化的方法主要有：①通过硅烷化消除活性基团；②以表面活性剂遮盖活性位点；③改变表面的润湿性，便于各种固定相的涂渍。硅烷化是惰化毛细管柱内壁羟基活性的常用方法之一。通过硅烷化试剂与羟基之间的反应来消除内壁表面的活性，即

$$\begin{array}{c} | \\ -Si-OH \end{array} + Cl-Si(CH_3)_3 \longrightarrow \begin{array}{c} | \\ -Si-O-Si(CH_3)_3 \\ | \end{array} + HCl$$

常用的硅烷化试剂有氯硅烷类［如二甲基二氯硅烷（DMCS），三甲基氯硅烷（TMCS）等］、硅氮烷类［如六甲基二硅氮烷（HMDS）、二苯基四甲基二硅氮烷（DPTMDS）和四苯基二甲基二硅氮烷（TPDMDS）等］、环硅氧烷［如八甲基环四硅氧烷（D4）］等。一般情况下，经 HMDS 硅烷化的色谱柱适于涂渍弱极性的固定相；用 DPTMDS 和 TPDMDS 硅烷化后的表面适于中等极性固定相的涂渍。此外，含氢聚甲基硅氧烷（俗称含氢硅油）也常用于熔融石英毛细管柱的惰化去活，反应一般在 250~350℃下进行，不会影响石英柱外涂层聚酰亚胺的稳定性。用含氢硅油惰化的色谱柱适于涂渍非极性固定相。一般方法是将 5%~10%的含氢硅油的甲苯溶液以动态法通入毛细管柱内，通入氩气 10h 以除去溶剂；将色谱柱两端密封后在 300℃下保持 10h。一些硅烷化试剂及其在毛细管内壁的状态如图 6-6 所示。

除上述外，还可采用高温硅烷化（high-temperature silylation，HTS）去活的方法。HTS 采用静态法，将硅烷化试剂在氮气压力下以 4~5cm/s 的速度通过色谱柱，流出色谱柱另一端后，将柱两端密封并升温（2~3℃/min）至 300~400℃，保持 4~20h。然后用甲苯和甲醇依次冲洗，氮气吹干。经 HTS 法处理的柱内壁形成了三甲基硅烷涂层，临界表面张力为 $2.1 \times 10^{-4} N/cm$，该涂层在 300~400℃

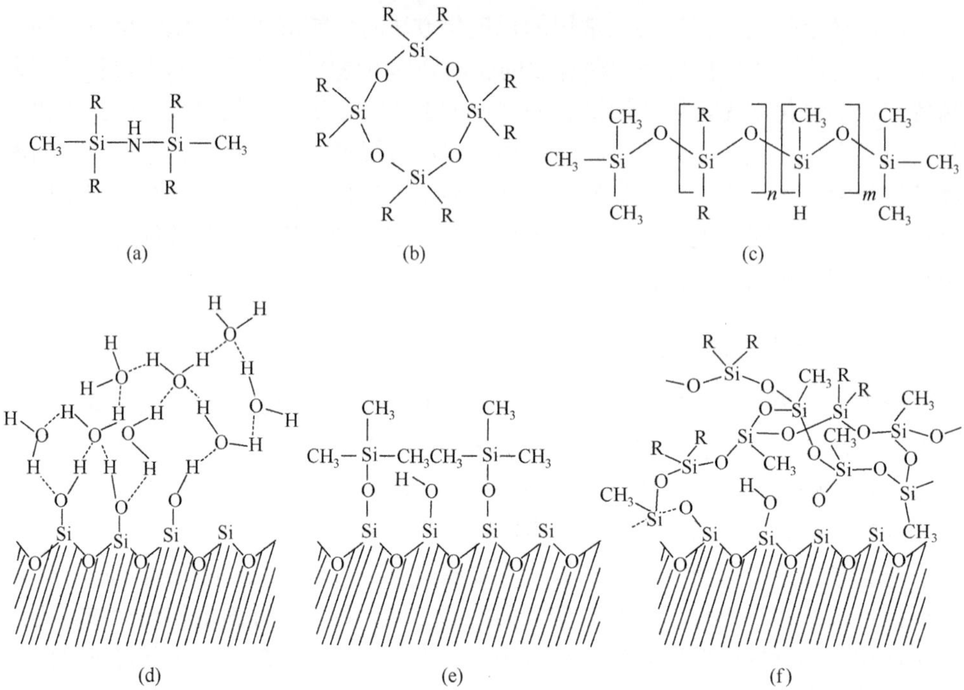

图 6-6 硅烷化试剂 [（a）～（c）] 及其毛细管内壁硅烷化 [（d）～（f）] 示意图[4]

稳定。硅烷化表面的覆盖度与羟基数量有关。色谱柱用酸淋洗后，可以增加内表面硅羟基数量，有助于提高覆盖度和色谱柱的热稳定性。HTS 还可采用聚硅氧烷进行高温降解。聚硅氧烷在 300～400℃ 受热分解的部分产物与表面硅羟基生成聚硅氧烷涂层，达到色谱柱内壁惰化的目的。

6.2.2 固定相涂渍方法

固定相涂渍要求是固定相在毛细管色谱柱内壁上能形成一层厚度均匀、稳定的涂层，一般膜厚为 0.1～0.5μm。固定相涂渍的主要方法有静态涂渍法、动态涂渍法、溶胶-凝胶涂渍法等。

1. 静态涂渍法

静态涂渍法（static coating method）简称静态法，是目前毛细管柱制备最常用的方法。取一定长度的毛细管柱，经适宜预处理后，将一定浓度的固定相溶液（0.2%～2%，质量体积分数）通入柱内。充满后将色谱柱一端密封（防止漏气产生气泡），将另一端接真空泵，在一定温度下使溶剂缓慢挥发去除。这样在毛细管内壁形成固定相涂层。配制固定相溶液常用的溶剂是二氯甲烷，对大多有机类固定相具有较好的溶解性；其沸点较低（41℃），易于去除。采用静态法涂渍毛细管柱的过程中，固定相溶液的脱气和毛细管端口的密封至关重要。如果色谱柱内有气泡存在，在溶剂挥发过程中易引起突沸使涂渍失败。

毛细管柱封口方法各有不同：

（1）可以将毛细管末端插入硅橡胶内封口。切取硅橡胶一片（约为 20mm×5～10mm×5mm），在侧面上先用注射针头（直径依毛细管外径而定，对弹性石英毛细管可选用 4 号针头）扎一个约 10mm 深的小孔。色谱柱内充满固定相溶液后，将氮气压力表关闭，等毛细管两端压力平衡且末端有溶液溢出时，立即将其插入上述硅橡胶片的小孔内 12～15mm 深处，即完成封口。

（2）采用肥皂封口，方法更为简便。色谱柱内充满固定相溶液并流出色谱柱一端口时，将该端毛细管柱插入事先准备好的小块肥皂内，即完成封口。还可以在肥皂外再涂上乳胶以确保密封严实。

（3）采用内径与毛细管柱外径相近的细胶管封口，即将毛细管柱一端强力插入细胶管内的一定深度，将胶管另一端夹紧封严即可。

静态涂渍法制得的色谱柱的液膜厚度（d_f）可根据经验式（6-7）计算得到，即

$$d_f = \frac{dc}{400} \tag{6-7}$$

式中，d_f 为液膜厚度（μm）；d 为毛细管柱内径（μm）；c 为固定相浓度（一般为 0.2%～0.5%，质量体积分数）。最常用的 GC 毛细管柱的内径为 0.25mm。根据所需制备色谱柱的液膜厚度，配成一定浓度的固定相溶液（根据毛细管柱的长度与内径计算出所需固定相溶液的体积）。配制的固定相溶液的体积应大于理论计算的体积。

静态涂渍法过程所需时间较长，但制得的色谱柱的柱效高、重复性好、柱间差异小。本法适于黏度较大的固定相的涂渍。因本法要求溶剂缓慢挥发，制柱时间长，常用于长度在 30m 以内色谱柱的制备。静态涂渍法也可用于难溶性固定相色谱柱的制备。将固定相微粒均匀分散在二氯甲烷或其他适宜的有机溶剂中后，即可按上述方法制备色谱柱。

静态涂渍法是目前应用最广泛的毛细管柱制备方法。下面以离子液体毛细管柱的制备为例说明其应用[5]。截取长度为 10m、内径为 0.25mm 的熔融石英毛细管空柱，采用上述氯化钠微晶沉积法对色谱柱内壁进行粗糙化处理。之后将离子液体固定相［1-（6-羟己基）-3-丁基咪唑-二（三氟甲基）磺酰亚胺盐，HHBIM-NTf$_2$］溶于二氯甲烷中（0.25%，质量体积分数），并用真空泵将其吸入经粗糙化处理的毛细管柱内。将毛细管柱一端封口，在 40℃下从另一端抽真空，使溶剂缓慢挥发去除。然后将毛细管柱在氮气保护下进行老化。老化条件：起始温度 30℃并保持 30min，然后以 1℃/min 的速度升温至 180～250℃并保持 8h。根据经验式（6-7）可以计算出该色谱柱的固定相膜厚约为 0.16μm。需要注意的是，老化温度取决于

固定相的热稳定性，色谱柱初次老化时温度不宜过高，再次老化时可以提高温度。对制得的色谱柱在一定温度下、用不同化合物（如正十二烷、正辛醇、萘、苯等）测定其柱效（每米塔板数），用以评价色谱柱的制备效果。

2. 动态涂渍法

动态涂渍法（dynamic coating method）简称动态法，它的特点是简便、快速，适用于黏度较低的固定相涂渍。本法是先将固定相溶液（浓度一般为 10%～60%，质量体积分数）压入整个色谱柱体积的 1/10～1/5，然后用氮气在一定速度下推动固定相溶液的液柱均匀向前移动，待液柱全部离开柱后，继续通入少量的气流使溶剂挥发完全，使固定相在色谱柱内壁形成涂层。相比静态涂渍法，动态涂渍法制得的色谱柱的固定相涂层厚度难以计算估计，可以通过扫描电镜测定。

动态涂渍法制柱时间短，但对制柱过程的条件控制要求高，否则会影响固定相涂层的均匀性和色谱柱制备的重复性。此外，本法不适于厚涂层色谱柱的制备，可能原因如下：①移动速度不恒定造成涂层厚度不均匀；②毛细管内壁上的固定相易受重力影响向低处流动，造成膜厚不均匀。动态涂渍法也可用于难溶性固定相色谱柱的制备，控制好实验条件，可以制得高柱效色谱柱。

下面以金属有机骨架材料 MIL-101 毛细管柱制备为例说明其制备方法[6]。取毛细管空柱［15m×0.53mm（i.d.）］，依次用 1mol/L NaOH 溶液冲洗 2h，用超纯水冲洗 30min，用 0.1mol/L HCl 溶液冲洗 2h，再用超纯水冲洗至流出液呈中性。然后，将该色谱柱在 150℃、氮气下干燥过夜。在色谱柱的末端连接一段长度为 1m 的缓冲柱（避免液柱近色谱柱末端时移动加速）后，将 0.5mL MIL-101 的乙醇悬浮液（2mg/mL）压入柱内，并使液柱以 40cm/min 的速度移动通过毛细管柱，在内壁上形成固定相涂层。将色谱柱通氮气 2h 后，按照一定程序老化。扫描电镜结果显示，制得的色谱柱固定相的涂层厚度约为 0.40μm。

3. 溶胶-凝胶涂渍法

溶胶-凝胶涂渍法（sol-gel coating method）简称溶胶-凝胶法，基于溶胶-凝胶反应，将常规制柱过程的三个步骤（表面去活、固定相涂渍、固化）合并为一步，缩短了制柱时间，还可有效提高固定相涂层的化学稳定性和热稳定性。本法先将前体、催化剂、固定相、去活剂等按一定浓度混合制备溶胶溶液，再将该溶胶溶液吸入熔融石英毛细管柱内并停留一定时间，然后在一定压力下将溶液排出毛细管柱，通氮气后老化色谱柱。

溶胶-凝胶涂渍法常以甲基三乙氧基硅烷（MTES）、四乙氧基硅烷（TEOS）或四甲氧基硅烷（TMOS）为前体，主要以含端羟基的材料为固定相，三氟乙酸（含 5%水）为催化剂，通过溶胶-凝胶反应在色谱柱内壁形成网状结构。影响色谱柱制备的主要因素包括溶胶前体的组成、催化剂种类及用量、溶液 pH、反应物浓度比、反应时间等。

王东新等[7]采用溶胶-凝胶法，分别以 Ucon75-H-90000（聚乙二醇＋丙二醇）和端羟基聚二甲基硅氧烷（PDMS）为固定相、含氢硅油（PMHS）为去活剂、甲基三甲氧基硅烷（MTMOS）为前体、三氟乙酸（TFA）为催化剂、二氯甲烷为溶剂配制涂渍溶液，采用动态涂渍法制备了聚二甲基硅氧烷溶胶-凝胶毛细管色谱柱 [10m×0.25mm（i.d.）]，固定相液膜厚度约为 0.5μm。本法采用的溶胶溶液的组成及其作用如表 6-3 所示。

表 6-3　溶胶-凝胶涂渍法制备聚硅氧烷色谱柱的溶胶溶液组成

组分名称	作用	结构
甲基三甲氧基硅烷	前体	$CH_3O-Si(CH_3)(OCH_3)-OCH_3$
四甲氧基硅烷	前体	$CH_3O-Si(OCH_3)(OCH_3)-OCH_3$
Ucon75-H-90000	固定相	$HO-(CH_2CH_2O)_m-(CH_2CHO(CH_3))_n-H$
端羟基聚二甲基硅氧烷	固定相	$HO-(Si(CH_3)(CH_3)-O)_n-H$
三氟乙酸/水（95∶5，体积比）	催化剂	CF_3COOH
二氯甲烷	溶剂	CH_2Cl_2
含氢硅油	去活剂	$-Si(CH_3)(H)-O-Si(CH_3)(CH_3)-O-Si(CH_3)(CH_3)-O-Si(CH_3)(H)-$

方法如下：将 0.218g 端羟基 PDMS 和 50mg PMHS 溶于 100μL 二氯甲烷，加入 100μL MTMOS 和 100μL TFA（含 5%水）后涡流混合，离心后移取上清液于样品瓶内，在一定氮气压力（100psi）下将此溶胶溶液吸入毛细管柱 [10m×0.25mm（i.d.）]（色谱柱使用前先用二氯甲烷清洗并在氦气或氮气下干燥）内，在色谱柱内停留 20min 后，在相同氮气压力下将溶液排出色谱柱，并用氮气（100psi）冲洗毛细管柱 30min。然后在程序升温下（起始温度为 40℃，以 1℃/min 的升温速度升至 330℃，并在此温度下保持 5h）老化色谱柱。

溶胶-凝胶反应过程较为复杂，涉及多步反应。前体烷氧基硅烷经过水解、缩聚后形成三维网状凝胶结构，再与毛细管内壁上的硅羟基以及固定相的端羟基进一步缩合形成稳定的网状结构。溶胶-凝胶法制备聚硅氧烷色谱柱过程中可能发生的反应如下[7]：

（1）前体水解（R = 烷基或烷氧基，R′ = 烷基或羟基）

$$
\underset{\displaystyle \overset{R}{\underset{OCH_3}{|}}}{CH_3O\!-\!Si\!-\!OCH_3} + H_2O \xrightarrow{\text{催化剂}} \underset{\displaystyle \underset{OH}{|}}{HO\!-\!\overset{R'}{Si}\!-\!OH} + CH_3OH
$$

（2）水解产物的缩聚

$$
\underset{\displaystyle\overset{OH}{\underset{OH}{|}}}{HO\!-\!Si\!-\!OH} + n\ \underset{\displaystyle\overset{OH}{\underset{OH}{|}}}{HO\!-\!Si\!-\!OH} \longrightarrow HO\!-\!\underset{\displaystyle\overset{O}{\underset{O}{|}}}{Si}\!\left(\!O\!-\!\underset{\displaystyle\overset{O}{\underset{O}{|}}}{Si}\!\right)_{\!n}\!\!O\!-\!
$$

（3）与端羟基 PDMS 分子缩合生成网状结构

$$
-O\!-\!\underset{\overset{O}{\underset{O}{|}}}{Si}\!\left(O\!-\!\underset{\overset{O}{\underset{O}{|}}}{Si}\right)_{\!n}\!OH + OH\!-\!\underset{\overset{CH_3}{\underset{CH_3}{|}}}{Si}\!-\!O\!\left(\!\underset{\overset{CH_3}{\underset{CH_3}{|}}}{Si}\!-\!O\right)_{\!m}\!\underset{\overset{CH_3}{\underset{CH_3}{|}}}{Si}\!-\!OH
$$

$$
\longrightarrow -O\!-\!\underset{\overset{O}{\underset{O}{|}}}{Si}\!\left(O\!-\!\underset{\overset{O}{\underset{O}{|}}}{Si}\right)_{\!n}\!O\!-\!\underset{\overset{CH_3}{\underset{CH_3}{|}}}{Si}\!-\!O\!\left(\!\underset{\overset{CH_3}{\underset{CH_3}{|}}}{Si}\!-\!O\right)_{\!m}\!\underset{\overset{CH_3}{\underset{CH_3}{|}}}{Si}\!-\!OH
$$

$$
\begin{vmatrix}-OH\\-OH\\-OH\end{vmatrix} + HO\!-\!\underset{\overset{O}{\underset{O}{|}}}{Si}\!\left(O\!-\!Si\right)_{\!n}\!O\!-\!\underset{\overset{CH_3}{\underset{CH_3}{|}}}{Si}\!-\!O\!\left(\!\underset{\overset{CH_3}{\underset{CH_3}{|}}}{Si}\!-\!O\right)_{\!m}\!\underset{\overset{CH_3}{\underset{CH_3}{|}}}{Si}\!-\!OH
$$

$$
\longrightarrow \begin{vmatrix}-OH\\-O\\-OH\end{vmatrix}\!-\!\underset{\overset{O}{\underset{O}{|}}}{Si}\!\left(O\!-\!Si\right)_{\!n}\!O\!-\!\underset{\overset{CH_3}{\underset{CH_3}{|}}}{Si}\!-\!O\!\left(\!\underset{\overset{CH_3}{\underset{CH_3}{|}}}{Si}\!-\!O\right)_{\!m}\!\underset{\overset{CH_3}{\underset{CH_3}{|}}}{Si}\!-\!OH
$$

溶胶-凝胶反应后，去活剂含氢硅油可能通过与上述结构中的羟基或固定相残留的端羟基反应起到去活作用（减少可能因羟基引起的拖尾等现象）。本法制得的色谱柱柱效高、惰性好，对脂肪酸、脂肪酸甲酯、醇类、胺类等具有酸碱性或不同极性的化合物具有高分离性能。之后的研究表明，溶胶-凝胶涂渍法制备的色谱柱具有良好的重复性（保留因子、柱效）、柱容量和热稳定性等。Shende 等[8]采用溶胶-凝胶涂渍法制备了聚乙二醇毛细管柱。其溶胶溶液组成及其作用如表 6-4 所示，有二种前体、二种催化剂，去活剂为六甲基二硅氮烷（HMDS）。

表 6-4　溶胶-凝胶涂渍法制备聚乙二醇色谱柱的溶胶溶液组成

组分名称	作用	结构
甲基三甲氧基硅烷（MTMOS）	前体	CH_3O—$\underset{\underset{OCH_3}{\vert}}{\overset{\overset{CH_3}{\vert}}{Si}}$—$OCH_3$
二（三甲氧基硅乙基）苯（BIS）	前体	$(H_3CO)_3SiCH_2CH_2$—〔苯环〕—$CH_2CH_2Si(OCH_3)_3$
PEG1	含一个活性端的 PEG	$H_3CO(CH_2CH_2O)_n(CH_2)_2$—$\underset{\underset{H}{\vert}}{N}$—$\overset{\overset{O}{\parallel}}{C}$—$\underset{\underset{H}{\vert}}{N}$—$(CH_2)_5$—$Si(OC_2H_5)_3$
PEG2	含两个活性端的 PEG	H_5C_2O—$Si(OC_2H_5)_2$—$(CH_2)_3$—N—C—N—$(CH_2CH_2O)_n(CH_2)_2$—N—C—N—$(CH_2)_3$—$Si(OC_2H_5)_2$—OC_2H_5
Carbowax	PEG 固定相	$HO(CH_2CH_2O)_n H$
六甲基二硅氮烷（HMDS）	去活剂	H_3C—$\underset{\underset{H_3C}{\vert}}{\overset{\overset{H_3C}{\vert}}{Si}}$—$\underset{\underset{H}{\vert}}{N}$—$\underset{\underset{CH_3}{\vert}}{\overset{\overset{CH_3}{\vert}}{Si}}$—$CH_3$
三氟乙酸（TFA）	催化剂	CF_3COOH
氟化铵	催化剂	NH_4F

以甲基三甲氧基硅烷（MTMOS）为前体生成的网络结构具有较好的柔韧性，可以避免以四烷氧基硅烷为前体时涂层易开裂的问题。第二个前体为二（三甲氧基硅乙基）苯（BIS），在溶胶-凝胶固定相骨架结构中引入苯环有利于增加固定相涂层的热稳定性。在 BIS 苯环两侧的 2 个—CH_2—有利于溶胶-凝胶网络在刚性增加的同时保持适宜的柔性。

三氟乙酸（TFA）是最常用的溶胶-凝胶反应的催化剂，其 $pK_a = 0.3$。研究发现，$pK_a < 4$ 的羧酸能显著加快反应速率。TFA 能增加凝胶反应速率，缩短制柱时间。

PEG1 和 PEG2 具有两方面的作用：①作为溶胶-凝胶有机-无机杂化固定相；②与游离硅羟基发生化学键合，消除游离硅羟基对色谱分离的影响，惰化色谱柱。溶胶中的 HMDS 也具有两方面的作用：①与涂层中残留的硅羟基反应，去除活性位点（图 6-7）；②作为原位产生氨的前体。氨对生成的溶胶-凝胶涂层的孔径和形貌有着直接的影响。

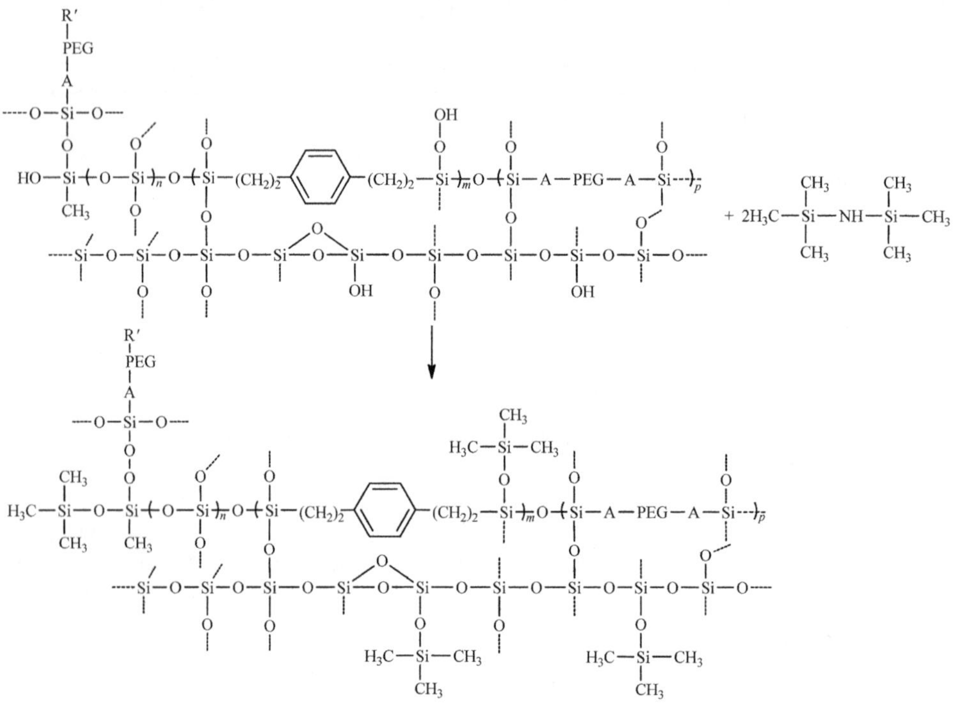

图 6-7　溶胶-凝胶 PEG 涂层中残留硅羟基与 HDMS 的去活反应

我们课题组曾采用溶胶-凝胶涂渍法并结合动态法制备了全乙基-β-CD、全丙基-β-CD、全辛基-β-CD 和 2,6-二苄基-β-CD 等环糊精衍生物毛细管色谱柱[9]。本法缩短了色谱柱的制备时间，柱效较高，对苯系物的位置异构体具有高选择性和分离性能，柱间重复性好。

色谱柱的制备过程如下[9]：

（1）熔融石英毛细管柱前处理：先通入二氯甲烷冲洗毛细管柱，然后通氮气干燥。之后，依次用氢氧化钠溶液（1.0mol/L）清洗毛细管柱 30min，用水清洗 30min，用盐酸溶液（0.1mol/L）中和碱，再用水洗至中性。将毛细管柱在氮气流下 120℃干燥 2h。

（2）固定相的涂渍：采用动态涂渍法，分别将 0.1915g 全乙基-β-CD、0.1421g 全丙基-β-CD、0.1869g 全辛基-β-CD、0.254 6g 2,6-二苄基-β-CD 溶于 0.8mL 二氯甲烷，加入 0.1mL MTEOS 和 0.05mL TFA，涡流混合后离心。移取上清液，将其

通入毛细管柱内并保持一段时间后，用一定压力的氮气将柱内溶液缓慢吹出。然后程序升温老化色谱柱，即将柱温从 50℃以 1℃/min 的速度升至 180℃并保持 6h。对制得的各色谱柱，用正十三烷在一定温度下测定柱效（表 6-5）。需要注意的是，柱效除与固定相本身的理化性质、涂层均匀程度有关外，还与其在色谱柱内壁的形貌有关。如图 6-8 所示，本法制得的色谱柱内壁上的固定相涂层具有明显的沟壑状皱褶形貌，有利于增加固定相涂层的比表面积、提高其分离性能等。

表 6-5　环糊精衍生物溶胶-凝胶色谱柱的柱效

固定相	温度/℃	每米塔板数
全乙基-β-CD	140	3097
全丙基-β-CD	140	3789
全辛基-β-CD	140	3125
2, 6-二苄基-β-CD	120	2560

注：柱长为 10m，内径为 0.25mm。柱效测定采用正十三烷。

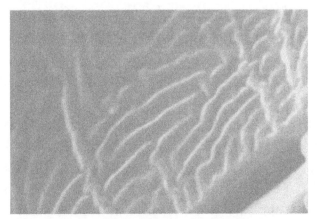

图 6-8　全乙基-β-CD 毛细管柱内壁涂层扫描电镜图（放大倍数为 2000）

溶胶-凝胶涂渍法制备毛细管色谱柱具有以下特点：

（1）方法简便、条件温和、省时、柱效较高。本法将柱内壁表面处理、脱活涂渍及固定相的固载化在一步操作中完成。所需时间约为静态涂渍法的 1/10。

（2）色谱柱间具有良好的重复性。本法简化了色谱柱制备过程，有利于减小柱间差异。

（3）色谱柱具有较高的热稳定性。本法制得的色谱柱固定相涂层具有三维网状结构，涂层与毛细管内壁的键合有利于提高其在柱表面的稳定性。

需注意的是，溶胶-凝胶涂渍法相对于静态涂渍法仍有一定局限性。当探究某分离材料本身的色谱选择性和分离性能时，应以静态涂渍法为首选。因为溶胶-凝胶法中，除固定相外，采用的一些成分（如含氢硅油、硅氧烷等）也具有良好的分离性能。也就是说，溶胶-凝胶色谱柱的分离能力来自于固定相和辅助试剂的综合贡献。这种情况下，需以溶胶-凝胶空白柱作参照，才能客观评价其固定相的实际分离能力。此外，本法要求固定相具有端羟基，使其能参与三维网络生成反应，提高其热稳定性。

6.2.3 毛细管柱的老化

新制备的毛细管色谱柱在使用之前必须经老化处理。色谱柱老化的主要目的：①去除固定相涂层中一些低沸点化合物（如残留溶剂、交联不全或聚合度低的小分子），使固定相涂层稳定；②使固定相涂层更为均匀，掩盖某些活性位点；③提高柱效，增加塔板数；④色谱柱使用一段时间后还需定期进行老化，以去除可能存在的固定相降解物或样品污染物，避免干扰。

色谱柱老化时，柱的一端连接进样口，另一端置于柱箱内（不要连接检测器，避免污染）。色谱柱老化的最高温度应该高于色谱柱最高分析温度的20℃，但不能高于固定相的最高使用温度。老化时应该采用程序升温，采用低升温速率，升至最高温度后一般保持 4～8h。第一次老化结束后，需将待连接检测器的一端毛细管柱截去一小段。安装后查看基线是否正常，必要时还需要二次或多次老化。

6.3 毛细管柱色谱性能的评价

理想的气相色谱柱应具有高柱效、高选择性、高惰性和高热稳定性等性能。为检验和评价色谱柱的这些性能，人们设计了各种实验方法和各种检验混合物（test mixtures）。由于固定相种类多、理化性质各异，对各色谱柱的性能评价和要求也各不相同。因而，很难用某种统一的方法或检验混合物去评价性能迥异的各种色谱柱。在这种情形下，针对某特定固定相的色谱柱，选择合适的客观评价方法更为重要。评价色谱柱常用的检验试剂或混合物一般包括各类化合物（如烷烃、醇、醛、酮、酯、羧酸、酚、胺类等）。其中，Grob 检验混合物（简称 Grob 试剂，表 6-6）最具代表性，是综合评价色谱柱性能和色谱系统性能的诊断试剂。实现该混合物中 12 种组分的基线分离并具良好峰形对色谱柱的综合分离性能具有挑战性。

表 6-6 Grob 试剂的组成

组分	浓度/（mg/L）	组分	浓度/（mg/L）
十二酸甲酯	41.3	壬醛	40
十一酸甲酯	41.8	2,3-丁二醇	53
癸酸甲酯	42.3	2,6-二甲基苯胺	32

续表

组分	浓度/（mg/L）	组分	浓度/（mg/L）
癸烷	28.3	2, 6-二甲基苯酚	32
十一烷	28.7	二环己胺	31.3
1-辛醇	35.5	2-乙基己酸	38

不论采用何种检验混合物，Grob 等提出了色谱柱评价的指导性建议：

（1）色谱柱评价应在一次色谱实验中完成。

（2）所选择的检验混合物应包含各类化合物，以提供综合评价色谱柱的各种必要信息。

（3）比较不同固定相的色谱柱时，应采用相同的方法和条件。

（4）应包含定量方面的信息。

（5）实验条件应该标准化，便于实验结果之间的比较。

通常从以下几个方面评价色谱柱的综合性能：柱效、选择性和分离性能、柱惰性、热稳定性等。

6.3.1　柱效

用理论塔板数或有效塔板数评价色谱柱的柱效。通常用每米塔板数表示，便于不同柱长的色谱柱之间的比较。GC 分析中柱效的测定常采用正构烷烃（如 C_{12} 等）、苯、萘、醇（如辛醇）等化合物，在恒温下测定某化合物在给定色谱柱上的色谱参数（保留时间或调整保留时间、半峰宽或峰底宽等），进而计算得到该色谱柱总的理论塔板数或有效塔板数。总塔板数除以柱长即可得到色谱柱的每米塔板数。对于常规毛细管色谱柱，每米塔板数应在 2000 以上。需要注意的是，用某化合物在一定温度下测定柱效时，化合物的保留因子应大于 4。否则测得的柱效会虚高，不能真实反映实际柱效。

色谱柱柱效可以看作是衡量色谱柱形成尖锐峰的能力。柱效高，色谱峰窄，有利于改善邻近组分的分离。提高色谱柱柱效的途径有：

（1）固定相涂层的均匀性。

（2）减小固定相涂层厚度。

（3）采用小内径的色谱柱。

（4）减小进样量。

（5）选用更长的色谱柱。

6.3.2　选择性和分离性能

色谱柱的选择性和分离性能是评价色谱柱的重要指标，分别采用选择性因子

（α）和分离度（R）来评价。色谱选择性是衡量固定相区分组分间理化性质微小差异的能力；分离度是衡量色谱柱将两相邻色谱峰彼此分离的能力。色谱峰分离的理想状态是基线分离（$R \geqslant 1.5$）。对于组成复杂的样品，难以实现所有组分的基线分离。这种情况下，只要目标组分的分离符合相关测定要求即可。

需要注意的是，基于色谱分离基本关系式（2-35），分离度的大小取决于三方面的因素，即柱效、选择性因子和保留因子。这些参数对分离度的影响程度各不相同。在 GC 分析中，优化相应的色谱条件有利于提高分离度。

6.3.3　柱惰性

毛细管柱的活性主要是指固定相和毛细管内壁的硅羟基对组分的吸附或与极性组分形成氢键对组分分离和色谱峰对称性的影响。此外，毛细管表面存在的微量金属氧化物因其酸碱活性也可能引起吸附。如果色谱柱在分离一些易被吸附组分（如醇、羧酸、胺、酚等）时，出现以下现象：色谱峰拖尾、变形、响应值降低、不出峰等，表明色谱柱存在吸附活性位点，柱惰性低。

Grob 试剂中的各组分具有不同的检验目的和功能。其中，对色谱柱活性位点高度敏感的组分（如 2,3-丁二醇、2-乙基己酸、二环己胺等）用于检验色谱柱的惰性（是否存在活性吸附位点）。2,3-丁二醇对色谱柱内壁活性位点比较敏感，易出现拖尾峰。2,6-二甲基苯胺（DMA）和 2,6-二甲基苯酚（DMP）的峰面积的比值可用于评价色谱柱的酸碱性。若 $A_{DMP}/A_{DMA} > 1$，表明色谱柱呈酸性；若 $A_{DMP}/A_{DMA} < 1$，表明色谱柱呈碱性。相比上述组分，2-乙基己酸和二环己胺对柱内活性位点高度敏感，极易出现拖尾峰或变形峰，对色谱柱惰性要求更高。当这些组分的色谱峰对称性良好、响应值正常时，表明测定的色谱柱没有明显的吸附活性位点，柱惰性高。高惰性色谱柱可用于各类样品中酸碱性组分的直接分离，不需进行衍生化，对于实际样品的分析测定具有重要价值。

6.3.4　热稳定性

GC 色谱柱通常在高温下使用，应具有良好的热稳定性，以保证样品测定的重复性、延长色谱柱使用周期、防止检测器污染等。色谱柱的热稳定性取决于多方面因素，包括固定相本身的热稳定性、柱表面惰性、制柱方法等。一般情况下，非极性固定相色谱柱的热稳定性高于极性固定相色谱柱。例如，聚硅氧烷类色谱柱的最高使用温度可高达 350℃左右，而 PEG 类色谱柱的最高使用温度为 260℃左右。色谱柱制备时，将色谱柱内壁进行预处理，增加固定相在内表面的稳定性；或使固定相进行交联或聚合，均有利于提高色谱柱的热稳定性。

GC 色谱柱热稳定性的评价有多种方法，可以根据固定相的种类、色谱柱分析测定要求等选择采用。Schomburg 等建议基于一些色谱参数的变化程度来评价色谱柱的热稳定性。在长时间高温操作下，热稳定性好的色谱柱应具有以下特性：

（1）保留因子（k）不应有明显的降低（说明固定相没有明显流失或降解）。

（2）色谱柱的柱效（每米塔板数）应基本不变（说明固定相涂层稳定）。

（3）背景信号仍保持在一定水平，没有明显增加（说明固定相涂层没有明显的降解）。

（4）对于非极性固定相，其色谱柱对极性组分的吸附仍保持稳定。在高温下测定时，极性组分色谱峰的对称性及其分离不应有明显的变化。

测定色谱柱的流失曲线（column bleed profile）是评价色谱柱热稳定性的方法之一。流失曲线是指色谱柱在程序升温条件下，基线随柱温升高而漂升的曲线（图 6-9）。测定方法是在给定的仪器灵敏度及色谱操作条件下（包括仪器衰减因数、记录器灵敏度、载气流速、氢气和空气流量、尾吹气流量、程序升温速率等），以一定的程序升温速率，从较低温度（如 100℃）升到固定相所允许的最高使用温度，测得色谱柱流失曲线。通过确定与曲线明显升高点所对应的温度，来判定色谱柱的耐热温度及其热稳定性。例如，从图 6-9 中不同色谱柱的流失曲线可见，采用适宜的固定相涂层厚度、交联和键合固定相等均能提高色谱柱的热稳定性。

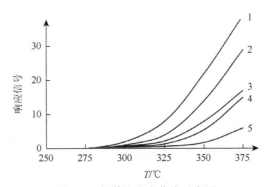

图 6-9　色谱柱流失曲线示意图

1. 聚甲基硅氧烷（SE-30），$d_f = 0.3\mu m$；2. 键合聚甲基硅氧烷，$d_f = 0.72\mu m$；3. 键合聚甲基硅氧烷，$d_f = 0.35\mu m$；4. 聚甲基硅氧烷（SE-30），$d_f = 0.12\mu m$；5. 键合并交联聚甲基硅氧烷，$d_f = 0.35\mu m$

用流失曲线评价色谱柱热稳定性时，需要注意以下问题：

（1）色谱柱固定相流失程度受多方面因素的影响，与固定相涂层厚度、色谱柱规格、载气流速以及色谱条件等因素有关。

（2）流失曲线的测定对色谱柱固定相涂层具有破坏性，不能再用于色谱测定。测定前需考虑色谱柱的成本和应用要求。

（3）流失曲线上显示的固定相流失温度不能混同于色谱柱的最高使用温度。固定相的部分流失就会对样品组分的色谱参数产生明显的影响。色谱柱的最高使用温度应低于流失温度。

基于流失曲线测定的色谱柱热稳定性温度，不能确定在该温度下色谱柱是否仍具有良好的分离性能。为满足实际分析应用的需要，色谱柱热稳定性的评价应同时兼顾其分离性能。为此，可以采用下述方法评价色谱柱的热稳定性，即考察色谱柱老化温度对组分的保留参数和分离参数的影响。将色谱柱升温至一定温度并老化一定时间后，分离测定某混合物，记录色谱参数（保留时间、保留因子、选择性因子、分离度等）。然后依次不断提高老化温度，测定相关参数。将不同老化温度对相应的色谱参数作图。根据保留参数和分离参数随老化温度变化的程度，确定色谱柱的热稳定性。如果色谱柱在某老化温度以下的范围内，各组分的保留值和分离度基本不变，则该温度即可确定为色谱柱的最高操作温度。

6.4　毛细管柱气相色谱条件的选择

影响毛细管柱气相色谱分离性能的主要因素有色谱柱（包括固定相性质、涂层厚度、相比、柱长、柱内径、柱效等）、载气（种类、流速）、柱温等。

6.4.1　色谱柱的选择

1. 固定相性质

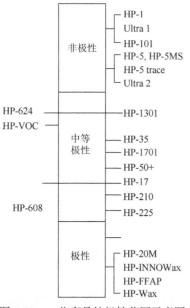

图 6-10　一些商品柱极性范围示意图

选择色谱柱时首先考虑固定相的色谱选择性。在实际应用中，色谱柱选择主要依据"相似相溶"的原则（参见 5.5.2 节）。其中"相似"的概念比较宽泛，涉及极性、分子作用或分子结构等。通常，人们依据样品组分或目标组分的极性选择极性相近的固定相色谱柱进行分析测定。常用的商品柱都有相关数据可供色谱柱选择参考。一些商品柱的极性范围如图 6-10 所示，该范围也可供具有相同或相近固定相的其他商品柱参考。针对被分离组分的性质，选择高选择性固定相色谱柱是实现组分分离的关键。此外，还需根据样品分析要求，选择高热稳定性和惰性的色谱柱（参见 6.3 节）。

为满足日常分析测定的需求，气相色谱实验室可以常备 4 种不同性质固定相的色谱柱，即弱极性、中等极性、强极性色谱柱，用于分析 90%以上的 GC 样品；PLOT 色谱柱，用于分析永久气体和轻烃。

2. 涂层厚度和相比

增加固定相涂层厚度有利于增大柱容量，但可能引起色谱峰展宽、分离度下降、固定相易流失等。常用商品毛细管柱的涂层厚度为 0.10～0.30μm（常用为 0.25μm）。测定高挥发性组分时，常选择更厚涂层的色谱柱。

毛细管柱的相比 β 与色谱柱的半径和涂层厚度有关［式（2-12）］。在温度一定时，色谱柱相比 β 降低，组分保留增加。因而，改变色谱柱的相比，组分保留时间随之改变。对于不同半径和涂层厚度的色谱柱，只要相比相等或相近，在相同色谱条件下，组分的保留时间相近。色谱柱的相比与柱内径及固定相涂层厚度的关系如表 6-7 所示。例如，对于内径为 0.25mm 的毛细管柱，当涂层厚度为 0.10μm 时，相比为 625；当涂层厚度为 0.25μm 时，相比为 250。

表 6-7　色谱柱相比与柱内径及固定相涂层厚度的关系

涂层厚度/μm	柱内径/mm					
	0.10	0.18	0.25	0.32	0.45	0.53
0.10	250	450	625	800	1130	1325
0.25	100	180	250	320	450	530
0.50	50	90	125	160	225	265
1.0	25	45	63	80	112	128
3.0	17	30	21	27	38	43
5.0	5	9	13	16	23	27

3. 柱长和柱内径

分离度与柱长的平方成正比，适当增加柱长有利于提高分离度（图 6-11、图 6-12）。但需注意的是，柱长增加会延长组分的保留时间，增加分析时间；同时易引起色谱峰展宽，使得分离度改善不明显。此外，柱长的增加还会明显增加分析测定的成本。色谱柱柱长选择的一般原则是：在满足基线分离的前提下，尽可能选用较短的色谱柱，有利于缩短分析时间，提高分析效率。

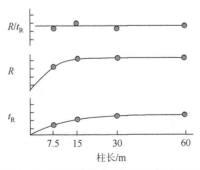

图 6-11　柱长与保留时间和分离度关系示意图

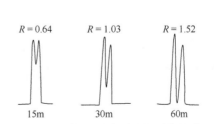

图 6-12　色谱柱柱长与分离度关系示意图

毛细管柱内径的增加有利于增加色谱柱容量、减小传质阻力，但可能对分离度有一定的影响。色谱柱内径、涂层厚度与柱容量的关系如表 6-8 所示。GC 分析中，最常用的是内径为 0.25mm 的毛细管柱。在保证一定分离度的前提下，适当增加涂层厚度有利于增加柱容量。

表 6-8　柱容量与柱内径和固定相涂层厚度的关系

柱内径/mm	涂层厚度/μm	柱容量/ng
0.25	0.15	60～70
	0.25	100～150
	0.50	200～250
	1.0	350～400
0.32	0.25	150～200
	0.50	250～300
	1.0	400～500
	3.0	1200～1500
0.53	1.0	1000～1200
	1.5	1400～1600
	3.0	3000～3500
	5.0	5000～6000

资料来源：1994-1995 J&W Scientific Catalog。

例 6-1　在长度为 1m 的某色谱柱上，测得两组分的分离度为 0.68。若使组分达到基线分离（$R=1.5$），柱长至少应为多少？

解　由

$$\left(\frac{R_1}{R_2}\right)^2 = \frac{n_1}{n_2} = \frac{L_1}{L_2}$$

得

$$L_2 = L_1\left(\frac{R_2}{R_1}\right)^2 = 1\times\left(\frac{1.5}{0.68}\right)^2 \approx 5(\text{m})$$

即在其他操作条件不变时，色谱柱柱长理论上应至少 5m 才可能使两组分达到基线分离。

4. 柱效

根据色谱分离度基本关系式［式（2-35）］，柱效对分离度有影响。因此，选择高柱效色谱柱有利于提高组分色谱峰的分离度。

6.4.2　载气的选择

载气的选择主要考虑载气种类及其流速对柱效、分离度的影响和检测器对载气的要求。

由速率方程可知，载气流速较小时，采用分子量大的载气（如氮气）可减小组分的纵向扩散，提高柱效，进而改善分离度。载气流速较大时，传质阻力项起主要作用，此时采用分子量较小的载气（如氢气、氦气）有利于减小传质阻力，提高柱效。通过测定 $H\text{-}u$ 曲线（van Deemter 曲线），可确定与最小塔板高度对应的流速（也称最佳流速）。在最佳流速时，色谱柱的柱效最高。在实际应用中，载气流速可以适当高于最佳流速，以缩短分析时间。只要选定流速下的柱效能满足组分分离要求即可。载气种类和流速与理论塔板数的关系如图 6-13 所示。

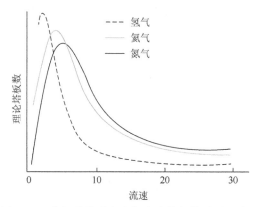

图 6-13　载气种类及流速与理论塔板数关系示意图

此外，载气的选择还要考虑检测器对载气的要求。例如，TCD 采用热导系数较大的氦气或氢气，有利于提高检测灵敏度；FID 则首选氮气。选择载气时，还应综合考虑载气的安全性、经济性及来源等因素。常用载气有氦气、氮气和氢气，考虑安全因素，其中氦气、氮气最常用。

6.4.3　柱温的选择

柱温 T 与组分的保留因子 k 成反比（$k \propto 1/T$），对组分的保留及分离有直接的影响。柱温选择的一般原则是：在使目标组分的峰形和分离度满足分析测定要求的前提下，尽量采取较低的柱温，有利于减少固定相的流失，延长色谱柱的使用时间。

柱温的选择范围应在色谱柱的最低使用温度与最高使用温度之间。提高柱温可增加组分传质速度，有利于降低塔板高度，改善柱效；但同时也会加剧纵向扩散，降低柱效。通常，柱温升高，组分的保留时间缩短，保留因子 k 减小；色谱峰变窄变高，柱效增加。但柱温升高会明显缩短低沸点组分的保留时间，色谱峰易出现重叠（同流出），影响分离。对低沸点组分，降低柱温在一定程度上可改善分离度，但会增加组分的扩散，使色谱峰展宽。

降低柱温可增加组分的保留时间，在一定程度内改善性质相近组分的分离。但需注意的是，组分保留时间增加的同时，两组分的峰宽也增加。当后者的增加速率大于前者时，两组分峰的交叠可能变得更为严重。

柱温一般选择在接近或略低于组分平均沸点的温度。温度控制可以采用恒温（isothermal）和程序升温（temperature-programmed）两种方式。恒温分析是指在整个分析过程中，柱温保持不变。恒温分析时，后流出组分的色谱峰会出现明显展宽。程序升温分析指在一个分析周期内，柱温按设定程序由低温向高温做线性或非线性变化，有利于在短时间内对样品中不同沸点或性质的组分进行分离。单阶和多阶程序升温设定示意图如图 6-14 所示。目前，对于组成复杂、组分沸点范围宽（＞100℃）的样品，大多采用程序升温的方式进行分离。

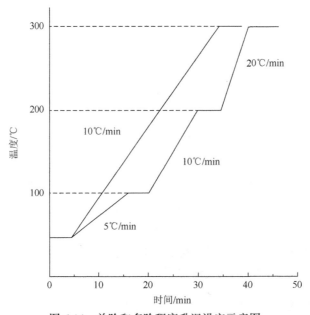

图 6-14　单阶和多阶程序升温设定示意图

采用程序升温对复杂样品组分进行分离时，开始时柱温较低，有利于低沸点组分的分离；随着温度的增加，沸点较高的组分随之依次流出和分离。采用程序升温可以改善复杂样品组分的分离效果，改善后流出组分色谱峰的对称性并使色谱峰变尖锐，并且大大缩短分析时间。例如，分别采用恒温和程序升温两种方式，对正构烷烃混合物（$C_6 \sim C_{21}$）进行 GC 测定（图 6-15）。可以看到，程序升温方式在分离效果、峰形和分析时间等方面都表现明显的优势。

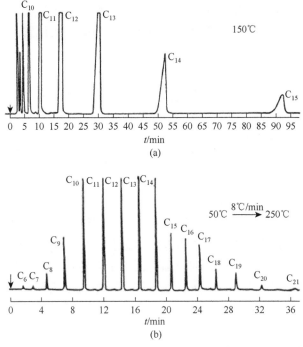

图 6-15　恒温（a）和程序升温（b）下 GC 测定正构烷烃混合物

6.4.4　其他操作条件

　　其他操作条件（如气化温度、进样方式、进样量等）也会对 GC 分析产生影响。气化温度的设定一般高于色谱柱操作温度 30～50℃。需要注意的是，气化温度过高可能使样品中热稳定性低的组分分解，使测得的色谱图并不是原样品组分的色谱图，会直接影响样品组分测定结果的准确性。

　　进样时，常用微量注射器的规格有 0.5μL、1.0μL、5.0μL、10.0μL 等。需根据进样体积选择合适的注射器，保证进样的准确性和重复性。进样量应控制在柱容量允许范围内及检测器线性检测范围之内，避免超载。手动进样时要求取样准确、进样速率快并且每次进样速率尽量一致。进样速率慢会增加色谱峰的峰宽（图 6-16）。此外，进样时要注意减少进样歧视效应。该效应是指注射器针尖插入进样口

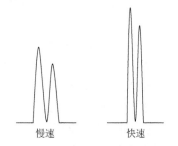

图 6-16　进样速度对峰宽影响示意图

后，样品中不同沸点组分的气化时间不同步（先后气化）而产生的影响。低沸点的溶剂和易挥发组分先气化，高沸点组分后气化。由此引起样品组分进入色谱柱的时间不一致，进而影响组分定性和定量分析的准确性和重复性。在衬管内填加

少量经硅烷化处理的石英棉有助于组分的快速气化，避免进样时的歧视效应。石英棉通常放在衬管中部偏下的位置，略低于注射器针尖的位置。气体样品应采用气体进样阀进样。

6.5　气相色谱分析注意事项

6.5.1　日常分析注意事项

Grob 等对气相色谱分析提出了一些实用的建议[10]，可供参考：

（1）定期更换隔垫以避免样品的损失、泄漏、出现鬼峰和色谱柱固定相降解等。隔垫选择要注意其使用温度范围。

（2）样品瓶的隔垫材料要适合待分析的样品、使用的自动进样器和仪器系统。

（3）如果分析方法中未明确指出进样口温度，可先选用 250℃作为初始温度。

（4）使用高纯度气体；定期对仪器检漏，定期检查气瓶压力。当气瓶压力低于 200psi 时，须更换气瓶以防止非挥发性物质进入色谱仪气路。使用适宜级别的压力调节阀和气体净化器。

（5）色谱柱加热前须通入高纯载气（不含氧气、湿气）15～30min，以除去柱内可能存在的空气。

（6）在使难分离物质对得到良好分离的前提下，尽量选择低极性的色谱柱。一般情况下，色谱柱的极性越大，其最高使用温度越低，热稳定性越低。

（7）低流失色谱柱具有良好的固定相涂层稳定性，并能最大限度减少 FID 或其他检测器中含硅沉积物。

（8）在载气线路中连接除氧过滤器，可以延长极性色谱柱的使用寿命。

（9）色谱柱插入石墨密封垫圈后，须在色谱柱两端各截取一小段色谱柱。色谱柱切割后，须用显微镜检查新切割的色谱柱端口截面，截面应整齐平整。

（10）当使用溶剂聚焦出现问题或不分流条件下先流出的色谱峰变宽或变形时，可考虑使用固定相涂层较厚的色谱柱。

（11）定期检查、更换进样口衬管。衬管不洁净会使色谱峰的峰形变差，还会出现活性吸附等问题。

（12）根据进样方式选择合适的衬管；衬管的内径要与溶剂沸点、溶剂膨胀体积和进样体积等相匹配。

（13）色谱峰发生变形时，要先检查衬管，必要时重新对其进行惰性化处理或更换；安装色谱柱前，在进样口一端截去一段约 0.5m 长的色谱柱。

（14）使用新的色谱柱或进样器或检测器部件时，须更换新的密封垫。

（15）检查密封垫是否有裂缝或损坏，尤其是已使用的密封垫。

（16）色谱柱的拆卸须等柱温降至室温或常压时才能进行。色谱柱受热或有载气通过时不能拆卸色谱柱。

（17）色谱柱老化温度可以比分析温度上限高 20℃，或者采用色谱柱生产厂家推荐的最高使用温度。

（18）毛细管柱存放时，须用隔垫封住色谱柱两端；在安装前，需在两端各截去至少 3cm。填充柱存放时，须用螺帽封住两端以防空气和灰尘颗粒进入柱内。将色谱柱存放在包装盒内安全保管。

（19）当将色谱柱插入 FID 喷嘴内时，注意色谱柱插入深度。避免色谱柱进入火焰内，否则会破坏毛细管柱外表面的聚酰亚胺涂层及柱内的固定相。

（20）FID 的温度须比分析测定的最高柱温高 20℃。FID 推荐使用的温度为 250℃，最低温度不能低于 120℃。

（21）为保证 FID 的灵敏度，空气流速应比氢气流速高 10 倍。氢气流速与载气和补气的流速之和的比值应接近 1。

（22）在仪器系统维护期间更换密封垫圈和 O 形圈。

（23）从长远看，常规性、低成本的维护有助于节省时间和费用。实时更新仪器操作日志（logbook）。

（24）需更换多个仪器配件时，记住每次只更换一个。这样在更换新配件后，一旦出现问题，便于查找原因。

除上述建议之外，Grob 等还列出了在气相色谱分析中需要常规监控的一些参数或注意事项：

（1）气体压力。

（2）载气的平均线速度。

（3）检测器气体流速、分流器气体流速、隔垫吹扫气体流速。

（4）检测器范围和衰减。

（5）所有温度控制（进样口、色谱柱、检测器等）。

（6）检查所有气体管线和气体过滤器的清洁程度，同时检查所有气体过滤器的失效期。

（7）对整台仪器系统进行定期检漏。

（8）监控样品和标准品的浓度、储存期和溶剂的纯度。

（9）适量地储备一些隔垫、O 形圈、衬管和密封垫圈等。

（10）时常对注射器是否漏液、干净程度进行检查。要保持注射器针尖锋利，自动进样器的注射器也要时常更换。

（11）监测所有分析测定过程中的基线，及时发现仪器系统可能出现的问题。

6.5.2　色谱柱安装使用注意事项

拆卸和安装色谱柱是 GC 分析测定中的常规操作。正确操作色谱柱是保障色谱分析正常进行的基本前提。

色谱柱安装操作步骤及注意事项：

（1）检查气体过滤器、载气、进样垫和衬管等，保证辅助气和检测器用气体的畅通。在分析测定基质复杂的样品或含有吸附活性组分的样品后，需对进样口衬管进行清洗或更换。

（2）将螺母和密封垫安装在色谱柱上，并使色谱柱两端口截面平整。

（3）将色谱柱插入进样口内一定深度（按照所用仪器操作要求）。合适的插入位置能最大限度地保证测定结果的重复性。一般情况下，进样针插入的位置在衬管中部附近。插入时，应避免挤压弯曲毛细管柱及标记牌等有锋利边缘的物品与毛细柱接触摩擦，防止色谱柱受损断裂。将色谱柱正确插入后，用手拧紧螺母，再用扳手多拧 1/4～1/2 圈，保证色谱柱安装的密封程度。

将进样口一端的色谱柱安装好后，将色谱柱另一端出口插入装有己烷的样品瓶内。如果瓶内出现稳定持续的气泡，表明载气气路通畅，安装良好。如果没有气泡，需重新检查载气装置和流量控制器等是否正确设置，并检查整个气路有无泄漏。检查合格后，将色谱柱出口从样品瓶中取出，保证柱端口无溶剂残留后，再进行下一步的安装。

（4）将色谱柱另一端出口插入检测器内，插入深度按照所用仪器操作要求进行。对于 FID，插入深度一般位于氢火焰的下方。插入深度不足时，不利于组分的离子化；过深时，氢火焰会破坏毛细管柱外表面的聚酰亚胺涂层及柱内的固定相，并产生高噪声。

（5）在色谱柱升温前，需检查载气流量或流速。如果不通入载气就加热色谱柱，可能会损坏色谱柱。

（6）色谱柱老化时，不能连接检测器，避免污染检测器。

（7）在色谱柱老化完成后，利用程序升温做一次空白试验。通常，以 10℃/min 从 50℃升至最高使用温度，并保持 10min。空白试验的色谱图可留作后期实验的参考。正常情况下，空白试验的色谱图中除溶剂外不应有其他色谱峰出现。如果出现了色谱峰，通常可能是从进样口带来的污染物。在后期使用中，如果在很低的温度下，基线信号值明显大于初始空白实验值，就有可能是色谱柱和色谱系统有污染。

气相色谱柱在日常使用中还应注意以下事项：

（1）按要求安装色谱柱，接头不要拧得过紧，以免损坏色谱柱。

（2）新购买的色谱柱在分析样品前先测试柱性能是否合格。

（3）新安装的色谱柱在进样前要进行老化，直至基线稳定。

（4）关机前应将柱温箱温度降到 50℃以下，然后关电源和载气。

（5）色谱柱卸下后，柱两端应采用硅橡胶或进样垫封住，并放在色谱柱盒内以免柱头被污染；安装时要将色谱柱的两端截去少许，保证没有进样垫的碎屑残留于柱中。

（6）仪器有过温保护功能时，最好设定保护温度，以确保柱箱温度不超过色谱柱的最高使用温度。

（7）使用高纯度载气，避免杂质干扰并保持色谱柱固定相的稳定性。

还需特别注意：当空气中氢气的含量为 4%～10% 时有爆炸的危险。所以一定要保证氢气使用中的安全性，实验室要有良好的通风系统。

6.6　应用示例

毛细管柱气相色谱法在环境、石油、化工、食品、生物、医药、体育、法医检测等领域都有广泛的应用（表 6-9）。下面分别以药物中残留溶剂、血液中乙醇、食品塑料包装中增塑剂、尿样中兴奋剂、蔬菜中农药残留、空气和废气中环境污染物、常见食品添加剂、葡萄酒中乙醛和糠醛等测定为例说明毛细管柱气相色谱法的应用。

表 6-9　毛细管柱气相色谱法在各领域的应用

应用领域	示例
环境	饮用水中的溶解物，水和土壤中农药残留，空气污染物，工业污染物，汽车尾气等
石油	原油成分、汽油中各种烷烃、芳香烃等
化工	燃料中的烃类，化妆品添加剂，溶剂，增塑剂等
食品	植物精油中各种烯烃、醇和酯、亚硝胺，食品添加剂，水果、蔬菜中农药残留，饮料中醇类等
生物	植物中萜类，微生物中胺类、脂肪酸类、脂肪酸酯类等
医药	药物中残留溶剂，中药材挥发油等
体育	体液和组织中的滥用药物及其代谢物、兴奋剂等
法医检测	血液中乙醇、毒品及其代谢物等

6.6.1　药物中残留溶剂的检测

药物中的残留溶剂是指原料药、药物制剂、制剂辅料等产品中含有的少量在生产中采用的溶剂或产生的有机挥发物。相关产品须按照相关要求检测残留溶剂，以符合药品质量控制要求。

顶空进样-毛细管柱气相色谱法常用于药物残留溶剂的检测。例如，依西美坦原料药中可能存在的残留溶剂有环己烷、四氢呋喃、乙酸乙酯、甲醇、二氯甲烷、乙醇、氯仿、甲苯、二氧六环等，需对这些可能存在的溶剂残留进行检测[11]。

测定条件：聚乙二醇毛细管柱（30m×0.53mm×1.0μm）；载气为氮气，流速为 1.5mL/min；检测器为 FID，温度为 230℃；进样口温度为 200℃；程序升温（初始温度 30℃保持 20min，以 20℃/min 升至 200℃，保持 7min）；以 *N*-甲基吡咯烷酮为溶剂，正丁醇为内标物；分流比为 1∶1。

顶空进样：分别精密量取有机溶剂混标溶液和样品溶液 2mL，置于 10mL 顶空瓶中，80℃恒温振荡 20min，进样体积为 1mL。有机溶剂混标溶液的气相色谱图和依西美坦原料药中残留溶剂的气相色谱图分别如图 6-17 和图 6-18 所示。由图可见，在给定的色谱条件下，各溶剂色谱峰均得到良好分离。结果表明，本法的准确度、灵敏度等符合测定要求，可用于该原料药中有机溶剂残留量的检测。

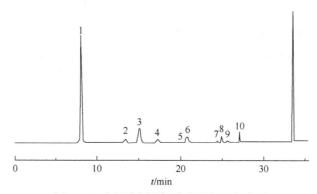

图 6-17　有机溶剂混标溶液的气相色谱图

色谱峰：1. 环己烷；2. 四氢呋喃；3. 乙酸乙酯；4. 甲醇；5. 二氯甲烷；6. 乙醇；
7. 氯仿；8. 甲苯；9. 二氧六环；10. 正丁醇（内标）

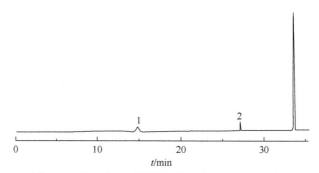

图 6-18　依西美坦原料药中残留溶剂的气相色谱图

色谱峰：1. 乙酸乙酯；2. 正丁醇（内标）

6.6.2　血液中乙醇浓度的检测

饮酒甚至醉酒驾车具有重大交通安全隐患。近年来，交通部门加大了整治力度。现场乙醇测试仪测定快速，但因无法保存样品，事后无法提供证据。血液中乙醇含量的快速准确测定，既可提供准确含量，同时可以保留样品为交警执法提供证据。

顶空气相色谱法是检测血醇浓度的常用方法，常采用内标法进行测定。例如，以叔丁醇为内标，采用顶空进样、FID 进行检测，同时平行测定乙醇标准溶液。用相对保留时间进行定性，用乙醇与内标物的峰面积比进行定量，对未知血液样品中乙醇进行定性、定量分析。也可采用外标法进行测定。

6.6.3　食品塑料包装中增塑剂的检测

邻苯二甲酸酯类（phthalates，PAEs）常用作塑料制品的增塑剂，用以增加产品的可塑性和柔韧性。塑料作为食品包装广泛应用于人们的日常生活中，例如，保鲜膜、食品袋等。但用含 PAEs 的保鲜膜（如 PVC）包装含油脂较多的食品（如肉类、熟食等）时，塑料中的增塑剂可能会溶入食品内，污染食品。放入加热的食品也会有影响。

采用毛细管柱气相色谱法对食品塑料包装材料中的增塑剂进行测定[12]。塑料包装样品经正己烷索氏提取后，用硅胶小柱净化浓缩后进行气相色谱测定。色谱条件：毛细管柱 HP-5（30m×0.32mm×0.25μm）；进样口温度为 270℃；检测器为 FID，温度为 300℃；程序升温（150℃保持 3min，以 15℃/min 升至 300℃，保持 4min）；载气为氮气，流速为 1.0mL/min；尾吹气（氮气）流速为 30mL/min；氢气流速为 40mL/min；空气流速为 450mL/min。进样体积为 1μL；分流比为 5：1。测得的 13 种增塑剂的气相色谱图如图 6-19 所示。本法测得的增塑剂加标回收率为 90%～116%，相对标准偏差（RSD）小于 5.0%，检测限为 0.005～0.030mg/L。

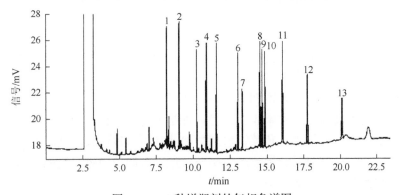

图 6-19　13 种增塑剂的气相色谱图

色谱峰：1. 邻苯二甲酸二甲酯（DMP）；2.邻苯二甲酸二乙酯（DEP）；3. 邻苯二甲酸二丙酯（DnPP）；4. 邻苯二甲酸二异丁酯（DIBP）；5. 邻苯二甲酸二丁酯（DBP）；6. 邻苯二甲酸二戊酯（DAP）；7. 双酚 A（BPA）；8. 邻苯二甲酸二己酯（DHP）；9. 邻苯二甲酸丁基苯基酯（BBP）；10. 己二酸二乙基己酯（DEHA）；11. 邻苯二甲酸二（2-乙基己基）酯（DEHP）；12. 邻苯二甲酸二辛酯（DOP）；13. 邻苯二甲酸二壬酯（DNP）

6.6.4　尿样中兴奋剂的检测

刺激剂、麻醉剂、抗雌激素是竞技体育中常用的兴奋剂，属违禁药物。采用毛细管柱气相色谱法，可以不经衍生化直接测定尿样中甲基麻黄碱、哌替啶、美沙酮、他莫昔芬、芬太尼等[13]。采用液-液萃取对样品进行前处理后，利用被测物与内标物的峰面积比进行定量分析。

色谱条件：HP-5 石英毛细管柱（30m×0.32mm×0.25μm）；载气为氮气，流速为 1.3mL/min；进样口温度为 280℃；检测器为 NPD，温度为 340℃；程序升温（85℃保持 1min，以 5℃/min 升至 130℃，保持 10min，再以 20℃/min 升至 280℃，保持 5min）；

尾吹气（氮气）流速为 30mL/min；氢气流速为 3.0mL/min；空气流速为 60mL/min。进样体积为 1.0μL；不分流进样。加标尿样的气相色谱图如图 6-20 所示。5 种兴奋剂的尿样加标回收率为 75.8%～118.2%，RSD 小于 17.2%，检测限为 0.007～0.015mg/L。

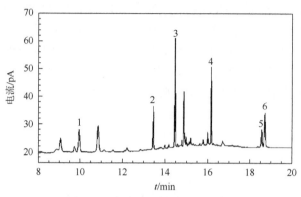

图 6-20　加标尿样的气相色谱图

色谱峰：1. 甲基麻黄碱；2. 二苯胺（内标）；3. 哌替啶；4. 美沙酮；5. 他莫昔芬；6. 芬太尼

6.6.5　蔬菜中农药残留的检测

农药残留是目前人们最为关注同时也是较为严重的食品安全问题之一。资料显示，我国农药年用量为 80 万吨～100 万吨，主要用于农作物、果树、花卉植物等。有些农药性质稳定、残留期长，一旦造成污染便很难消除。农药残留有两种形式，一是附着在蔬菜、水果表面；另一种是植物在生长过程中，土壤中残留的农药或喷洒的农药直接进入蔬菜、水果的根茎叶中。残留农药进入人体后会在人体内蓄积，超过一定量后会导致产生疾病，危害人们的健康。气相色谱法是目前农药残留检测常用的方法之一。

采用固相萃取毛细管柱气相色谱（SPE-CGC）法可以对蔬菜中有机氯类和拟除虫菊酯类农药残留进行测定[14]。例如，将黄瓜等样品捣碎并经匀浆处理后，用正己烷进行超声提取，然后用弗罗里硅土固相萃取小柱净化提取物。采用 DB-35MS 弹性石英毛细管柱分离样品，电子捕获检测器检测。测得的农药标准溶液的气相色谱图如图 6-21 所示。样品加标回收率为 76.0%～110.1%，相对标准偏差为 0.81%～3.3%，最低检测限为 0.03～2.06μg/kg。

6.6.6　空气和废气中环境污染物的检测

环境污染物是指那些进入环境后使环境的正常组成和性质发生改变并对环境产生直接或间接不利影响的物质。环境污染物可分为大气污染物、水体污染物、土壤污染物等。大气污染物主要有二氧化硫、氮氧化物、粒状污染物、酸雨等；水体污染物主要有氨氮、石油类、挥发酚、汞和氰化物等；土壤污染物主要有重金属、放射性物质、农药及危害人畜健康的病原微生物等物质。

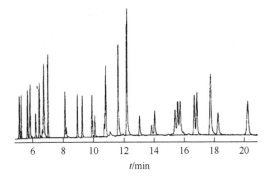

图 6-21　农药标准溶液的 GC 色谱图

空气和废气中常见的污染物包括苯、甲苯、乙苯、二甲苯、丙酮、正丁醇、苯乙烯和环己酮等有机物。可以采用活性炭吸附、二硫化碳解析后，用毛细管柱气相色谱法进行测定[15]。

色谱条件：DB-FFAP 毛细管柱（30m×0.32mm×0.25μm）；进样口温度为200℃；检测器为 FID，温度为 250℃；载气为氮气；柱流量采用电子流量程序（EPC）控制：0.4mL/min（1.5min）$\xrightarrow{10\text{mL/min}}$ 3.0mL/min（8.0min），分流比为 10∶1。氢气流速为 35mL/min，空气流速为 300mL/min。程序升温：45℃（3.0min）$\xrightarrow{10℃/min}$ 55℃（1.5min）$\xrightarrow{20℃/min}$ 90℃（1.0min）$\xrightarrow{40℃/min}$ 130℃（1.0min）。各有机物的混合标准溶液的 GC 色谱图如图 6-22 所示。

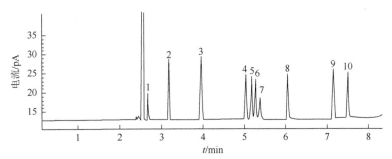

图 6-22　空气和废气中常见有机物混合标准溶液的 GC 色谱图

色谱峰：1. 丙酮；2. 苯；3. 甲苯；4. 乙苯；5. 对二甲苯；6. 间二甲苯；7. 正丁醇；
8. 邻二甲苯；9. 苯乙烯；10. 环己酮

6.6.7　常见食品添加剂的检测

食品安全国家标准中，对山梨酸、苯甲酸、脱氢乙酸、对羟基苯甲酸酯类、丙酸和甜蜜素等 8 种防腐剂和 1 种甜味剂分别采用了 5 种不同检测方法。采用气相色谱法可以实现对这些食品添加剂的同时检测[16]。本研究通过优化样品预处理条件和色谱分离条件，建立了气相色谱分析方法，并用于食品（桃酥、月饼、葵花籽、果酱、酱油、醋）中添加剂的测定。测定的各组分的线性范围为 $10\sim500\mu g/mL$，平均加标回收率为 $85.9\%\sim108.3\%$，相对标准偏差（$n=6$）为 $2.4\%\sim8.6\%$。

　　针对这些甜味剂与防腐剂的沸点和极性相差较大，本研究考察了 3 种不同极性色谱柱在相同色谱条件下对混合标准溶液组分的分离性能，分别为 HP-5 毛细管柱（$30m\times0.35mm\times0.25\mu m$）、DB-Wax 毛细管柱（$30m\times0.25mm\times0.25\mu m$）、DB-17 毛细管柱（$30m\times0.25mm\times0.25\mu m$），测得的色谱图如图 6-23 所示。综合考虑对待测目标物的分离性能和响应值，最后选择 HP-5 毛细管柱用于气相色谱分析测定。

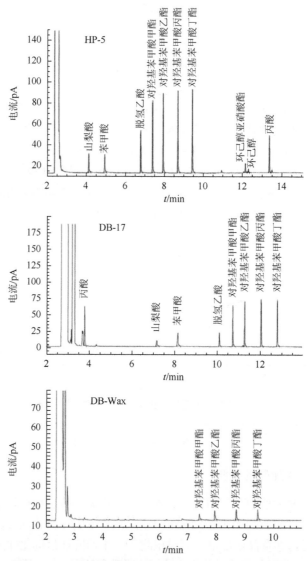

图 6-23　不同极性色谱柱分离测定 9 种添加剂的色谱图

色谱条件：HP-5 毛细管柱（30m×0.35mm×0.25μm）。程序升温：70℃（3min）$\xrightarrow{30℃/min}$ 190℃（2min）$\xrightarrow{30℃/min}$ 250℃（4min）。载气为高纯氮气，流速为 1mL/min；进样口温度为 220℃；检测器为 FID，温度为 260℃；空气流速为 400mL/min，氢气流速为 40mL/min，尾吹气流速为 30mL/min；进样量为 1μL，分流比为 10：1。

6.6.8　葡萄酒中乙醛和糠醛的检测

醛类是葡萄酒中风味物质的重要组成部分，其中乙醛占重要地位。低浓度乙醛具有水果香味，但浓度高时会产生辛辣味。糠醛（2-呋喃甲醛）也是葡萄酒的重要呈香物质。采用蒸馏法-气相色谱法联用可以同时测定葡萄酒中乙醛和糠醛含量[17]。本研究对蒸馏条件、色谱柱选择和色谱条件等进行了优化。

经对不同色谱柱的分离测定后发现，DB-5MS 毛细管柱（30m×0.25mm×0.25μm）对目标物虽可以实现分离，但是乙醛的峰型较宽并且有一定的拖尾；DB-Wax 毛细管柱（30m×0.25mm×0.25μm）测得的目标物色谱峰型较好，但在测定样品时糠醛色谱峰与干扰物色谱峰有部分重合，并且进口色谱柱成本过高。为降低成本、提高分离效果和检测灵敏度，本研究确定使用 ZKAT-LZP930.2 毛细管柱（30m×0.32mm×0.25μm）用于分析测定。

色谱条件：ZKAT-LZP930.2 毛细管柱（30m×0.32mm×0.25μm）。程序升温：50℃（5min）$\xrightarrow{5℃/min}$ 90℃ $\xrightarrow{15℃/min}$ 200℃（2min）；载气为高纯氮气，流速为 1mL/min；进样口温度为 200℃；检测器为 FID，温度为 200℃；空气流量为 400mL/min，氢气流量为 30mL/min，尾吹气流量为 25mL/min；进样量为 1.0μL，分流比为 5：1。

在上述色谱条件下测得的色谱图如图 6-24 所示。本法对乙醛和糠醛的最低检出限分别为 4.48μg/mL 和 0.54μg/mL；测定的 5 种市售葡萄酒中乙醛含量为 10.22～65.24 μg/mL，糠醛含量为 1.51～5.78 μg/mL。

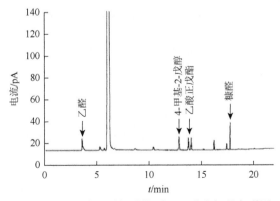

图 6-24　样品中 2 种标准物质和 2 种内标的色谱图

参 考 文 献

[1] de Nijs R M, Rutten G M, Franken J J, el al. A new surface roughening method for glass capillary columns. Sodium chloride deposition from suspension. HRC & CC, 1979, 2: 447.

[2] Dhanesar S C, Coddens M E, Poole C F. Surface roughening by sodium chloride deposition for the preparation of organic molten salt open tubular columns. J Chromatogr Sci, 1985, 23: 320.

[3] 黄爱今, 南楠, 陈敏, 等. 玻璃毛细柱内壁粗糙化的一种改进的氯化钠沉积法. 北京大学学报（自然科学版）, 1988, 24（4）: 425.

[4] Poole C F, Poole S K. Chromatography today. Elsevier, 1991.

[5] 卢凯, 刘伟, 齐美玲, 等. 两种高热稳定性端羟基单阳离子型咪唑离子液体毛细管气相色谱固定相的性能评价. 色谱, 2010, 28（8）: 731.

[6] Gu Z Y, Yan X P. Metal-organic framework MIL-101 for high-resolution gas-chromatographic separation of xylene isomers and ethylbenzene. Angew Chem Int Ed, 2010, 49: 1477.

[7] Wang D X, Chong S L, Malik A. Sol-gel column technology for single-step deactivation, coating, and stationary-phase immobilization in high-resolution capillary gas chromatography. Anal Chem, 1997, 69: 4566.

[8] Shende C, Kabir A, Malik A. Sol-gel poly（ethylene glycol）stationary phase for high-resolution capillary gas chromatography. Anal Chem, 2003, 75: 3186.

[9] 葛晓霞, 齐美玲, 李良, 等. 溶胶-凝胶法制备四种环糊精衍生物毛细管气相色谱柱. 色谱, 2005, 23（3）: 305.

[10] Grob R L, Barry E F. Modern practice of gas chromatography. 4th Ed. Hoboken: John Wiley & Sons, Inc., 2004.

[11] 吴健敏, 魏宁漪, 田雁玉. 依西美坦原料药中残留溶剂检测方法的研究. 药物分析杂志, 2006, 26(2): 244.

[12] 马康, 汤福寿, 何雅娟, 等. 食品包装材料中 13 种增塑剂的毛细管气相色谱法测定. 分析测试学报, 2011, 30（3）: 284.

[13] 邱丽君, 郑小严, 游飞明, 等. 气相色谱-氮磷检测方法同时检测尿样中的刺激剂、麻醉剂和抗雌激素类五种兴奋剂. 色谱, 2009, 27（3）: 364.

[14] 孔祥虹, 海云, 乐爱山, 等. 固相萃取-毛细管气相色谱法同时测定黄瓜中 23 种有机氯和拟除虫菊酯类农药残留量. 食品科学, 2007, 28（2）: 267.

[15] 杨丽莉, 纪英, 胡恩宇, 等. 毛细管气相色谱法同时测定空气和废气中多种常见有机污染物. 现代科学仪器, 2006, 6: 73.

[16] 何亚芬, 徐明生, 黄道明, 等. 气相色谱法同时检测食品中 9 种常见食品添加剂. 食品安全监测学报, 2021, 12（14）: 5684.

[17] 王焕琦, 李红洲, 黄家岭, 等. 蒸馏法-气相色谱法联用测定葡萄酒中乙醛和糠醛. 食品工业, 2022, 43（1）: 273.

第7章　新型气相色谱固定相及其分离性能

　　色谱柱固定相是影响样品组分分离分析的关键。研究发展新型高选择性固定相对于解决色谱分析应用中的分离难题、满足各领域分析测定的需求具有重要意义。近年来，随着材料科学的快速发展，新型气相色谱固定相的研究和应用也取得了明显进展，对于丰富色谱分离材料的种类、发现新的色谱分离机理、对难分离组分的分析测定等发挥了重要作用。目前研究报道的气相色谱固定相的种类较多，因作者水平有限难以概全。本章结合作者课题组近年开展的部分研究工作，主要介绍下列各类新型气相色谱固定相，分为新型大环类（葫芦脲、杯吡咯、环三藜芦烃、柱芳烃等）、石墨烯和氮化碳类、聚己内酯类、蝶烯类、六苯基苯类、链状聚合物等。对于本章未涉及的其他新型气相色谱固定相，建议感兴趣的读者参阅相关色谱研究论文。

7.1　新型大环类固定相

7.1.1　葫芦脲

　　葫芦脲（cucurbit[n]urils，CB[n]，$n = 5 \sim 8$，10）是继冠醚、环糊精、杯芳烃之后的一类新型大环主体化合物，为第四代大环化合物。葫芦脲形似葫芦科植物的南瓜（图 7-1），为环状亚甲基桥联的低聚物，具有疏水空腔；上下两端口均有 n 个羰基氧环绕，具有富电性和亲水性。葫芦脲空腔内径与体积随着 n 增加而增大，但空腔高度相同（9.1Å），葫芦脲的结构参数及相关性质如表 7-1[1-4]所示。相比其他大环类，葫芦脲的分子结构具有较强的刚性。其疏水空腔能容纳分子尺度适宜的疏水性化合物，两端口易与具有一定极性或亲电性的分子或离子发生分子间作用（如偶极-偶极、氢键、静电作用等）。

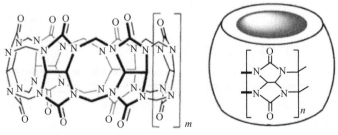

图 7-1　葫芦脲结构（$m = 1$，CB6；$m = 2$，CB7；$m = 3$，CB8 等）

表7-1　葫芦脲的结构参数及性质[1-4]

项目	CB5	CB6	CB7	CB8
端口直径/Å	2.4	3.9	5.4	6.9
空腔直径/Å	4.4	5.8	7.3	8.8
空腔体积/Å³	82	164	279	479
高度/Å	9.1	9.1	9.1	9.1
相对分子质量/（g/mol）	830	996	1163	1329
热稳定性/℃	＞420	425	370	＞420
溶解度（$s_{水}$）/（mmol/L）	20～30	0.018	20～30	＜0.01

　　葫芦脲的特异结构使其表现出较强的客体分子选择性、良好的化学稳定性和热稳定性，在分子识别、分子组装、分子催化等领域得到广泛的关注[2,3,5,6]，作为 GC 固定相具有研究价值和应用潜力。但葫芦脲在有机溶剂中溶解性差且其化学惰性高，难以衍生化，这些问题在一定程度上限制了葫芦脲的色谱应用。因此，研究葫芦脲 GC 色谱柱的制备方法有利于提高柱效并充分发挥其分离性能[7-14]。

　　通过采用溶胶-凝胶法、葫芦脲与胍盐离子液体或聚硅氧烷的混合固定相等方法可以有效解决上述问题，制备得到的色谱柱表现出很好的分离性能。采用溶胶-凝胶法制得的 CB7 色谱柱对难分离的 Grob 试剂和复杂样品组分均表现高选择性和高分离性能（图7-2）[10]。

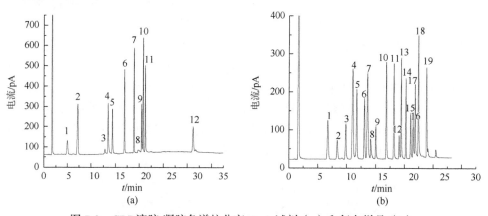

图 7-2　CB7 溶胶-凝胶色谱柱分离 Grob 试剂（a）和复杂样品（b）

色谱峰：（a）1. 正十烷；2. 正十一烷；3. 2,3-丁二醇；4. 壬醛；5. 正辛醇；6. 癸酸甲酯；7. 十一酸甲酯；8. 2-乙基己酸；9. 2,6-二甲基苯酚；10. 十二酸甲酯；11. 2,6-二甲基苯胺；12. 二环己胺。（b）1. 十一烷；2. 庚醛；3. 溴苯；4. 环己醇；5. 苯乙醇；6. 1,2-二氯苯；7. 2,3-丁二醇；8. N,N-二甲基甲酰胺；9. 苯甲醛；10. 苯甲腈；11. 乙酰苯；12. 邻硝基苯酚；13. 硝基苯；14. 十二酸甲酯；15. 2,6-二甲基苯胺；16. 1,4-丁二醇；17. 2-氯苯胺；18. 苯酚；19. 对甲基苯酚

程序升温：40℃（1min）$\xrightarrow{5℃/min}$ 160℃

　　我们课题组合成制备了多种胍盐离子液体（GBIL）并对这些离子液体的 GC
分离性能进行了研究（参见本书第 5 章）。研究发现，胍盐离子液体 DOTMG-NTf$_2$
能有效改善 CB7 在二氯甲烷中的溶解性，采用静态法制备得到的 CB7-IL 色谱柱
的最佳柱效为 4360 塔板/m。相比纯 CB7 色谱柱，CB7-IL 对一些组分表现出较强
的色谱分离能力和不同的保留行为（图 7-3）[12]。在 CB7-IL 混合固定相中，GBIL
的加入在一定程度上分散了 CB7 分子间原有的超分子排列结构（图 7-4），使得
CB7 分子中的两端口的羰基和腰部 C—H 由原来的结合态部分变成非结合态，有
利于增加其被测组分间的分子作用，提高其色谱选择性和分离能力。

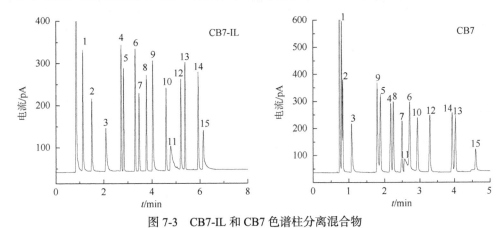

图 7-3　CB7-IL 和 CB7 色谱柱分离混合物

色谱峰：1. 苯；2. 2-戊酮；3. 戊醇；4. 十一烷；5. 溴庚烷；6. 十二烷；7. 1,3,5-三氯苯；8. 壬醛；9. 苯甲腈；
10. 1,2,3-三氯苯；11. 苯甲醇；12. 水杨酸乙酯；13. 十一酸甲酯；14. 联苯；15. 十二醇

程序升温：40℃（0.5min）$\xrightarrow{30℃/min}$ 80℃ $\xrightarrow{20℃/min}$ 160℃

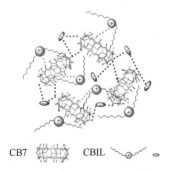

CB7　　　CBIL

图 7-4　CB7-IL 混合固定相分子作用示意图

　　此外，还探讨了 CB7 与聚硅氧烷 OV210 的混合固定相（CB7-OV）的色谱选
择性和分离性能。相比纯 CB7 色谱柱，OV210 的加入明显提高了 CB7-OV 色谱
柱的柱效（表 7-2）及其色谱分离性能（图 7-5）。由图可见，CB7-OV 色谱柱对
样品中各组分实现了基线分离，相比单一固定相表现出一定的协同分离作用，综
合分离能力明显提高。

表 7-2　不同化合物测得的 CB7-OV 色谱柱的柱效和戈雷曲线系数（B、C）

参数	正十二烷	正辛醇	萘
最小塔板高度/mm	0.22	0.21	0.23
最佳柱效/（塔板/m）	4661	4181	3785
最佳流速/（mL/min）	0.45	0.55	0.45
B（±SD）/（mL·mm/min）	0.042（± 0.001）	0.056（± 0.001）	0.062（± 0.001）
C（±SD）/（min·mm/mL）	0.288（± 0.002）	0.254（± 0.002）	0.275（± 0.003）

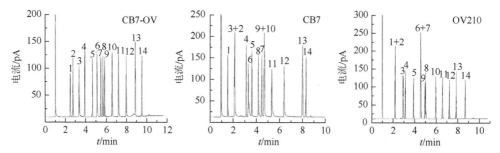

图 7-5　CB7-OV 色谱柱与 CB7 色谱柱和 OV210 色谱柱分离混合物

色谱峰：1. 正庚醛；2. 正癸烷；3. 苯甲醛；4. 正十一烷；5. 1-溴辛烷；6. 硝基苯；7. 间二溴苯；8. 苯甲酸乙酯；9. 1,2,3-三氯苯；10. 间硝基甲苯；11. 邻氯硝基苯；12. 间溴硝基苯；13. 正十五烷；14. 十二酸甲酯

程序升温：50℃（1min）$\xrightarrow{10℃/min}$ 160℃

7.1.2　杯吡咯

杯[4]吡咯类（calix[4]pyrroles）材料具有特异的分子结构、分子识别性能、良好的溶解性和热稳定性，作为气相色谱固定相具有很好的应用潜力。我们对八甲基杯[4]吡咯（OMCP）和四环己基杯[4]吡咯（THCP）（图 7-6）的 GC 分离性能进行了研究[15]。

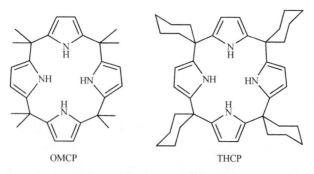

OMCP　　　　　THCP

图 7-6　杯[4]吡咯衍生物结构式

采用静态法制备了上述两种杯吡咯固定相的毛细管柱，测定了麦氏常数（表 7-3）并考察了其色谱选择性和分离性能。麦氏常数表明，两种杯吡咯固定相均为弱极性，与常用的 5%苯基-95%甲基聚硅氧烷固定相的极性相近。选择 HP-5MS 商品柱为参比柱，采用多种样品混合物，对杯吡咯固定相的选择性、分离能力和保留行为进行了研究。结果表明，THCP 固定相对酮类、醛类、醇类、卤代苯、多环芳烃、甲基苯胺异构体、苯二酚异构体等表现出较强的分离能力。图 7-7 为 THCP 色谱柱与商品柱分离混合酮的测定结果。

表 7-3　杯吡咯固定相的麦氏常数

固定相	X'	Y'	Z'	U'	S'	总极性	平均极性
THCP	19	89	60	87	79	334	67
OMCP	25	82	57	82	72	318	64
5%苯基-95%甲基聚硅氧烷	33	72	66	99	67	337	67

注：X'表示苯；Y'表示正丁醇；Z'表示 2-戊酮；U'表示 1-硝基丙烷；S'表示吡啶，测定温度为 120℃。

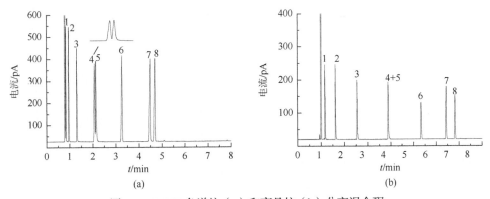

图 7-7　THCP 色谱柱（a）和商品柱（b）分离混合酮

色谱峰：1. 丁酮；2. 2-戊酮；3. 2-己酮；4. 2-庚酮；5. 环己酮；6. 2-辛酮；7. 苯乙酮；8. 2-壬酮

程序升温：40℃（1min） $\xrightarrow{10℃/min}$ 140℃

由图 7-7 可见，THCP 固定相能够基线分离上述各组分并且峰形对称，对 2-庚酮与环己酮（色谱峰 4/5）的分离能力明显优于商品柱。由于 THCP 固定相的特异空腔结构和环己基基团，可能使得其与环己酮的分子作用强于其与 2-庚酮分子之间的作用，这种分子作用的微小差异使得这一对组分色谱峰能够在 THCP 色谱柱上实现基线分离。

7.1.3　环三藜芦烃

环三藜芦烃（cyclotriveratrylenes，CTV）为一类大环主体化合物，其稳定构象呈王冠状（图 7-8）。CTV 材料具有相对刚性的富电子空腔，可与客体分子发生各种非共价作用，表现出一定的客体分子选择性。CTV 材料的主客体作用主要体现在三方面：①CTV 的碗状富电子刚性空腔通过尺寸匹配和电子互补与缺电子客体分子的相互作用；②CTV 上端基团通过氢键与客体分子相互作用；③空腔拓展后的 CTV 衍生物对客体分子的识别作用。针对不同种类组分及其异构体混合物，对 CTV 固定相的色谱选择性和分离性能进行了研究[16]。其中，CTV 色谱柱对丙基苯、丁基苯、二氯苯和三氯苯异构体的分离结果如图 7-9 所示。

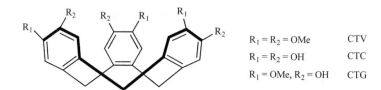

R₁ = R₂ = OMe	CTV
R₁ = R₂ = OH	CTC
R₁ = OMe, R₂ = OH	CTG

图 7-8　环三藜芦烃结构式

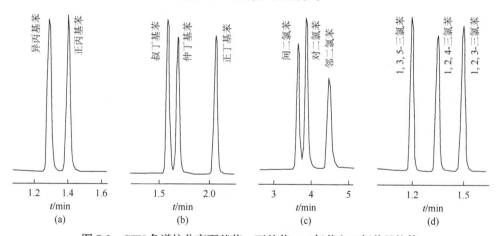

图 7-9　CTV 色谱柱分离丙基苯、丁基苯、二氯苯和三氯苯异构体

由图 7-9 可见，CTV 色谱柱能在短时间内分离上述异构体，尤其是间二氯苯与对二氯苯在 CTV 色谱柱也得到了较好分离（$R = 1.4$），这对异构体沸点相近，为难分离物质对。结果证明，CTV 固定相对于结构和性质相近的异构体具有良好的选择性。由图 7-9（a）和图 7-9（b）可见，直链烃基苯的保留时间长于支链烃基苯，这可能由于直链烃基与 CTV 碗状富电子空腔的匹配性更好，因而保留作用更强。此外，CTV 色谱柱具有良好的重复性和柱间重现性，可用于实际样品的色谱分析测定。

7.1.4　柱芳烃

柱芳烃（pillar[n]arenes）（图 7-10）由数个对位以次甲基相连的苯环构成的对称性柱状分子并具有富电子空腔。常见的柱芳烃多为五元或六元结构。柱[5]芳烃的空腔内径约为 4.7Å，与 α-环糊精（4.7Å）的内径一致；柱[6]芳烃的内径约为 6.7Å，与葫芦[7]脲（7.3 Å）和 β-环糊精（6.0Å）的内径相近。柱芳烃在有机溶剂中具有良好的溶解性，热稳定性高。近年来，柱芳烃因其独特的主客体作用使其在超分子化学、分子传感器等领域得到关注。

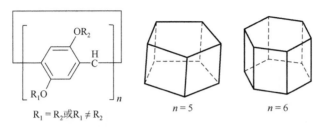

图 7-10　柱[n]芳烃结构式

采用溶胶-凝胶法制备全甲基柱[5]芳烃（MP5）毛细管柱，测定了色谱参数并对色谱选择性和分离能力、柱载量等进行了研究，并将 MP5 色谱柱用于实际样品中异构体杂质的快速检测[17]。分别采用正十二烷、正辛醇和萘作为分析物，在 130℃ 下测定了 MP5 色谱柱的戈雷曲线（图 7-11）并计算了相关参数（表 7-4）。结果表明，MP5 色谱柱对不同极性、不同类型的分析物均表现出高柱效。

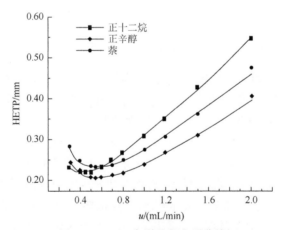

图 7-11　MP5 色谱柱的戈雷曲线

表 7-4　MP5 色谱柱的戈雷曲线参数和柱效

参数	正十二烷	正辛醇	萘
B（±SD）/（mL·mm/min）	0.045（±0.001）	0.058（±0.001）	0.064（±0.001）
C（±SD）/（min·mm/mL）	0.265（±0.001）	0.185（±0.002）	0.216（±0.002）
最小塔板高度/mm	0.22	0.21	0.23
最佳柱效/（塔板/m）	4506	4806	4269
最佳流速/（mL/min）	0.45	0.55	0.55

采用不同类型的异构体（位置异构体、结构异构体、顺反异构体等），对 MP5 色谱柱的色谱选择性和分离性能进行了研究。样品组分涉及甲基萘、二甲基萘、三氯苯、氯硝基苯、苯酚、苯胺、烷基苯、蒎烯、顺式/反式-1, 3-二氯丙烷等。其中，MP5 色谱柱分离烷基苯和卤代苯异构体、萘衍生物异构体的测定结果分别如图 7-12（a）和图 7-12（b）所示。

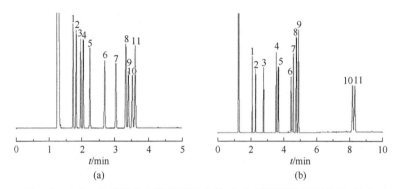

图 7-12　MP5 色谱柱分离取代苯异构体（a）和萘衍生物异构体（b）

色谱峰：（a）1. 异丙基苯；2. 正丙基苯；3. 叔丁基苯；4. 仲丁基苯；5. 正丁基苯；6.1, 3, 5-三氯苯；7. 1, 2, 4-三氯苯；8.1, 2, 3-三氯苯；9. 邻氯硝基苯；10. 间氯硝基苯；11. 对氯硝基苯。（b）1. 反式-十氢化萘；2. 顺式-十氢化萘；3. 萘；4.2-甲基萘；5.1-甲基萘；6.2, 6-二甲基萘；7. 1, 3-二甲基萘；8.2, 3-二甲基萘；9.1, 2-二甲基萘；10. 菲；11. 蒽。

程序升温：（a）110℃（1min）$\xrightarrow{10℃/min}$ 160℃；（b）130℃ $\xrightarrow{10℃/min}$ 180℃。流速为 0.6mL/min

由图 7-12（a）可见，MP5 色谱柱能高效分离各烷基苯异构体，并对直链烷基苯具有较强的保留。烷基苯除与固定相间的 π-π 作用外，直链烷基易于进入柱芳烃的富电子空腔而发生 CH-π 作用，因而使其保留延长。此外，MP5 色谱柱对卤代苯位置异构体也实现了基线分离。取代基位置不同使得固定相与卤代苯之间的 π-π EDA 作用和卤键作用强度有微小差异，MP5 固定相对这种微小差异有更强的分辨能力，因而表现出较高的色谱选择性和分离能力。由图 7-12（b）可见，MP5 色谱柱能基线分离萘类异构体和蒽/菲异构体。对于甲基萘和二甲基萘异构体，处于 α-位的甲基对萘环电子云密度的贡献大于 β-位，与固定相的 π-π 作用相对较强，使得各异构体因萘环电子云密度的差异而实现分离。

MP5 色谱柱分离苯酚和萘酚异构体、苯胺类异构体的测定结果分别如图 7-13（a）和图 7-13（b）所示。由图可见，MP5 色谱柱对酚类和苯胺类异构体均实现了良好分离并且色谱峰对称性良好。MP5 固定相与酚类和苯胺类分析物之间的主要作用为氢键和 π-π EDA 作用，各异构体因取代基位置的不同使分子作用强度有微小差异而得到分离。图 7-13（a）中，5-甲基-2-异丙基苯酚先流出是由于其酚羟基受邻位异丙基位阻的影响使其与固定相甲氧基之间的氢键作用减弱，使保留时间缩短。图 7-13（b）中，氯苯胺和硝基苯胺异构体均按照邻-、间-、对-的顺序流出，在氨基的邻位有氯原子或硝基时，会明显影响氨基与固定相之间的氢键作用，使得异构体的保留减弱；反之，在氨基对位取代的异构体则保留较强。

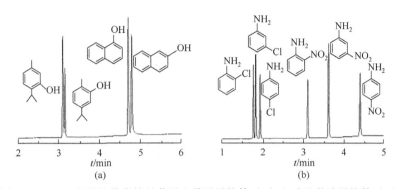

图 7-13　MP5 色谱柱分离烷基苯酚和萘酚异构体（a）和硝基苯胺异构体（b）

程序升温：（a）110℃ $\xrightarrow{15℃/min}$ 160℃；（b）110℃ $\xrightarrow{10℃/min}$ 130℃ $\xrightarrow{18℃/min}$ 180℃

载气流速：（a）0.6 mL/min；（b）1.0 mL/min

基于 MP5 色谱柱对异构体的良好分离能力，将其应用于相关试剂产品的纯度检测。试剂产品包括顺式-十氢化萘、反式-十氢化萘、1, 2-二甲基萘、1, 3-二甲基萘、异丙基苯和 α-蒎烯等，采用峰面积归一化法测定了各样品中异构体杂质含量，测定结果分别如图 7-14 和表 7-5 所示。结果表明，MP5 色谱柱能高选择性地分离异构体杂质，能够用于化工产品中异构体杂质的快速检测及产品质量控制。

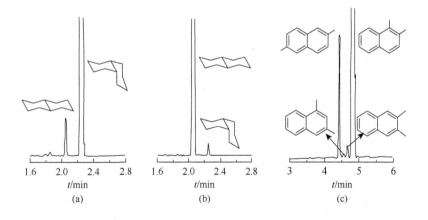

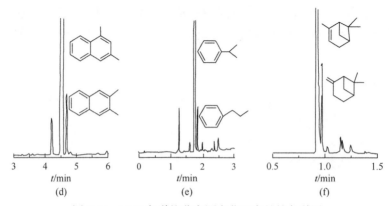

图 7-14　MP5 色谱柱分离测定化工产品的色谱图

（a）反式-十氢化萘；（b）顺式-十氢化萘；（c）1, 2-二甲基萘；（d）1, 3-二甲基萘；（e）异丙基苯；
（f）α-蒎烯

表 7-5　MP5 色谱柱测定实际样品纯度和杂质含量

实际样品	标签纯度/%	测定纯度/%	异构体杂质	异构体杂质含量/%
顺式-十氢化萘	98	98.7	反式-十氢化萘	1.3
反式-十氢化萘	98	99.6	顺式-十氢化萘	0.45
			2, 6-二甲基萘	2.7
1, 2-二甲基萘	95	96.9	1, 3-二甲基萘	0.11
			2, 3-二甲基萘	0.32
1, 3-二甲基萘	95	96.5	2, 3-二甲基萘	2.1
异丙基苯	99	99.9	正丙基苯	0.06
α-蒎烯	95	96.6	β-蒎烯	3.0

　　上述各类新型大环类固定相的研究和应用丰富了大环类 GC 固定相的种类，为实际色谱分析应用提供了更多的固定相选择，同时也为探讨色谱分离机理提供了参考。

7.2　石墨烯和氮化碳类固定相

7.2.1　石墨烯及其复合材料

　　石墨烯（graphene, G）具有由碳原子构成的二维蜂窝状的晶体结构（图 7-15），仅有一个碳原子的厚度，其内部的每个碳原子以 sp^2 杂化轨道的方式与周围的碳原子构成稳定的六边形，在石墨烯的内部形成离域大 π 键，并且电子可以在其内部自由移动，使石墨烯具有良好的导电性。石墨烯片层间具有强烈的 π-π 相互作用，容易发生叠加和聚集。目前，石墨烯产品多是通过还原氧化石墨烯（graphene oxide，GO）制得。GO 中含有大量含氧基团，如羟基、环氧基、羰基、羧基、酯基等（图 7-15），常用于石墨烯功能化及其复合材料的制备。通过还原 GO 制得的石墨烯也称为还原氧化石墨烯（r-GO），其产品中常含有残留的含氧基团。石墨烯因大 π 共轭体系和高比表面积等特点使其具有特异的机械、热学以及电学性质，自发现以来一直是众多领域的关注热点。

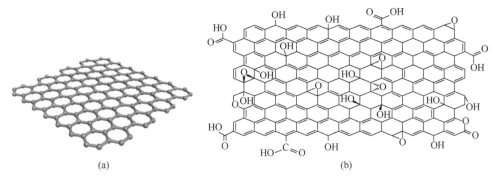

(a)　　　　　　　　　　　　　(b)

图 7-15　石墨烯（a）和氧化石墨烯（b）结构示意图

近年来，石墨烯及其复合材料在色谱分析领域也得到了广泛关注，作为色谱固定相表现出良好的选择性和应用潜力[18]。我们课题组在石墨烯 GC 固定相方面也开展了一些研究工作[19, 20, 23-25]。作为 GC 固定相，石墨烯表现为弱极性，对苯系物和多环芳烃等具有高选择性和分离能力[19]，其保留行为明显不同于具有相近极性的聚硅氧烷。图 7-16 为石墨烯色谱柱和商品柱分离 12 种组分混合物的测定结果。

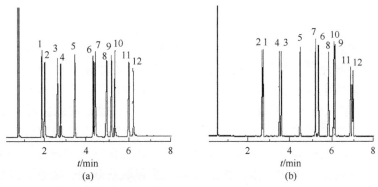

(a)　　　　　　　　　　　　　(b)

图 7-16　石墨烯色谱柱（a）和 HP-5MS 商品柱（b）分离混合物

色谱峰：1. 十一烷；2. 硝基苯；3. 十二烷；4. 萘；5. 十三烷；6. 十四烷；7. 联苯；8. 邻苯二甲酸二甲酯；9. 十五烷；10. 苊；11. 邻苯二甲酸二乙酯；12. 芴

程序升温：80℃（1min）$\xrightarrow{15℃/min}$ 160℃

由图 7-16 可见，石墨烯色谱柱对混合物中各组分分离良好，一些组分在石墨烯色谱柱上的流出顺序与商品柱相反，如十二烷/萘、十五烷/苊，表明石墨烯对多环芳烃萘、苊的保留要强于正构烷烃。由于萘、苊的疏水性（$\lg P$ 分别为 3.36、3.73）低于十三烷和十五烷（$\lg P$ 分别为 6.82、8.35），因此多环芳烃类在石墨烯上流出顺序延后主要源于其与石墨烯固定相之间较强的 π-π 堆积作用，提高了石墨烯固定相的色谱选择性和分离能力。针对上述两对多环芳烃与正构烷烃，进一步考察了不同分离温度对它们在石墨烯和 HP-5MS 色谱柱上分离度（R）的影响，测定结果如图 7-17 所示。

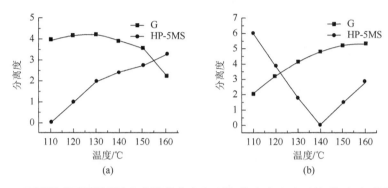

图 7-17　不同温度下石墨烯柱与商品柱分离十二烷/萘（a）和十五烷/苊（b）的分离度

由图 7-17 可见，在给定的温度范围内，相比商品柱，石墨烯柱对十二烷/萘具有较高的分离度，受温度影响较小。此外，石墨烯柱对于十五烷/苊的分离度随温度的升高而增大。结果表明，石墨烯具有更强的分辨烷烃和多环芳烃的能力和更高的色谱选择性。其原因主要与其特异的 π-π 堆积作用有关，其受温度的影响小于温度对色散力的影响。

我们还将石墨烯色谱柱的制备与毛细管内壁聚多巴胺（polydopamine，PDA）涂层预处理相结合，制备得到 G-PDA 色谱柱（图 7-18）并对其 GC 分离性能进行了研究[20]。聚多巴胺涂层是多巴胺单体在水溶液中溶解氧的作用下发生自聚交联后生成的，反应通常在 pH = 8.5 下进行[21]。有关多巴胺聚合机理尚无定论，一般认为多巴胺聚合反应主要涉及邻苯二酚基团的去质子化、氧化、环化、分子重排等过程，最终形成深褐色的聚多巴胺。多巴胺聚合反应条件温和，生成的聚多巴胺膜均匀稳定、厚度可控，具有良好的黏附性。研究认为，聚多巴胺的黏附作用来源于多巴胺的邻苯二酚和氨基基团，这些基团易于与各类材料表面发生共价或非共价作用，目前已广泛用于各类材料表面的改性和功能化[22]。

相比未经 PDA 处理的石墨烯色谱柱，G-PDA 色谱柱在分离能力和色谱峰对称性方面有明显改善，结果如图 7-19 所示。毛细管柱内壁经 PDA 处理后，有利于石墨烯固定相的均匀涂覆，进而提高了柱效并改善了分离。此外，PDA 涂层表面的一些基团可能也对色谱分离起到一定的积极作用。

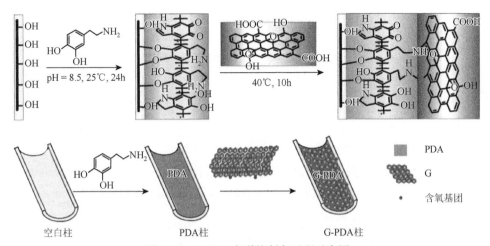

图 7-18　G-PDA 色谱柱制备过程示意图

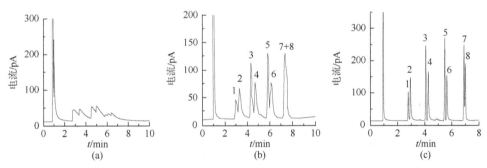

图 7-19　PDA 柱（a）、石墨烯柱（b）和 G-PDA 柱（c）分离混合物

色谱峰：1. 庚醛；2. 己醇；3. 癸烷；4. 庚醇；5. 十一烷；6. 辛醇；7. 十二烷；8. 癸醛

程序升温：40℃（1min）$\xrightarrow{10℃/min}$ 160℃

　　G-PDA 色谱柱对更为复杂组分混合物也表现出良好的分离性能、重复性和热稳定性。G-PDA 色谱柱经 320℃老化后，仍具有较高的分离能力，对组分保留时间没有明显影响（RSD<5%），表明 PDA 涂层在一定程度上有助于提高石墨烯固定相在毛细管内壁的稳定性。

　　我们还对石墨烯与金属有机骨架材料 ZIF-8 的复合材料（GZ）的 GC 分离性能进行了研究[24]。GZ 固定相表现为弱极性，色谱柱最佳柱效为 5000 塔板/m。GZ 色谱柱对烷烃异构体和芳烃异构体具有高选择性和分离能力；对部分异构体的分离能力高于单纯的石墨烯和 ZIF-8 色谱柱，如十氢萘、萘酚、异丙基甲苯、硝基甲苯及二甲苯酚异构体等。其中，GZ 色谱柱与石墨烯柱（G）和 ZIF-8 柱（Z）分离硝基甲苯异构体的测定结果如图 7-20 所示。可以看到，GZ 色谱柱能基线分离三种异构体，相比单一固定相表现出更强的分离能力，表现出复合材料中多种分子作用的协同效应。

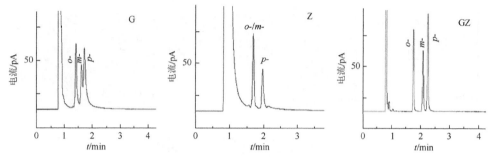

图 7-20　GZ 色谱柱与石墨烯柱（G）和 ZIF-8 柱（Z）分离硝基甲苯异构体

o-，邻硝基甲苯；*m-*，间硝基甲苯；*p-*，对硝基甲苯

　　GZ 色谱柱还可用于实际样品中的异构体杂质的快速检测。我们对一些分析纯试剂中异构体杂质进行了测定，包括叔丁基苯、异丁基苯、邻硝基甲苯、间硝基甲苯、1，2，4-三氯苯、1，2，4-三甲苯、反式-十氢萘和顺式-十氢萘等产品。图 7-21 是 GZ 色谱柱分离叔丁基苯、邻硝基甲苯样品的色谱图。采用归一化法测定了样品中各组分的含量（表 7-6）。

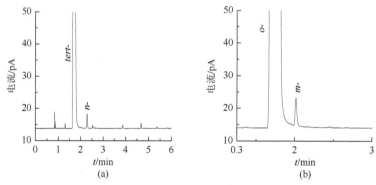

图 7-21　GZ 色谱柱分离测定叔丁基苯（a）和邻硝基甲苯（b）试样中异构体杂质

tert-，叔丁基苯；*n-*，正丁苯；*o-*，邻硝基甲苯；*m-*，间硝基甲苯

表 7-6　GZ 色谱柱测定试样中异构体杂质

试样	标签含量/%	测定含量/%	异构体杂质	杂质含量/%
叔丁基苯	>98	99.8	正丁苯	0.09
异丁基苯	>99	99.7	正丁苯	0.23
邻硝基甲苯	>99	99.5	间硝基甲苯	0.20
间硝基甲苯	>97	98.0	邻硝基甲苯	1.6

试样	标签含量/%	测定含量/%	异构体杂质	杂质含量/%
1, 2, 4-三氯苯	>98	98.4	1, 2, 3-三氯苯	0.03
1, 2, 4-三甲基苯	>98	99.3	1, 3, 5-三甲基苯	0.26
			1, 2, 3-三甲基苯	0.14
反式-十氢萘	>98	99.5	顺式-十氢萘	0.43
顺式-十氢萘	>98	98.3	反式-十氢萘	1.3

7.2.2　石墨相氮化碳

石墨相氮化碳（g-C_3N_4）具有类似石墨烯的层状堆积结构和富电子的 π 共轭结构（图 7-22）。不同之处是 g-C_3N_4 为富氮的结构，具有氢键作用和路易斯碱作用位点，并具有高热稳定性和化学稳定性。我们分别对两种不同形貌（层状堆积、纳米纤维）的石墨相氮化碳的 GC 色谱选择性和分离性能进行了研究[26, 27]。不同于层状堆积的石墨相氮化碳，纳米纤维"海草"状形貌的石墨相氮化碳（NF-C_3N_4）具有较大的比表面积，在有机溶剂中的分散性更好。

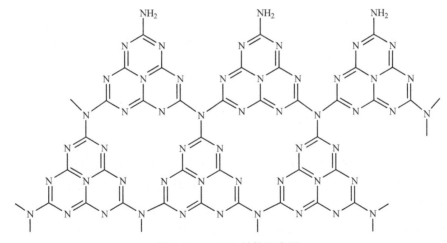

图 7-22　g-C_3N_4 结构示意图

研究表明[26]，g-C_3N_4 固定相对 Grob 试剂、不同种类组分的混合样和各类异构体表现出良好的分离性能；对氢键型组分和芳香类组分具有更强的保留。这些性能主要归因于其富含氮的 π 共轭结构及其与组分间的分子作用，如 π-π 堆积、π-π EDA、氢键作用、卤键作用以及色散作用等。其中，g-C_3N_4 色谱柱分离蒽/菲异构体和 10 种烷烃异构体的色谱图如图 7-23 所示。

由图 7-23 可见，g-C_3N_4 色谱柱能基线分离蒽/菲异构体（$R = 1.53$）和烷烃异构体，表现出高选择性和分离能力。蒽和菲为难分离物质对，具有相近的沸点（分别为 340.2℃、340.7℃）。此外，g-C₃N₄ 色谱柱对难分离物质对异辛烷和正庚烷的分离度大于 1.5。

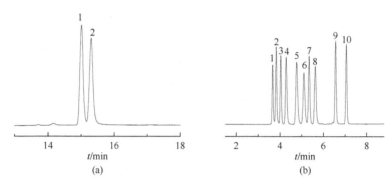

图 7-23　g-C₃N₄ 色谱柱分离蒽/菲异构体（a）和烷烃异构体（b）

色谱峰：（a）1. 菲；2. 蒽。（b）1. 2,2-二甲基丁烷；2. 3-甲基戊烷；3. 正己烷；4. 2,4-二甲基戊烷；5. 环己烷；6. 异辛烷；7. 正庚烷；8. 2,2-二甲基己烷；9. 3-甲基庚烷；10. 正辛烷

程序升温：（a）50℃ $\xrightarrow{10℃/min}$ 160℃；（b）30℃（5min）$\xrightarrow{30℃/min}$ 80℃

对 NF-C₃N₄ 固定相的研究表明[27]，与 g-C₃N₄ 相比，NF-C₃N₄ 固定相对氢键型组分具有更强的保留和分离能力，并对芳香类组分具有不同的保留行为。这可能主要由于其"海草"状纳米纤维结构具有更大的比表面积、更多的分子作用位点，提高了其色谱选择性和分离能力。NF-C₃N₄ 色谱柱具有良好的重复性和热稳定性，可用于相关样品的 GC 分析测定。

7.3　三聚茚类固定相

三聚茚为具有刚性结构的七环芳香化合物，经衍生化可以得到各种三聚茚类材料，如星形低聚噻吩功能化合物、树状聚合物等。三聚茚类材料具有大 π 共轭结构、多样化的扩展结构、良好的热稳定性和溶解性，作为色谱分离材料具有应用潜力。我们曾对低聚噻吩功能化三聚茚材料（TFT、TDT、TTT）、三聚茚树状聚合物（TFTD）、TFT 氧杂环己烷衍生物（EDOTT）等的 GC 分离性能进行了研究[28-31]，结构式如图 7-24 所示。三聚茚类固定相的麦氏常数如表 7-7 所示。TFT、TDT、TTT 三种固定相的结构在三个方向上的噻吩单元数目依次为 1、2 和 3。研究表明，噻吩单元数不同对三聚茚衍生物的形态、热稳定性和光电性能等都有明显影响。不同噻吩单元数的三聚茚材料具有不同的色谱分离性能。

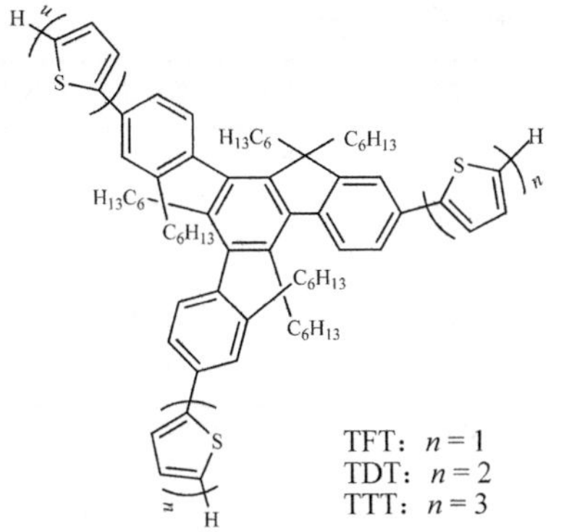

TFT：$n = 1$
TDT：$n = 2$
TTT：$n = 3$

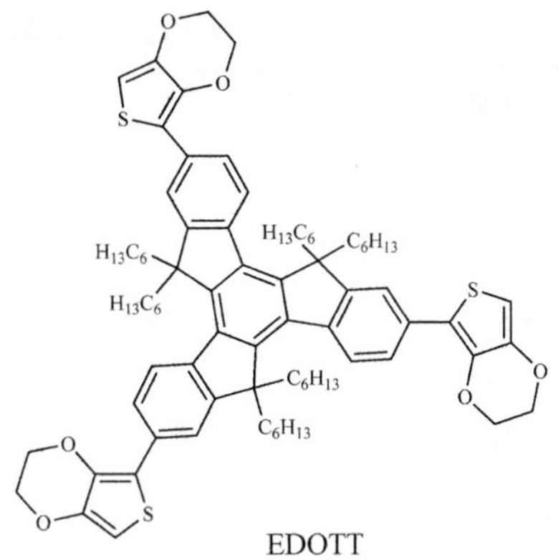

EDOTT

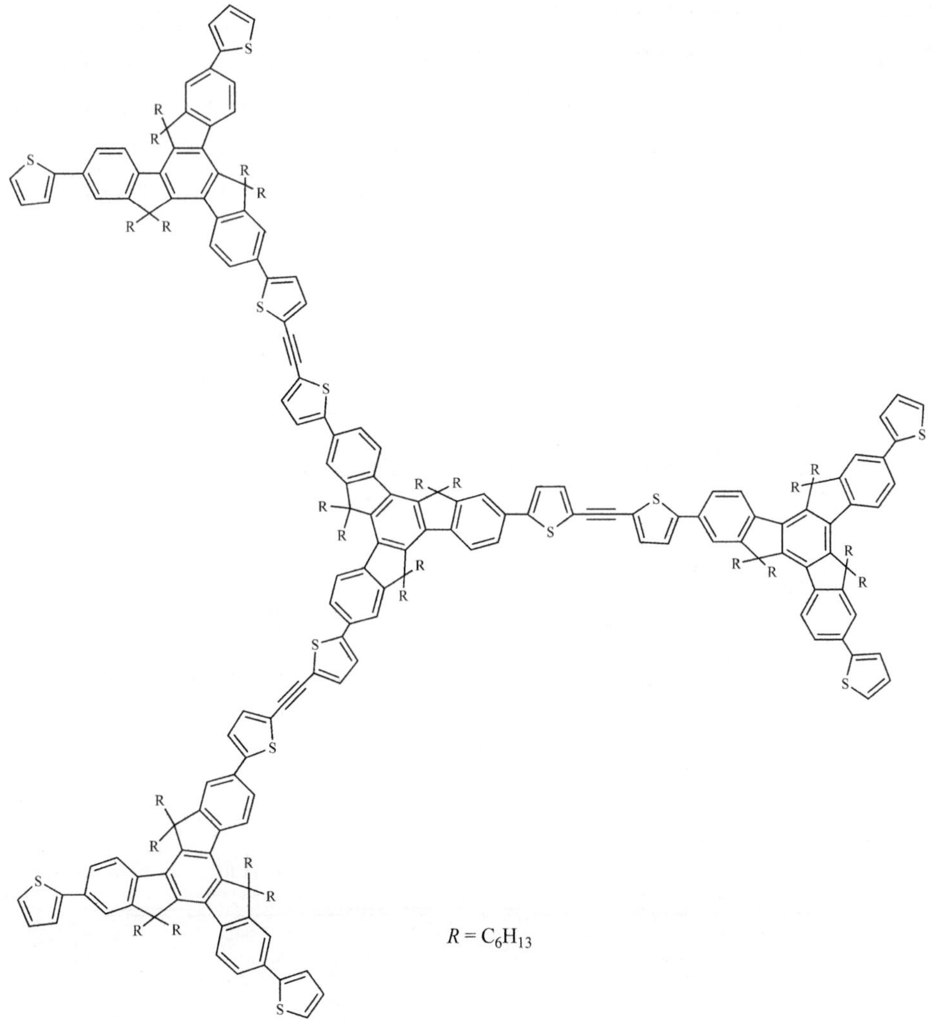

$R = C_6H_{13}$

TFTD

图 7-24　三聚茚类固定相结构式

表 7-7　　三聚茚类固定相的麦氏常数

固定相	X'	Y'	Z'	U'	S'	总极性	平均极性
TFTD	68	110	83	155	148	564	113
TFT	78	143	125	78	155	579	116
TDT	78	109	120	162	156	626	125
TTT	94	137	135	201	196	763	152
EDOTT	94	143	215	239	224	914	183

注：X表示苯；Y表示正丁醇；Z表示 2-戊酮；U表示 1-硝基丙烷；S表示吡啶，温度为 120℃。

　　下面以 TFT 固定相为例介绍三聚茚类固定相的色谱选择性及其分离性能。研究表明，TFT 固定相对一些难分离的异构体具有高选择性和高分离能力[28]。其中，乙苯和二甲苯异构体的分离在石油化工、制药和环境分析领域具有重要意义。但由于二甲苯异构体的理化性质（沸点、极性）极为相近，使得二甲苯异构体的分离，特别是间二甲苯/对二甲苯异构体的分离成为难题。由图 7-25（a）可见，TFT 色谱柱能够基线分离乙苯和二甲苯异构体，相比极性相近的聚硅氧烷色谱柱具有明显优势，并表现出不同的保留行为和分离机理。结果表明，TFT 高选择性分离二甲苯异构体主要源于其与二甲苯异构体之间的 π-π 作用和色散作用的微小差异。

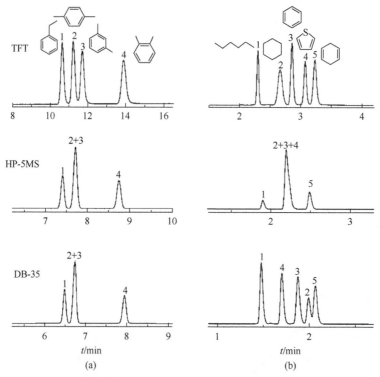

图 7-25　TFT 色谱柱和商品柱分离乙苯和二甲苯异构体（a）和混合物（b）

分离条件：（a）65℃，流速为 0.3mL/min；（b）60℃，流速为 0.5mL/min

图 7-25（b）为 TFT 色谱柱和商品柱分离相近沸点的 5 种组分混合物的测定结果。可以看到，TFT 固定相能够基线分离这些组分，而在 HP-5MS 柱上无论如何改变色谱条件都不能分离苯、噻吩、环己烷，均为共流出。DB-35 色谱柱能够基线分离多数组分，但不能完全分离环己烷/1, 4-环己二烯（$R = 1.0$）。值得注意的是，环己烷、苯和噻吩在 TFT 色谱柱上的流出顺序与在 DB-35 柱上的顺序相反，这表明这二种固定相具有不同的保留机理和选择性。在 TFT 色谱柱上，这 3 种分析物的保留强弱可能与其分子电子密度有关，电子密度较大的分析物与 TFT 固定相具有较强的 π-π 作用，保留时间较长。

TFT 色谱柱还能选择性分离多氯联苯（PCBs）异构体。多氯联苯类物质被认为是持久性有机污染物，对 PCBs 异构体的高效分离是进行分析检测的关键。结果表明，TFT 色谱柱对于二氯联苯和三氯联苯的异构体表现出高选择性和分离能力（图 7-26）。

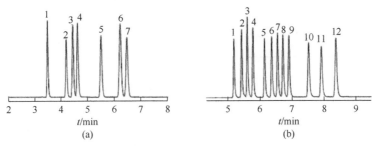

图 7-26　TFT 色谱柱分离二氯联苯异构体（a）和三氯联苯异构体（b）

色谱峰：（a）1. 2, 6-二氯联苯；2. 2, 4-二氯联苯；3. 2, 3′-二氯联苯；4. 2, 3-二氯联苯；5. 3, 5-二氯联苯；6. 3, 3′-二氯联苯；7. 4, 4′-二氯联苯。（b）1. 2, 4, 6-三氯联苯；2. 2, 2′, 4-三氯联苯；3. 2, 3, 6-三氯联苯；4. 2, 4′, 6-三氯联苯；5. 2, 3′, 5′-三氯联苯；6. 2, 3′, 5-三氯联苯；7. 2, 4, 4′-三氯联苯；8. 2, 3′, 4′-三氯联苯；9. 2, 3, 4′-三氯联苯；10. 3, 3′, 5-三氯联苯；11. 3, 4, 5-三氯联苯；12. 3, 4, 4′-三氯联苯

分离条件：（a）200℃；（b）180℃ ——8℃/min—→ 230℃；流速均为 0.7mL/min

TFT 色谱柱对于二氯联苯和三氯联苯异构体的综合分离能力高于商品柱。基于结果分析可以推测：TFT 固定相对多氯联苯异构保留强弱可能与自身结构和多氯联苯分子的二面角有关。在 TFT 的晶体结构中，噻吩环与三聚茚平面间的夹角大约为 26°，6 个己基链分别位于三聚茚平面的上下。为确定上述推测，计算了上述二氯联苯异构体和三氯联苯异构体的二面角，分别如表 7-8 和表 7-9 所示。

表 7-8　二氯联苯异构体的几何结构和二面角

色谱峰	物质名称	几何结构	二面角
1	2, 6-二氯联苯		90.3°
2	2, 4-二氯联苯		55.5°

色谱峰	物质名称	几何结构	二面角
3	2, 3′-二氯联苯		56.0°
4	2, 3-二氯联苯		55.3°
5	3, 5-二氯联苯		38.2°
6	3, 3′-二氯联苯		38.6°
7	4, 4′-二氯联苯		37.9°

表 7-9　三氯联苯异构体的几何结构和二面角

色谱峰	物质名称	几何结构	二面角
1	2, 4, 6-三氯联苯		89.9°
2	2, 2′, 4-三氯联苯		70.8°
3	2, 3, 6-三氯联苯		90.0°
4	2, 4′, 6-三氯联苯		78.4°
5	2, 3′, 5′-三氯联苯		53.1°
6	2, 3′, 5-三氯联苯		53.0°
7	2, 4, 4′-三氯联苯		51.9°

续表

色谱峰	物质名称	几何结构	二面角
8	2, 3′, 4′-三氯联苯	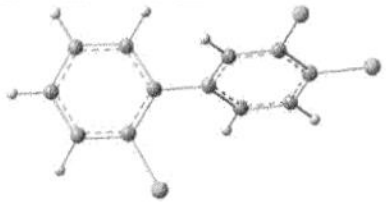	52.0°
9	2, 3, 4′-三氯联苯	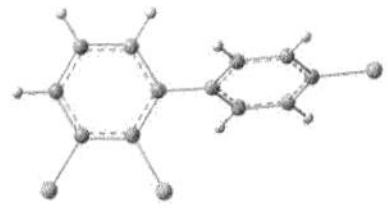	50.7°
10	3, 3′, 5-三氯联苯	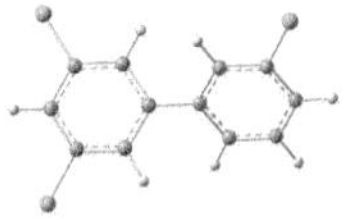	38.6°
11	3, 4, 5-三氯联苯	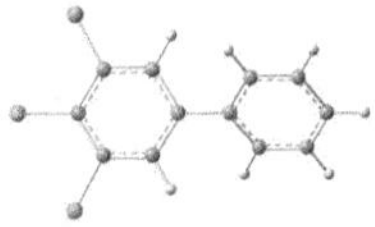	37.6°
12	3, 4, 4′-三氯联苯	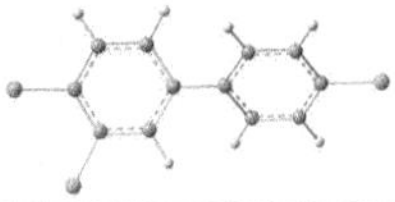	37.7°

可以发现，二面角较小（平面性较好）的二氯联苯具有较长的保留时间，可能由于其与三聚茚平面间的 π-π 作用更强所致。此外，还发现异构体的保留时间还与异构体分子中氯原子的分布和距离有关。例如，3, 5-二氯联苯/3, 3′-二氯联苯（峰 5/6）的二面角相差 0.4°，但二组分的保留相差较大并且具有较大二面角的 3, 3′-二氯联苯后出峰。3, 3′-二氯联苯上的 2 个氯原子分别在两个苯环上，有利于氯原子与 TFT 固定相产生较强的卤键作用，使得 3, 3′-二氯联苯在 3, 5-二氯联苯之后流出。上述结论同样适用于三氯联苯异构体的分离和保留，在此不再赘述。

由上可见，TFT 固定相的高选择性和分离能力主要源于其特异的化学结构和分子作用机理。这种基于多氯联苯异构体之间二面角的差异和卤键作用结合的分离机理在本研究之前未见报道，这一发现对于发展色谱分离机理和预测目标物的保留行为具有一定的借鉴意义。

7.4　聚己内酯类固定相

聚己内酯（polycaprolactone，PCL）是由己酸酯循环单元构成的脂肪族链状聚酯，通过 ε-己内酯开环聚合或者由 6-羟基己酸缩聚而成的半结晶性聚合物。虽聚合产物中并无己内酯结构，但仍称为聚己内酯材料，本书也沿用此名称。聚己内酯二醇（PCL-Diol）是由二元醇与 ε-己内酯开环聚得到的聚合物；将 PCL-Diol 经叠氮化后与末端炔基化的对羟基苯甲酸通过点击反应即可生成三聚氰酸功能化的聚己内酯（DPCL）。DPCL 和 PCL-Diol 的结构式如图 7-27 所示。

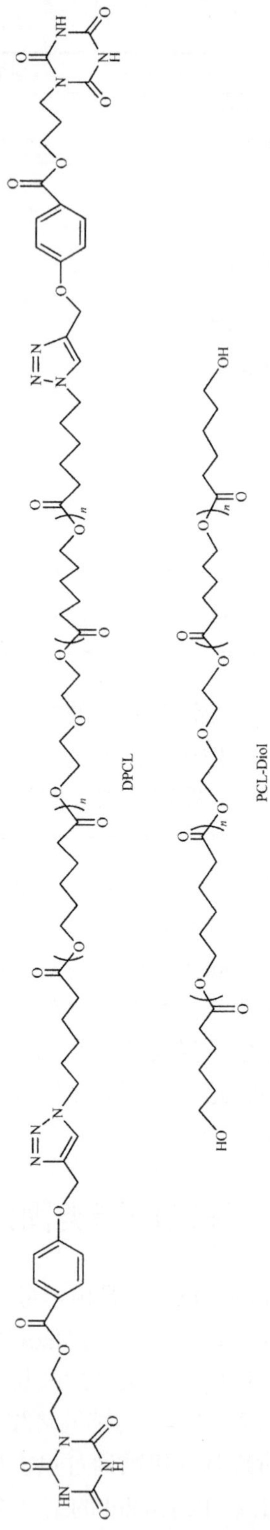

图 7-27　DPCL（$n = 9.6$）和 PCL-Diol 的结构式

我们分别对 DPCL 和 PCL-Diol 固定相的 GC 分离性能进行了研究[32, 33]。DPCL 和 PCL-Diol 固定相的麦氏常数和 Abraham 溶剂化作用参数分别如表7-10～表7-12 所示。麦氏常数表明二种固定相均为中等极性；溶剂化作用参数表明二种固定相与溶质分子间作用主要有偶极作用（s）、氢键碱性作用（a）和色散作用（l）。此外，PCL-Diol 固定相还有一定的氢键酸性作用（b）。

表 7-10　DPCL 和 PCL-Diol 固定相的麦氏常数

固定相	X'	Y'	Z'	U'	S'	总极性	平均极性
DPCL	233	392	295	445	439	1804	361
PCL-Diol	198	383	265	412	353	1611	322

注：X' 表示苯；Y' 表示正丁醇；Z' 表示 2-戊酮；U' 表示 1-硝基丙烷；S' 表示吡啶，温度为 120℃。

表 7-11　DPCL 固定相的 Abraham 溶剂化作用参数

T/℃	c	e	s	a	l	n	R^2	F	SE
70	−2.609 (0.047)	0.075 (0.028)	1.290 (0.036)	1.826 (0.057)	0.601 (0.008)	42	0.994	1506	0.047
90	−2.393 (0.048)	0.087 (0.027)	1.108 (0.033)	1.511 (0.055)	0.502 (0.008)	40	0.993	902	0.044
110	−2.137 (0.046)	0.091 (0.021)	0.946 (0.029)	1.210 (0.043)	0.427 (0.008)	37	0.991	668	0.040

注：c 为系统常数；e 为 n-π/π-π 电子相互作用；n 表示溶质分子数；R^2 表示判定系数；F 表示费舍尔系数；SE 表示标准误差。括号内为标准偏差。

表 7-12　PCL-Diol 固定相的 Abraham 溶剂化作用参数

T/℃	c	e	s	a	b	l	n	R^2	F	SE
70	−2.725 (0.029)	0.038 (0.030)	1.353 (0.045)	1.884 (0.056)	0.085 (0.058)	0.618 (0.005)	39	0.998	3477	0.028
90	−2.551 (0.036)	0.063 (0.036)	1.167 (0.055)	1.548 (0.067)	0.077 (0.069)	0.525 (0.006)	42	0.996	1600	0.036
110	−2.440 (0.033)	0.070 (0.027)	1.050 (0.041)	1.283 (0.053)	0.068 (0.052)	0.452 (0.005)	35	0.996	1550	0.027

注：c 为系统常数；e 为 n-π/π-π 电子相互作用；n 表示溶质分子数；R^2 表示判定系数；F 表示费舍尔系数；SE 表示标准误差。括号内为标准偏差。

研究发现，DPCL 固定相在色谱分离上表现出两亲色谱选择性，能高效分离非极性组分、极性组分及其异构体[31]。图 7-28 为 DPCL 色谱柱对一些异构体的分离结果，如丁醇、庚烷、甲酚、二乙苯、二氯苯、二溴苯的异构体。

由图 7-28 可见，DPCL 色谱柱对 6 组不同种类、不同极性的异构体均实现了基线分离并且色谱峰对称性良好，表现出明显的分离优势。对于甲酚异构体，间甲酚（202.2℃）与对甲酚（201.9℃）的沸点差异小，是典型的难分离物质对。DPCL 色谱柱对甲酚异构体的高选择性与其对氢键作用和偶极作用强度的微小差异的高分辨能力有关。邻甲酚中酚羟基因位阻影响减弱了其 DPCL 固定相之间的氢键作用，最先流出；间甲酚的氢键作用和偶极作用略强于对甲酚，最后流出。

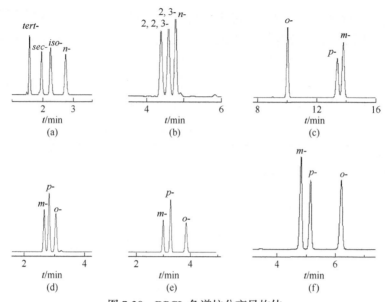

图 7-28　DPCL 色谱柱分离异构体

（a）丁醇异构体；（b）庚烷异构体；（c）甲酚异构体；（d）二乙苯异构体；
（e）二氯苯异构体；（f）二溴苯异构体

分离条件：（a）60℃，0.6mL/min；（b）50℃，0.2mL/min；（c）120℃，0.6mL/min；（d）80℃，1.0mL/min；
（e）85℃，1.0mL/min；（f）105℃，1.0mL/min

此外，DPCL 色谱柱对二乙苯和二卤代苯等异构体也实现了完全分离。二取代苯异构体中间/对位异构体沸点差异小，也是典型的难分离物质对。DPCL 色谱柱高效分离二取代苯异构体主要源于 DPCL 与异构体之间偶极作用的微小差异。结果表明，DPCL 固定相特有的两亲色谱选择性使其在异构体分离检测和复杂样品分离分析上有很好的应用前景。

对 PCL-Diol 固定相的研究结果表明，该固定相对非极性组分和含长碳链的烷烃衍生物的色谱保留明显增强，表明了二者共有结构中己酸酯循环单元对组分分子形状选择性的贡献。此外，还表现出与 DPCL 固定相相类似的色谱选择性和保留规律。值得关注的是，PCL-Diol 固定相能高选择性分离二甲基苯、甲酚、二甲基苯酚、甲胺和二甲基苯胺等难分离异构体，并且各色谱峰对称性良好[32]。图 7-29 为 PCL-Diol 色谱柱分离苯系物、甲酚和二甲基苯酚异构体、甲胺和二甲基苯胺异构体和二氯苯异构体的色谱图。

苯系物（BTEX）为苯、甲苯、乙苯、邻/间/对二甲苯的混合物，是环境监测、石油化工等领域的重要分析物。其中，对/间二甲苯的分离难度最大，是典型的难分离物质对。由图 7-29（a）可见，PCL-Diol 色谱柱能基线分离苯系物中各组分，对/间二甲苯的分离度为 1.6。该固定相对二甲苯异构体的良好分离主要源于其对异构体在分子偶极矩和极化率上的微小差异的高分辨能力，表现出了对性质相近组分的高选择性和分离能力。

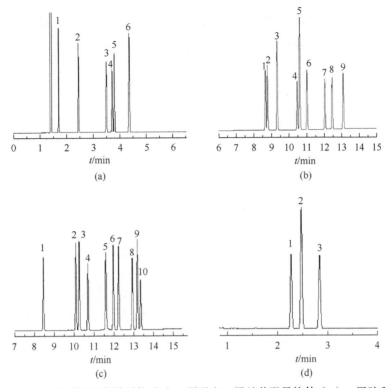

图 7-29　PCL-Diol 色谱柱分离苯系物（a）、甲酚和二甲基苯酚异构体（b）、甲胺和二甲基苯胺异构体（c）和二氯苯异构体（d）

色谱峰：（a）1. 苯；2. 甲苯；3. 乙苯；4. 对二甲苯；5. 间二甲苯；6. 邻二甲苯。（b）1. 2, 6-二甲基苯酚；2. 苯酚；3. 邻甲基苯酚；4. 对甲基苯酚；5. 间甲基苯酚；6. 2, 5-二甲基苯酚；7. 2, 3-二甲基苯酚；8. 3, 5-二甲基苯酚；9. 3, 4-二甲基苯酚。（c）1. 苯胺；2. 邻甲基苯胺；3. 对甲基苯胺；4. 间甲基苯胺；5. 2, 6-二甲基苯胺；6. 2, 4-二甲基苯胺；7. 2, 5-二甲基苯胺；8. 3, 5-二甲基苯胺；9. 2, 3-二甲基苯胺；10. 3, 4-二甲基苯胺。（d）1. 间二氯苯；2. 对二氯苯；3. 邻二氯苯

分离条件：（a）50℃ $\xrightarrow{5℃/min}$ 80℃，流速为 0.6mL/min；（b）90℃（1min）$\xrightarrow{5℃/min}$ 150℃，流速为 1.0mL/min；（c）70℃（1min）$\xrightarrow{5℃/min}$ 140℃，流速为 1.0mL/min；（d）95℃，流速为 1.0mL/min

甲酚和二甲基苯酚是医药、化工等领域的重要原料，其异构体的分离直接影响到各异构体分析检测和应用。甲酚和二甲基苯酚异构体的分离难度较大，酚类色谱峰易于拖尾又增加了其分离的难度。由图 7-29（b）可见，PCL-Diol 色谱柱对甲酚和二甲基苯酚异构体实现了良好的分离并且色谱峰对称性良好，表明该固定相对酚类异构体的高分离能力和良好的柱惰性。此外，PCL-Diol 相比常规 PEG 色谱柱也表现出了一定的分离优势，后者不能分离其中的苯酚/邻甲基苯酚、对甲基苯酚/2, 5-二甲基苯酚。PCL-Diol 固定相对酚类异构体的良好分离主要源于固定相与异构体之间氢键作用的差异。结果表明，氢键供体作用越强的组分在 PCL-Diol 色谱柱上的保留越强。例如，苯酚的沸点明显低于 2, 6-二甲基苯酚（分别为 182℃、203℃），但因苯酚与固定相间的氢键作用明显强于有位阻影响的 2, 6-二甲基苯酚，

使得沸点低的苯酚后流出。PCL-Diol 色谱柱在短时间内完成酚类异构体的良好分离，可以用于相关样品组分的分离分析测定。

　　PCL-Diol 色谱柱对弱碱性苯胺类异构体也具有高选择性分离能力。图 7-29（c）是 PCL-Diol 色谱柱分离苯胺、甲胺和二甲基苯胺异构体的测定结果，可见所有组分得到了基线分离并且峰形尖锐对称。PCL-Diol 固定相对酚类的分离主要基于氢键作用的差异，但对胺类的分离则是源于氢键作用和偶极作用的协同效应。例如，苯胺和 2,6-二甲基苯胺在 PCL-Diol 色谱柱上的流出顺序不同于酚类混合物中的苯酚和 2,6-二甲基苯酚。氢键作用减弱可能与胺类氢键供体能力较弱有关。芳胺类在医药、化工等领域有广泛应用，PCL-Diol 色谱柱对芳胺类异构体的高选择性分离可以用于对胺类产品的质量控制和相关的分析检测。除上述异构体外，PCL-Diol 色谱柱还能基线分离其他异构体，包括氯苯胺、酮位置异构体、二氯苯和二溴苯异构体等。其中，二氯苯异构体的分离结果如图 7-29（d）所示。

　　在上述研究的基础上，我们将 PCL-Diol 色谱柱用于间甲基苯酚、邻二甲苯等市售试剂的纯度检测（图 7-30），能够高效分离出试样中的异构体杂质。上述结果表明，PCL-Diol 色谱柱能高选择性分离性质相近的各类异构体，对于化工产品的纯度检测具有应用潜力。

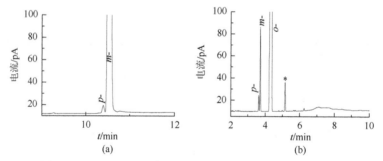

图 7-30　PCL-Diol 色谱柱用于间甲基苯酚（a）和邻二甲苯
（b）试样中异构体杂质的检测（*未知物）

（a）p-，对甲基苯酚；m-，间甲基苯酚。（b）p-，对二甲苯；m-，间二甲苯；o-，邻二甲苯

7.5　蝶烯类固定相

　　蝶烯（iptycenes）是具有三维刚性结构的芳香类化合物，由多个苯环、萘环、蒽环等按照一定的空间结构构建而成。其中三蝶烯是蝶烯类材料的基本构筑单元，由 3 个苯环通过亚甲基连接而成的具有 Y 型刚性结构的分子，具有 3 个开放式富电子自由体积区（IFV）。三蝶烯易于衍生化，可以根据需求设计构建不同结构和性质的蝶烯材料。蝶烯材料具有多孔性、分子识别选择性、高热稳定性、有机溶剂溶解性，近年在材料化学、分子识别、传感器等领域已有研究报道，作为 GC

固定相具有应用潜力。

　　我们近年对蝶烯类材料的 GC 分离性能进行了系列研究，包括五蝶烯醌衍生物固定相（PQ）[34]、蝶烯桥联芘四酮衍生物固定相（TQPP）[35]、蝶烯离子液体衍生物固定相（TP-2IL、TP-3Im、TP-3Bim、TPG 等）[36-39]、蝶烯聚合单元侧链衍生物固定相（TP-PCL、TP-PEG、TPP、TPT、TPPG、PEPE 等）[40-45]、蝶烯大环固定相（TDOC）[46]等。部分蝶烯固定相的结构式、麦氏常数和 Abraham 溶剂化作用参数分别如图 7-31、表 7-13 和表 7-14 所示。下面简述一些蝶烯固定相的色谱选择性、分离性能及其应用。

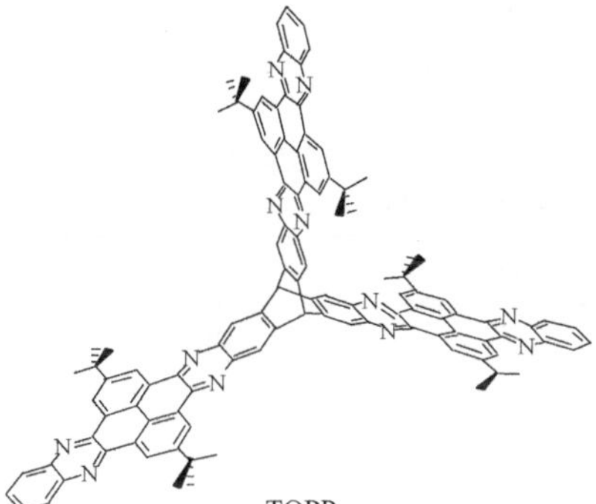

TQPP

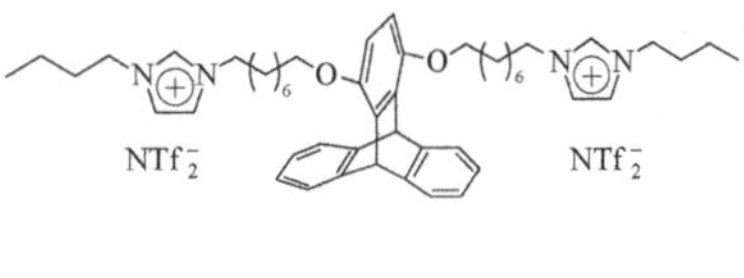

TP-2IL

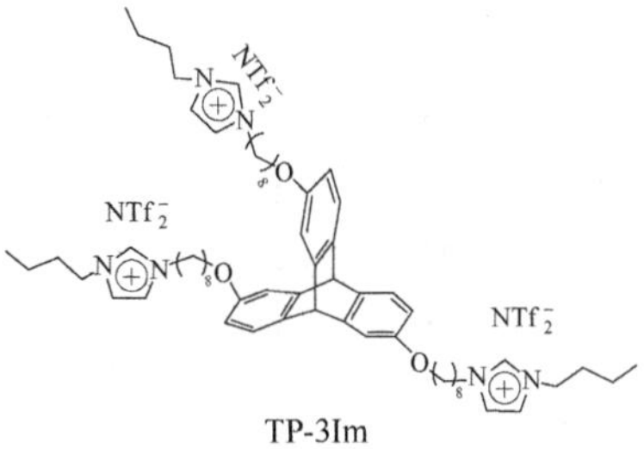

TP-3Im

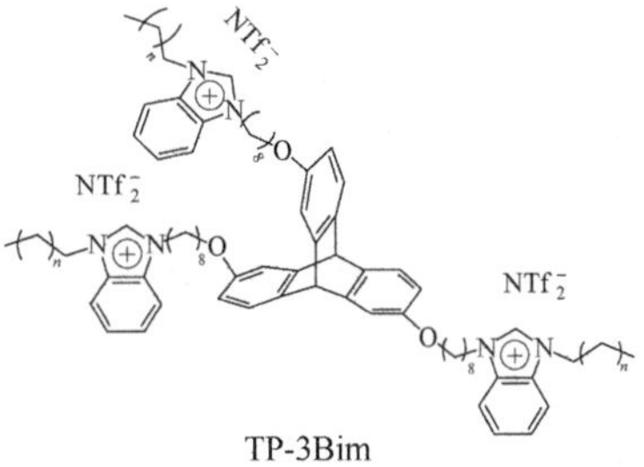

TP-3Bim

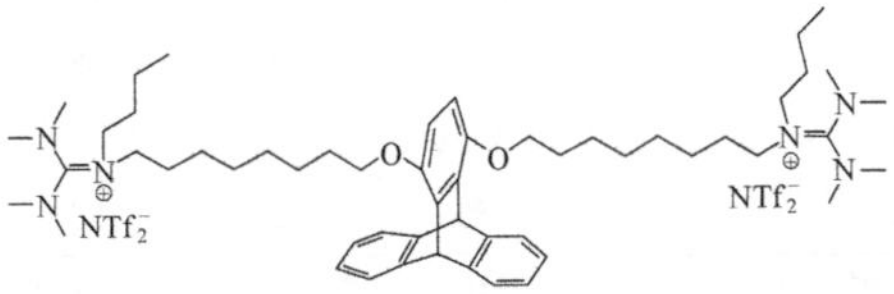

TPG

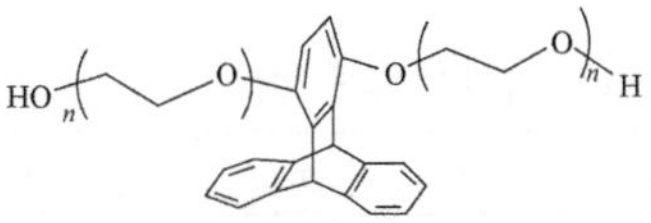

TP-PEG

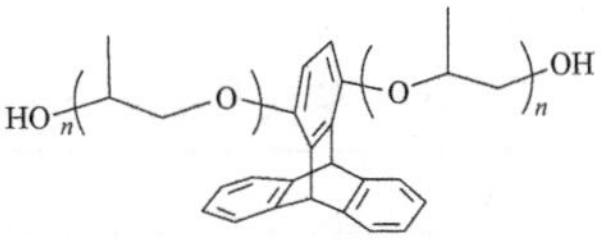

TPPG

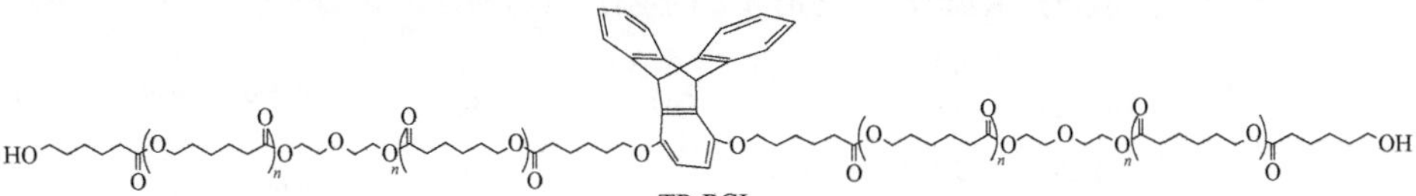

TP-PCL

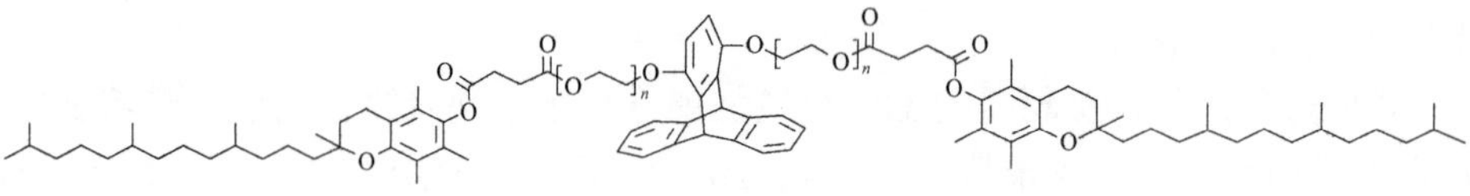

TPT

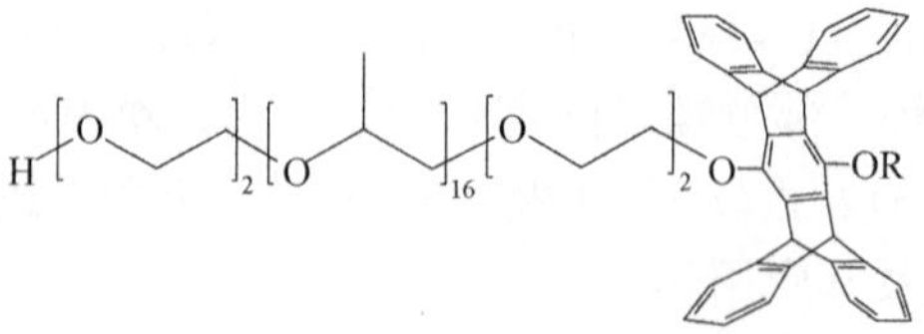

PEPE (R = H, PEPE1; R=EPE, PEPE2)

图 7-31　蝶烯固定相的结构式

表 7-13　蝶烯类固定相的麦氏常数

固定相	X'	Y'	Z'	U'	S'	总极性	平均极性
TDOC	52	119	73	127	133	504	101
PQ	47	134	78	129	122	510	102
TQPP	47	217	73	274	116	727	145
TPP	142	223	172	204	303	1044	209
TP-PCL	114	265	178	124	399	1077	215
TP-2IL	140	270	230	344	142	1126	225
TP-3Bim-12C	128	207	222	292	325	1174	235
TPG	122	224	214	336	289	1185	237
PEPE1	235	284	219	289	363	1391	278
TP-3Im	172	320	293	348	412	1545	309
TP-PEG	177	372	242	417	357	1565	313
TPPG	171	340	285	354	425	1575	315
TPT	159	319	308	352	489	1625	325
PEPE2	170	307	365	382	417	1641	328
TP-3Bim-5C	252	439	383	457	509	2040	408

注：X'表示苯；Y'表示正丁醇；Z'表示 2-戊酮；U'表示 1-硝基丙烷；S'表示吡啶，温度为 120℃。

表 7-14　蝶烯类固定相的 Abraham 溶剂化作用参数

	$T/℃$	c	e	s	a	l	n	R^2	F	SE
TP-2IL	80	−2.129 (0.083)	0.421 (0.037)	1.220 (0.031)	1.729 (0.064)	0.602 (0.009)	35	0.990	593	0.046
	100	−1.468 (0.052)	0.358 (0.038)	0.859 (0.035)	0.891 (0.056)	0.429 (0.008)	33	0.990	479	0.053
	120	−1.261 (0.057)	0.342 (0.047)	0.649 (0.041)	0.714 (0.062)	0.367 (0.017)	32	0.990	395	0.044

续表

	$T/℃$	c	e	s	a	l	n	R^2	F	SE
TP-3Im	80	−1.919 （0.071）	0.172 （0.045）	1.283 （0.053）	1.363 （0.050）	0.410 （0.016）	37	0.991	881	0.061
	100	−1.741 （0.061）	0.160 （0.032）	1.037 （0.038）	1.177 （0.036）	0.348 （0.014）	28	0.995	1040	0.039
	120	−1.411 （0.053）	0.118 （0.031）	0.839 （0.037）	1.019 （0.034）	0.262 （0.012）	32	0.992	937	0.042
TPG	80	−2.106 （0.042）	0.096 （0.028）	1.147 （0.044）	1.254 （0.056）	0.524 （0.010）	41	0.994	1050	0.052
	100	−2.043 （0.048）	0.059 （0.028）	0.980 （0.032）	1.180 （0.040）	0.465 （0.010）	39	0.995	1019	0.039
	120	−1.556 （0.048）	0.031 （0.031）	0.804 （0.034）	1.102 （0.062）	0.437 （0.054）	30	0.996	871	0.047
TP-PCL	70	−1.858 （0.064）	0.062 （0.052）	0.989 （0.740）	1.558 （0.088）	0.552 （0.014）	30	0.990	555	0.043
	90	−1.747 （0.066）	0.072 （0.032）	0.877 （0.010）	1.095 （0.092）	0.517 （0.012）	32	0.990	489	0.046
	110	−1.661 （0.049）	0.098 （0.049）	0.774 （0.074）	0.971 （0.095）	0.386 （0.011）	30	0.990	457	0.053
TP-PEG	60	−2.359 （0.020）	0.263 （0.051）	1.406 （0.062）	2.277 （0.046）	0.686 （0.067）	34	0.992	715	0.042
	80	−2.216 （0.037）	0.141 （0.030）	1.377 （0.036）	2.010 （0.037）	0.549 （0.019）	37	0.990	968	0.039
	100	−2.056 （0.054）	0.068 （0.036）	1.221 （0.043）	1.829 （0.059）	0.443 （0.027）	33	0.991	605	0.035
TPT	80	−2.231 (0.056)	0.084 (0.033)	0.948 (0.040)	1.596 (0.074)	0.603 (0.010)	41	0.990	922	0.055
	100	−2.049 (0.059)	0.129 (0.030)	0.756 (0.039)	1.520 (0.086)	0.471 (0.010)	32	0.990	669	0.048
	120	−1.969 (0.054)	0.165 (0.029)	0.487 (0.036)	1.453 (0.052)	0.415 (0.010)	33	0.990	710	0.042
PEPE1	80	−2.489 （0.067）	0.332 （0.053）	1.012 （0.060）	1.584 （0.062）	0.598 （0.013）	36	0.992	882	0.048
	100	−2.293 （0.070）	0.237 （0.051）	0.730 （0.056）	1.353 （0.063）	0.548 （0.012）	38	0.990	755	0.048
	120	−1.956 （0.055）	0.125 （0.040）	0.687 （0.045）	1.061 （0.051）	0.418 （0.010）	35	0.990	598	0.054
PEPE2	80	−2.493 （0.063）	0.302 （0.041）	0.843 （0.056）	1.712 （0.076）	0.592 （0.014）	35	0.990	657	0.057
	100	−2.488 （0.079）	0.197 （0.047）	0.720 （0.051）	1.534 （0.061）	0.541 （0.011）	36	0.991	794	0.063
	120	−2.028 （0.052）	0.104 （0.033）	0.675 （0.036）	0.194 （0.078）	0.408 （0.015）	35	0.990	583	0.075

注：n 表示溶质分子数；R^2 表示判定系数；F 表示费舍尔系数；SE 表示标准误差；括号内为标准偏差。

7.5.1　蝶烯桥联芘四酮衍生物固定相

三蝶烯桥联芘四酮衍生物 TQPP 的结构如图 7-31 所示，为含有 2D 和 3D 结构单元的富 π 电子体系材料。与 2D 碳材料相比，TQPP 分子间不易紧密聚集使其具有多孔性，并在常用有机溶剂中具有良好的溶解性。研究表明[35]，TQPP 固定相对苯类衍生物和位置异构体等表现出明显的分离优势，对卤代物和氢键型化合物具有较强的分子作用和保留能力[34]。图 7-32 为 TQPP 色谱柱分离 3 种样品的色谱图，每个样品中的组分在结构或性质上具有较高的相似度，因而具有一定分

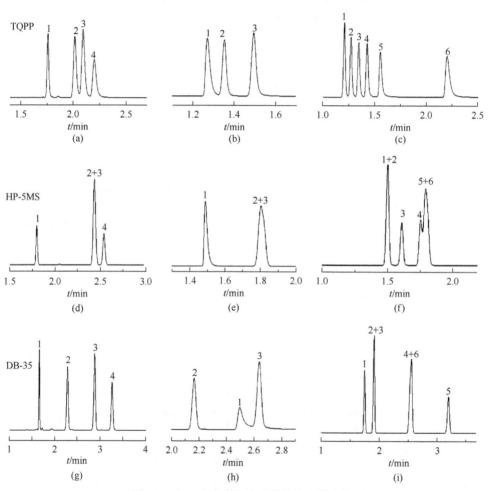

图 7-32　TQPP 色谱柱和商品柱分离混合物

色谱峰：（a）、（d）和（g）1. 正己烷；2. 环己烷；3. 苯；4. 噻吩。（b）、（e）和（h）1. 环己酮；2. 溴己烷；3. 溴苯。（c）、（f）和（i）1. 丙苯；2. 邻氯甲苯；3. 1,3,5-三甲基苯；4. 苯乙醚；
5. 苯甲腈；6. 邻氯苯酚

分离条件：（a）、（d）和（g）30℃，流速为 0.5mL/min；（b）、（e）和（h）70℃，流速为 1.0mL/min；
（c）、（f）和（i）80℃，流速为 1.0mL/min

离难度。由图可见，TQPP 固定相对这些组分具有较高的分离能力，并与相近极性的聚硅氧烷类固定相具有不同的保留行为。由图 7-32（b）可见，TQPP 色谱柱能基线分离溴己烷和溴苯，这二种组分在 HP-5MS 色谱柱上同流出，而在 DB-35 色谱柱上流出顺序则相反。由图 7-32（c）可见，TQPP 色谱柱分离了各类取代苯，其中部分组分在商品柱上同流出。需注意的是，TQPP 固定相能完全将邻氯甲苯与相邻组分分离，并对邻氯苯酚表现出特异的保留，明显不同于聚硅氧烷类固定相，表明 TQPP 固定相对卤代物和氢键型化合物的高选择性分离能力。

此外，TQPP 色谱柱还能分离其他异构体，如烷烃异构体、烷基苯异构体、卤代苯异构体、甲基萘/二甲基萘异构体、酚类和醇类异构体等。研究表明，TQPP 固定相的高分离能力源于其特异的分子结构和分子作用（卤键作用、氢键作用、π-π 作用等）。测定结果还表明，在一定载样量范围内，TQPP 色谱柱保持较高的柱效，有利于分离测定样品中含量相差较大的各组分；并能用于市售产品中异构体杂质的分离检测。

7.5.2　蝶烯离子液体固定相

针对 GC 分析测定中性质相近组分和复杂组成样品的分离问题，基于蝶烯材料和离子液体的各自优势，设计合成了多种离子液体功能化蝶烯固定相并研究了其色谱选择性、分离性能及实际应用。主要包括蝶烯双咪唑离子液体（TP-2IL）[36]、蝶烯三咪唑离子液体（TP-3Im）[37]、蝶烯三苯并咪唑离子液体（TP-3Bim）[38]和蝶烯双胍盐离子液体（TPG）[39]等。蝶烯离子液体结构中含有刚性芳基骨架和极性离子结构单元，有利于提高对不同性质分析物的色谱选择性。研究表明，蝶烯刚性芳基骨架的嵌入显著提高了蝶烯离子液体色谱柱对性质相近组分的分离能力、色谱柱惰性和热稳定性，对于各类异构体分离和复杂样品的分析测定具有应用价值。

TP-2IL 色谱柱能够基线分离一些性质极为相近的异构体，如甲胺/二甲基苯胺异构体（图 7-33）、甲酚异构体等，并且色谱峰对称性良好，表明其对酸碱性异构体的高分离性能和良好惰性[36]。相比 PEG 商品柱（HP-INNOWax）和 35%苯基甲基聚硅氧烷商品柱（DB-35）表现出明显的分离优势。这些异构体在 DB-35 商品柱上出现了多种组分峰部分重叠甚至完全重合的现象，并且二甲基苯胺色谱峰的对称性较低；3, 5-/2, 3-二甲基苯胺在 PEG 商品柱上的色谱峰部分重叠（$R = 0.76$）。研究表明，TP-2IL 固定相的高选择性与其结构中 3D 蝶烯骨架和阴阳离子侧链密切相关，这种特异的分子结构能够提供多种分子作用（如偶极-偶极、氢键、π-π 堆积、阳离子-π、阴离子-π 作用等，图 7-34）。当其与性质相近的异构体作用时，因综合分子作用强度上的微小差异使得各异构体能得到分离，表现出高选择性分离性能。

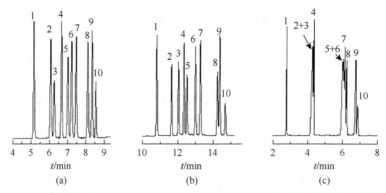

图 7-33　TP-2IL 色谱柱（a）、HP-INNOWax（b）和 DB-35（c）商品柱分离苯胺类异构体

色谱峰：1. 苯胺；2. 邻甲基苯胺；3. 对甲基苯胺；4. 间甲基苯胺；5. 2,6-二甲基苯胺；6. 2,4-二甲基苯胺；7. 2,5-二甲基苯胺；8. 3,5-二甲基苯胺；9. 2,3-二甲基苯胺；10. 3,4-二甲基苯胺

分离条件：70℃ $\xrightarrow{5℃min}$ 160℃，流速为 0.8mL/min

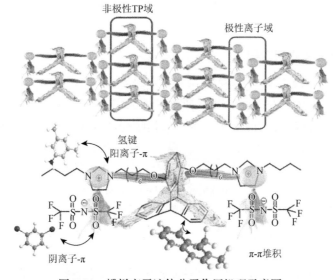

图 7-34　蝶烯离子液体分子作用机理示意图

　　不同于 TP-2IL 色谱柱，TP-3Im 色谱柱对具有较强酸碱性的苯二酚异构体、苯二胺异构体等表现出高选择性和惰性[37]。研究还发现，蝶烯苯并咪唑离子液体（TP-3Bim-5C、TP-3Bim-12C）中烷基链长度对固定相极性、色谱选择性及分离性能有明显影响[38]。TP-3Bim-5C 固定相为强极性，适合分离中等极性到强极性的组分，而 TP-3Bim-12C 固定相为中等极性，适合分离弱极性到中等极性组分。两色谱柱分离不同种类分析物的色谱图如图 7-35 所示。相比 TP-3Bim-5C 色谱柱，TP-3Bim-12C 色谱柱对脂肪族、烷基苯及卤代苯的保留较强，对氢键型组分（如酚、胺、醇等）保留较弱，使得正十二烷/环己醇（峰 1/3）、对二溴苯/苯胺（峰 7/8）和萘/苯酚（峰 10/11）等组分的出峰顺序相反。实验表明，通过改变烷基链

长可以有效调控 TP-3Bim 固定相的选择性，为固定相的设计开发提供了实验参考。

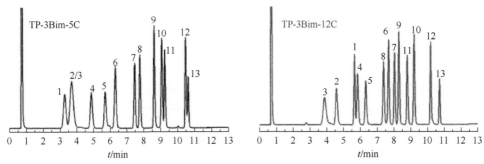

图 7-35　TP-3Bim-5C 与 TP-3Bim-12C 色谱柱分离 13 种组分混合物

色谱峰：1. 正十二烷；2. 正丁基苯；3. 环己醇；4. 辛酸甲酯；5. 正辛醇；6. 正己基苯；7. 对二溴苯；8. 苯胺；
9. 苯甲醇；10. 萘；11. 苯酚；12. 对甲基苯酚；13. 对氯硝基苯

分离条件：40℃ —— 8℃/min —— 150℃，流速为 0.8 mL/min

　　TPG 固定相色谱柱能够同时分离 19 种酚/胺类异构体的混合物，并且所有酚胺
组分色谱峰对称性良好（图 7-36），表明 TPG 固定相的高选择性及色谱柱惰性[39]。
相比不含蝶烯骨架的常规单阳脒盐离子液体（GIL），TPG 固定相在色谱选择性、
热稳定性等方面均有显著提高。TPG 色谱柱还能基线分离其他异构体，如二乙苯、
溴甲苯、硝基溴苯、烷烃（$C_6 \sim C_8$）、丁醇的异构体等。TPG 固定相对不同极性
和性质的分析物表现出的两亲选择性有利于复杂样品中不同性质组分的分析测
定。将 TPG 色谱柱和商品柱同时用于薄荷挥发油成分的 GC-MS 分析测定。TPG
色谱柱对多数组分实现了良好分离，可用于实际样品的分析测定。

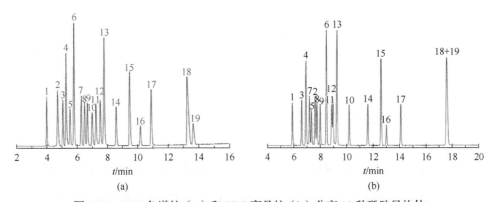

图 7-36　TPG 色谱柱（a）和 PEG 商品柱（b）分离 19 种酚胺异构体

色谱峰：1. 苯胺；2. 邻氯苯酚；3. 邻甲基苯胺；4. 对甲基苯胺；5. 间甲基苯胺；6. 2,6-二甲基苯胺；7. 2,6-二
甲基苯酚；8. 2,4-二甲基苯胺；9. 2,5-二甲基苯胺；10. 苯酚；11. 3,5-二甲基苯胺；12. 2,3-二甲基苯胺；13. 3,4-
二甲基苯胺；14. 间甲基苯酚；15. 2,3-二甲基苯酚；16. 3,5-二甲基苯酚；17. 3,4-二甲基苯酚；18. 对氯苯酚；
19. 间氯苯酚

分离条件：90℃ —— 5℃/min —— 160℃，流速为 0.8 mL/min

7.5.3 蝶烯聚合单元侧链衍生物固定相

我们课题组设计合成了系列蝶烯聚合单元侧链衍生物固定相，包括三蝶烯聚己内酯二醇固定相（TP-PCL）[40]、三蝶烯聚乙二醇固定相（TP-PEG）[41]、三蝶烯封端聚己内酯固定相（TPP）[42]、三蝶烯维生素 E 琥珀酸聚乙二醇酯（TPT）[43]、三蝶烯聚异丙醇固定相（TPPG）[44]、五蝶烯共聚物侧链衍生物固定相（PEPE）[45]等，并研究了固定相的色谱选择性、分离性能及实际应用。

烷基苯异构体是工业生产的重要原料，选择性分离产品中异构体杂质对产品质量控制至关重要。研究表明[40]，TP-PCL 色谱柱能基线分离 BTEX（苯、甲苯、乙苯、间/对/邻二甲苯）、间/对/邻伞花烃、叔/异/仲/正丁基苯等烷基苯异构体（图 7-37）。相比 PCL 色谱柱，TP-PCL 色谱柱对于伞花烃异构体、丁基苯异构体、烷烃异构体、醇异构体等的分离表现出明显的优势。此外，该色谱柱还能基线分离各种卤代苯异构体、氯苯胺异构体、甲胺及二甲基苯胺异构体、甲酚及二甲基苯酚异构体等。可见，TP-PCL 固定相因多种分子作用（π-π、CH-π、偶极-偶极、氢键、色散力等）的协同作用增强，显著提高了其对不同种类和性质分析物的色谱选择性。将 TP-PCL 色谱柱用于 GC-MS 分析测定了艾叶挥发油成分，对主要成分都实现了良好分离，而在商品柱上出现了一些组分同流出或部分分离的现象。此外，TP-PCL 色谱柱的热稳定性明显高于 PCL 色谱柱。研究表明，在链状聚合物骨架上引入具有 3D 刚性富 π 特性的三蝶烯单元能够明显提高固定相对不同种类、不同极性分析物的选择性和热稳定性，对于复杂组分样品的分析测定具有明显的分离优势和应用价值。

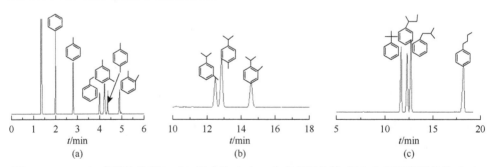

图 7-37　TP-PCL 色谱柱分离 BTEX 混合物（a）、伞花烃异构体（b）和丁基苯异构体（c）

TPT 固定相结构由三蝶烯单元与具有非极性和极性单元的侧链（维生素 E 琥珀酸聚乙二醇酯，TPGS）构成（图 7-31）。研究表明[43]，TPT 色谱柱对一些难分离的异构体（如烷烃类、芳胺类等）的综合分离性能明显优于 PEG 商品柱；对碱性较强的有机碱（如脂肪胺、杂环碱等）表现出高分离能力和高惰性，色谱峰对称性良好，而在商品柱上则出现明显不可逆吸附或变形峰。当色谱柱惰性低时，一些分析物（如有机碱、有机酸、醛类、醇类等）易出现拖尾峰、变形峰，甚至被完全吸附不出峰，直接影响样品组分的分离分析结果。出现上述情况主要源于毛细管内壁残留的硅羟基或固定相本身的结构单元与分析物分子发生了较强的分子作用（酸碱作用、强氢键作用等）所致。TPT 色谱柱的高惰性和优异的分离性能主要源于其特异的分子构成、富 π 刚性单元的分子内自由体积（IMFV）和两亲性构成单元的综合分子作用。此外，TPT 色谱柱具有较宽的操作温度范围（30～280℃），有利于复杂样品中高低沸点组分的良好分离和分析测定。采用 TPT 色谱柱（30m）、GC-MS 法分析测定了青蒿挥发油成分，测得的总离子流图（TIC）如图 7-38 所示。由图可见，TPT 色谱柱［图 7-38（a）］分离得到的色谱峰数目明显多于 PEG 商品柱［图 7-38（b）］，表明在商品柱上有一些组分同流出。该挥发油中的主要成分有醇类、酮类、酯类、萜烯类、烃类等不同类型的化合物。测定结果表明了 TPT 色谱柱对复杂组成样品的高分离性能和实际应用潜力。

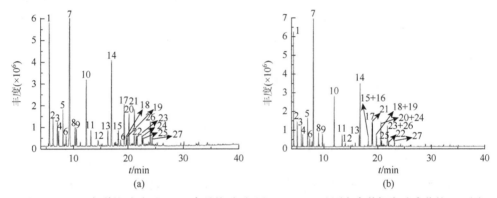

图 7-38　TPT 色谱柱（a）和 PEG 商品柱（b）用于 GC-MS 法测定青蒿挥发油成分的 TIC 图

色谱峰：1. α-蒎烯；2. 莰烯；3. β-蒎烯；4. β-水芹烯；5. β-月桂烯；6. α-萜品油烯；7. 桉树脑；8. γ-松油烯；9. 对伞花烃；10. 3-氨基吡唑；11. 3, 3, 6-三甲基-1, 4-庚二烯-6-醇；12. β-侧柏酮；13. 蒿醇；14. 樟脑；15. 香芹蒎酮；16. α-荜橙茄油烯；17. 4-松油醇；18. 顺式-2, 8-盖二烯-1-醇；19. 4-乙基-3-亚乙基环己烯；20. 反式-松香芹醇；21. β-石竹烯；22. 龙脑；23. α-松油醇；24. 香桃木醛；25. β-金合欢烯；26. 大根香叶烯 D；27. β-芹子烯

　　研究发展新型高选择性、高惰性气相色谱柱对于解决样品中一些分析物因不可逆吸附引起的分离分析问题具有重要应用价值。在三蝶烯聚异丙醇固定相（TPPG）的研究中[44]，我们发展了一种改进的基于原位双相-溶胶凝胶反应的 GC 毛细管柱内壁惰性化处理方法。该反应中的双相分别为含有四乙氧基硅烷（TEOS）和环己烷的有机相与含有十六烷基三甲基溴化铵（CTAB）和尿素的水相。文献报道是将该反应用于硅胶微球表面纤维状壳层的制备[47]和毛细管电色谱（CEC）柱内壁多孔涂层的制备[48]。由于常用的 GC 色谱柱与 CEC 色谱柱在规格上相差较大，文献中反应条件不适于 GC 色谱柱，需对其反应条件进行优化改进。通过优化反应条件，成功完成了 GC 色谱柱内表面多孔层改性（PM）预处理，柱内壁表面形貌如图 7-39 所示。由图 7-39（a）可见，PM 色谱柱内壁表面形成了网络状的多孔层。经表征确证，毛细管内壁上的硅羟基明显减少，有利于降低色谱柱表面活性。

在 PM 色谱柱内壁上，采用静态法涂渍 TPPG 固定相后制备得到了 PM-TPPG 色谱柱。

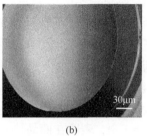

(a)   (b)

图 7-39   PM 毛细管柱（a）和未处理毛细管柱（b）内壁表面的 SEM 图

  Grob 试剂是一种代表性的用于评价色谱柱综合分离性能的检验混合物。该混合物由 12 种成分构成，包含了分析样品中常见的物质种类，包括烷烃、酯、醇、醛、酚、羧酸和胺等。其中，2-乙基己酸（S）和二环己胺（am）对色谱柱表面的吸附活性位点高度敏感，极易出现不可逆吸附、严重拖尾或变形的色谱峰，对于色谱柱的惰性具有挑战性。采用该混合物对 PM-TPPG 色谱柱的分离性能及惰性进行了研究，同时与常规方法制备得到的 TPPG 色谱柱的分离结果进行了对比。如图 7-40 所示，PM-TPPG 色谱柱基线分离了 12 种组分并且色谱峰对称性良好，其中 2-乙基己酸和二环己胺的色谱峰对称性相比 TPPG 色谱柱有明显改善，表明该预处理方法能明显提高色谱柱惰性，对于酸碱性成分的分析测定具有应用价值。PM-TPPG 色谱柱的高分离性能和惰性归因于固定相 TPPG 的高选择性和多孔涂层的共同贡献。

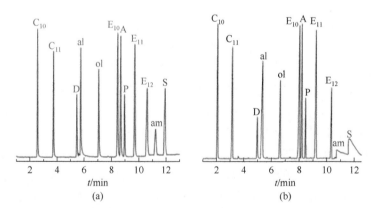

(a)   (b)

图 7-40   PM-TPPG 色谱柱（a）和 TPPG 色谱柱（b）分离 Grob 试剂的色谱图

色谱峰：癸烷（C_{10}）；十一烷（C_{11}）；2,3-丁二醇（D）；壬醛（al）；辛醇（ol）；癸酸甲酯（E_{10}）；2,6-二甲基苯胺（A）；2,6-二甲基苯酚（P）；十一酸甲酯（E_{11}）；十二酸甲酯（E_{12}）；二环己胺（am）；2-乙基己酸（S）

  研究表明，PM-TPPG 色谱柱还能基线分离有机酸、有机碱及其异构体、烷基苯异构体、卤代苯异构体、酚胺异构体等，并且色谱峰峰形对称性良好，进一步证明了该色谱柱的高选择性和高惰性。此外，PM-TPPG 色谱柱能够用于羧酸甲酯中的有机酸残留的快速分离检测。羧酸甲酯类在化学、化工等领域有广泛应用，其产品中常含有残留的羧酸杂质。由于残留羧酸的含量低且在色谱柱上易发生不可逆吸附，给分离检测带来一定难度。图 7-41 为己酸甲酯试剂样品在 PM-TPPG 色谱柱和 TPPG 色谱柱上的分离测定结果。由图可见，PM-TPPG 色谱柱能够分离出己酸杂质，而 TPPG 色谱柱未出现己酸的色谱峰，可能被完全吸附。采用本研究方法制备得到的 PM-TPPG 色谱柱在分离性能、柱惰性及载样量等方面均表现出明显的优势，建立的 GC 色谱柱惰化处理方法可以用于其他 GC 固定相色谱柱的制备。

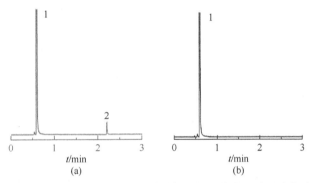

图 7-41　PM-TPPG 色谱柱（a）和 TPPG 色谱柱（b）分离己酸甲酯产品中己酸杂质

色谱峰：1. 己酸甲酯；2. 己酸

相比 Y-型结构的三蝶烯，五蝶烯的 H-型骨架具有更大的刚性富 π 体系和分子内自由体积，在分子识别、多孔材料制备等领域已有研究报道。我们设计合成了新型五蝶烯聚合链基衍生物（PEPE）固定相并对其分离性能及其应用进行了研究[45]。PEPE 由五蝶烯骨架和三嵌段共聚物（EPE）侧链构成（图 7-31），两种 PEPE 固定相分别含有 1 个（PEPE1）和 2 个（PEPE2）EPE 侧链。采用静态法制备了这二种固定相的色谱柱并测定了色谱参数、柱内表面形貌、戈雷曲线等。研究发现，这二种固定相在分子作用、极性、色谱柱内表面形貌等方面存在明显不同。由图 7-42 可见，PEPE1 柱内表面上均匀分布的线形凸起之间相互交叉呈现网状形貌，而 PEPE2 柱上各凸起单元间为平行排列的波浪状，这种差异可能源于两种固定相的分子排列方式的不同，进而会影响分析物在两种固定相中的分子扩散和传质过程。测定结果表明，二种色谱柱对不同种类分析物的分离性能有所不同。例如，PEPE1 色谱柱能够基线分离一些性质极为相近的异构体，如二甲苯异构体（图 7-43）、酚类异构体（图 7-44）等，表现出更高的选择性和分离性能。此外，二种色谱柱对挥发性羧酸具有高惰性，直接分离测定得到的羧酸色谱峰对称性良好。将 PEPE 色谱柱用于茶花挥发油组分的 GC-MS 分析测定，表现出明显的分离优势。

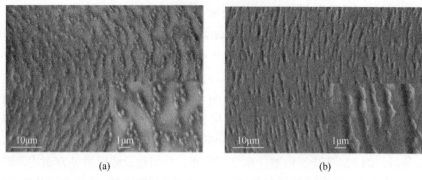

图 7-42　PEPE1 色谱柱（a）和 PEPE2 色谱柱（b）内表面的 SEM 图

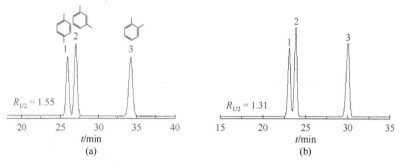

图 7-43　PEPE1 色谱柱（a）和 PEPE2 色谱柱（b）分离二甲苯异构体

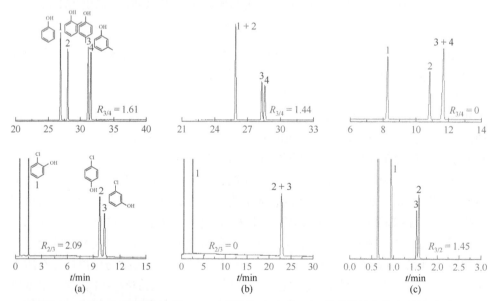

图 7-44　PEPE1 色谱柱（a）、PEG 商品柱（b）和 35%苯基聚硅氧烷商品柱（c）
分离甲酚异构体（上排图）和氯苯酚异构体（下排图）

7.6　六苯基苯类固定相

六苯基苯（HPB）为星形结构的芳烃化合物，分子中只含碳氢元素，分子内具有环形离域大 π 键。当 HPB 的六个苯环对位上键合较大体积的取代基时（如四苯乙烯基），因空间障碍使得取代基之间形成一定的角度，具有非共平面螺旋桨状构象，使得分子间 π-π 堆积明显减弱。HPB 类材料的相关特性在聚集诱导发光（AIE）领域已得到广泛关注。目前，纯碳氢类材料作为色谱固定相的研究报道很少。基于 HPB 类材料上述结构特性及其高热稳定性等性质，我们研究了两种 HPB 四苯乙烯基衍生物（BT、BPT，图 7-45）的 GC 色谱分离性能[49, 50]。两种固定相的麦氏常数如表 7-15 所示，表明 BT 固定相的极性略大于 BPT 的极性。实验表明，BT 和 BPT 固定相的色谱选择性和保留行为明显不同于平面富 π 体系的石墨烯（G）及相近极性的苯基聚硅氧烷类。

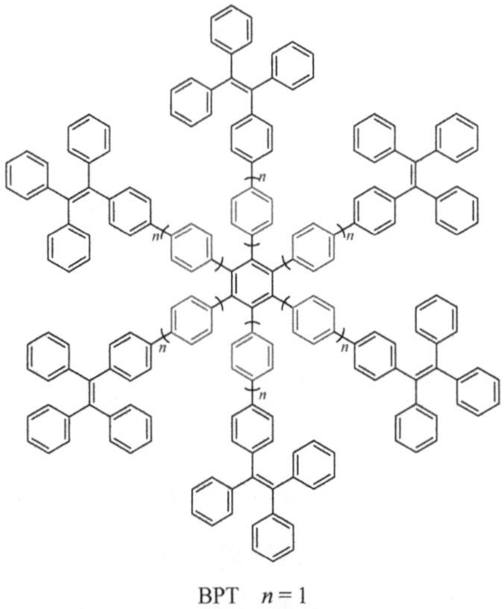

BPT　n = 1
BT　n = 0
(a) 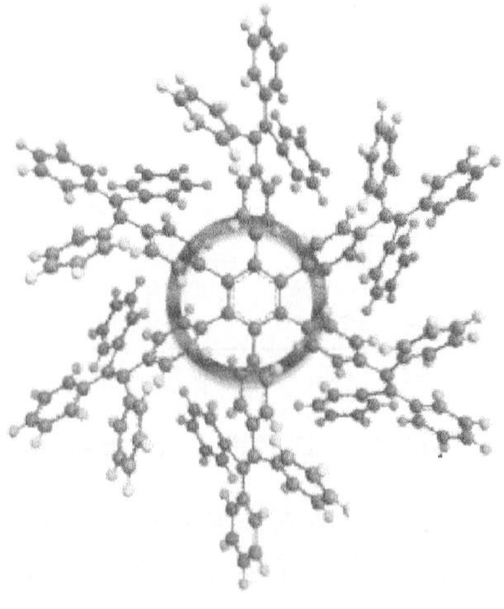　　　　　　　　　　　　　　(b)

图 7-45　BT 与 BPT 结构式（a）及其分子构象和环流离域大 π 键示意图（b）

表 7-15　HPB 类固定相的麦氏常数

固定相	X'	Y'	Z'	U'	S'	总极性	平均极性
BT	74	132	86	150	238	680	136
BPT	56	112	92	148	137	545	109

注：X'表示苯；Y'表示正丁醇；Z'表示 2-戊酮；U'表示 1-硝基丙烷；S'表示吡啶，温度为 120℃。

例如，BT 色谱柱对于一些芳烃异构体和烷烃异构体的分离能力明显优于石墨烯色谱柱。其分离甲基萘、二甲基萘、蒽/菲等异构体的色谱图如图 7-46 所示。

BT 色谱柱能基线分离上述三组芳烃异构体,并且色谱峰对称性良好,相比石墨烯色谱柱表现出明显的分离优势。其中,性质极为相近的蒽/菲在石墨烯色谱柱上同流出并且严重拖尾。此外,在相同色谱条件下,这些芳烃异构体在 BT 色谱柱上的保留时间明显比在石墨烯色谱柱上的保留时间长(约为 2 倍)。BT 固定相和芳烃异构体均为纯 CH 化合物,石墨烯主要由 CH 构成但可能含有少量含氧基团。因此,BT 固定相对芳烃异构体的高选择性和较强的保留能力主要源于其特异的分子结构和螺旋桨状构象。BT 分子中因外围苯环间 π-π 相互叠加形成的电子环形离域、螺旋桨片之间类三明治的夹层作用和分子间孔隙等特性,增强了 BT 固定相与分析物之间的分子作用及其选择性识别异构体间微小差异的能力。

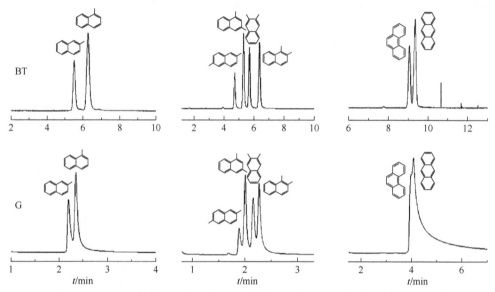

图 7-46　BT 色谱柱和石墨烯 G 色谱柱分离甲基萘、二甲基萘、蒽/菲等异构体

　　烷烃异构体因性质相近并且缺少选择性作用基团,其分离纯化一直是化学、化工领域关注的问题。BT 色谱柱对于庚烷异构体、辛烷异构体表现出高分离性能。与对芳烃保留不同的是,BT 色谱柱对烷烃的保留时间仅略长于石墨烯色谱柱,表明 BT 和石墨烯与烷烃的分子作用(主要为色散力)强度相近。与平面型石墨烯不同的是,BT 分子的螺旋桨结构使其分子间堆积松散而产生分子间孔隙,增强了其对不同形状烷烃异构体的选择性和分离能力。除上述烃类分离外,BT 色谱柱还能基线分离一些烷基苯、卤代苯、醇类等异构体。发展新型碳氢材料固定相对于拓展色谱固定相类型和色谱分离机理具有重要的研究和应用价值。

7.7　新型链状聚合物固定相

　　链状聚合物主要分为均聚物和共聚物。由一种单体发生聚合反应生成的聚合物为均聚物；由两种或两种以上单体发生聚合反应得到的聚合物为共聚物，又分为无规共聚物、交替共聚物、嵌段共聚物和接枝共聚物等。在各类聚合物中，目前应用最为广泛的是聚硅氧烷类和聚乙二醇类固定相（详见本书第 5 章），其他链状聚合物作为 GC 固定相的研究报道较少。聚合物种类多、结构各异，作为 GC 固定相具有较大的研究空间和应用前景。

当熔融石英毛细管柱存在较强的吸附活性位点时，会使一些敏感性成分（如酸、碱、醇、醛等）产生不可逆吸附，出现色谱峰拖尾、变形或不出峰等问题，影响样品分析测定结果。吸附活性位点主要源于固定相本身和柱内表面游离的硅羟基。为解决上述问题，通常需在色谱柱制备时对柱内表面进行去活处理或者对分析物进行衍生化后再分析测定，增加了实验步骤和相关影响因素。针对目前常用色谱柱的选择性和惰性问题，我们课题组分别对腺嘌呤封端的聚异丙醇固定相（APPG）、脂肪族聚碳酸酯二醇（CAPC、HAPC）、维生素 E 琥珀酸聚乙二醇酯（TPGS）、聚氧乙烯-聚氧丙烯-聚氧乙烯（EPE）等的 GC 分离性能进行了研究[51-55]。这些固定相的结构式如图 7-47 所示，麦氏常数和 Abraham 溶剂化作用参数分别如表 7-16 和表 7-17 所示。下面简要介绍部分固定相的分离性能。

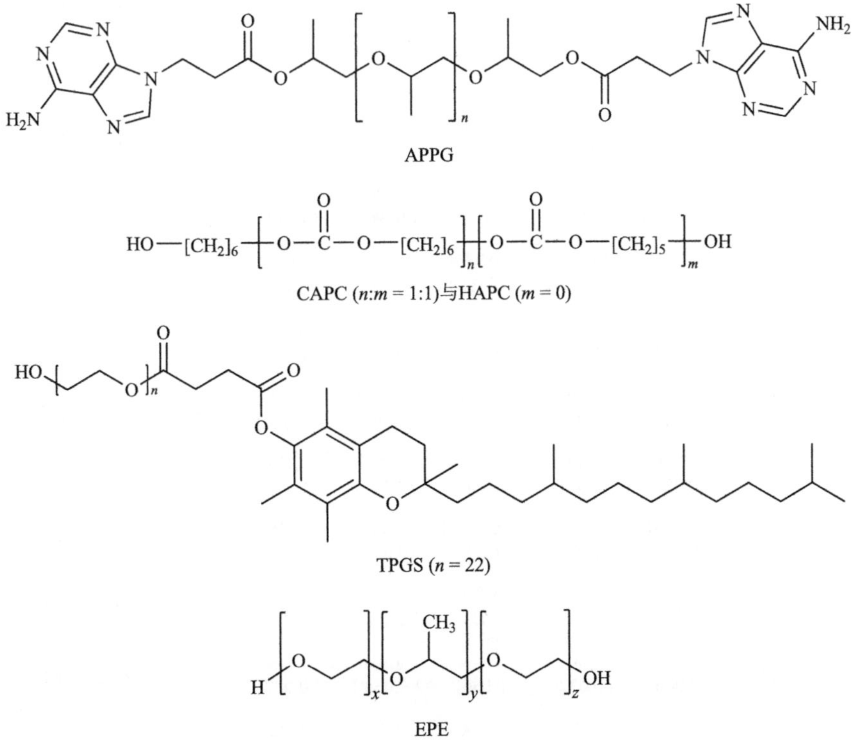

APPG

CAPC ($n:m = 1:1$) 与 HAPC ($m = 0$)

TPGS ($n = 22$)

EPE

图 7-47　各聚合物的结构式

表 7-16 各聚合物固定相的麦氏常数

固定相	X'	Y'	Z'	U'	S'	总极性	平均极性
APPG	183	415	250	377	326	1551	310
CAPC	205	340	360	408	437	1750	350
HAPC	188	337	346	389	432	1690	338
TPGS	232	377	282	411	450	1750	350
EPE	220	396	372	368	420	1776	355

注：X'表示苯；Y'表示正丁醇；Z'表示 2-戊酮；U'表示 1-硝基丙烷；S'表示吡啶，温度为 120℃。

表 7-17 各聚合物固定相的 Abraham 溶剂化作用参数

	$T/℃$	c	e	s	a	l	n	R^2	F	SE
APPG	80	−2.045 (0.060)	0.003 (0.030)	1.028 (0.041)	1.903 (0.056)	0.546 (0.012)	35	0.99	790	0.046
	100	−1.920 (0.045)	0.020 (0.028)	0.926 (0.035)	1.558 (0.048)	0.469 (0.008)	33	0.99	1097	0.040
	120	−1.515 (0.039)	0.056 (0.029)	0.720 (0.038)	1.084 (0.050)	0.341 (0.008)	31	0.99	664	0.039
CAPC	80	−2.169 (0.052)	0.055 (0.029)	1.107 (0.038)	1.403 (0.062)	0.547 (0.009)	41	0.99	1025	0.050
	100	−1.809 (0.049)	0.084 (0.022)	0.897 (0.033)	1.081 (0.045)	0.436 (0.008)	32	0.99	788	0.033
	120	−1.681 (0.044)	0.097 (0.017)	0.736 (0.026)	0.820 (0.036)	0.358 (0.008)	29	0.99	658	0.024
HAPC	80	−2.140 (0.056)	0.037 (0.031)	1.059 (0.037)	1.203 (0.057)	0.512 (0.009)	31	0.99	747	0.040
	100	−1.597 (0.050)	0.078 (0.026)	0.735 (0.031)	0.831 (0.054)	0.378 (0.009)	30	0.99	531	0.027
	120	−1.108 (0.033)	0.088 (0.019)	0.542 (0.022)	0.528 (0.030)	0.253 (0.006)	30	0.99	511	0.020
TPGS	80	−2.361 (0.048)	0.081 (0.028)	1.170 (0.032)	1.819 (0.061)	0.563 (0.080)	45	0.99	1003	0.049
	100	−2.088 (0.051)	0.064 (0.024)	1.032 (0.030)	1.417 (0.050)	0.458 (0.010)	40	0.99	812	0.040
	120	−1.741 (0.040)	0.033 (0.023)	0.868 (0.029)	1.021 (0.039)	0.357 (0.009)	37	0.99	698	0.032
EPE	80	−2.399 (0.062)	−0.029 (0.047)	1.014 (0.053)	1.757 (0.062)	0.589 (0.012)	38	0.99	952	0.066
	100	−2.204 (0.040)	−0.0195 (0.032)	0.934 (0.035)	1.396 (0.033)	0.525 (0.007)	39	0.996	1898	0.042
	120	−2.627 (0.040)	0.031 (0.026)	0.900 (0.035)	1.368 (0.035)	0.483 (0.007)	39	0.995	1786	0.045

注：n表示溶质分子数；R^2表示判定系数；F表示费舍尔系数；SE表示标准误差；括号内为标准偏差。

核酸碱基（腺嘌呤、胞嘧啶、鸟嘌呤等）之间的有序氢键自组装在生命科学、超分子化学和材料化学等领域已有广泛的研究和应用。在色谱分析中，能否利用核酸碱基与毛细管柱硅羟基的氢键作用来提高色谱柱的惰性是一个值得研究探索的科学问题。我们对腺嘌呤封端的聚异丙醇固定相（APPG）的选择性和分离性能进行了研究[51]。其中，Grob 试剂分离结果如图 7-48 所示。可以看到，APPG 色谱柱基线分离了所有组分并且各组分峰形良好。相比之下，在聚异丙醇（PPG）色谱柱上，2-乙基己酸（S）没有出现明显的色谱峰（有严重吸附）；在 PEG 商品柱（HP-INNOWax）和聚硅氧烷商品柱（DB-35MS）上，均有二对组分同流出现象。结果表明，APPG 色谱柱相比 PPG 色谱柱显著改善了 2-乙基己酸的峰形，对有机酸碱均表现出高惰性；其分离能力明显优于二种商品柱。实验证明，APPG 的腺嘌呤单元与硅羟基的氢键作用能明显减少色谱柱表面的活性位点，显著提高色谱柱惰性。此外，APPG 色谱柱还能基线分离卤代苯异构体、酚类异构体和苯胺类异构体等，并能用于染发产品中胺/酚类物质的分析检测。本研究提供了一种显著提高色谱柱惰性的方法，对于解决上述分离问题具有应用价值，同时还为色谱固定相的设计提供了一种可行的策略。

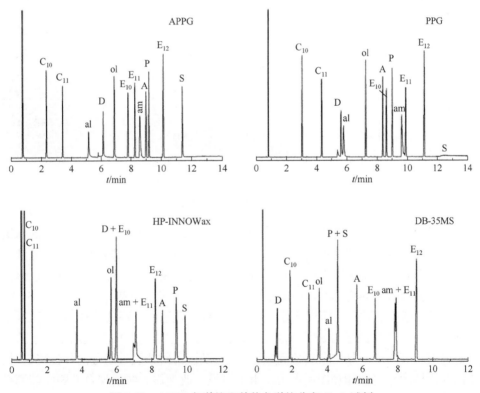

图 7-48　APPG 色谱柱和其他色谱柱分离 Grob 试剂

色谱峰：癸烷（C_{10}）；十一烷（C_{11}）；壬醛（al）；2,3-丁二醇（D）；辛醇（ol）；癸酸甲酯（E_{10}）；十一酸甲酯（E_{11}）；二环己胺（am）；2,6-二甲基苯胺（A）；2,6-二甲基苯酚（P）；十二酸甲酯（E_{12}）；2-乙基己酸（S）

分离条件：40℃ $\xrightarrow{10℃/min}$ 160℃

脂肪族聚碳酸酯二醇（APC）按照聚合方式分为无规共聚物（CAPC）和均聚物（HAPC）（图 7-47）。二者的化学组成相似，但它们在理化性质上存在较大差异。不同于由一种结构单元组成的均聚物，无规共聚物中的两种不同结构单元打破了链段的规则性和对称性，降低了结晶能力和链间作用力，使其熔融温度和内聚能密度明显降低，作为 GC 固定相具有研究和应用价值[53]。由图 7-49（a）可见，CAPC 无明显的熔融温度，玻璃化转变温度为−54℃，室温下呈液态；而 HAPC 熔融温度为 50℃，低于此温度时呈固态。当固定相的熔融温度低时，可降低其最低操作温度（MiAOT），有利于样品中低沸点组分的良好分离。研究发现，不同聚合方式的 CAPC 和 HAPC 在色谱柱内壁形貌、色谱选择性和分离性能等方面具有明显的差异。由图 7-49（b）可见，在色谱柱内壁上，二种固定相涂层的形貌明显不同。CAPC 涂层为连续膜，膜下为氯化钠微晶，整体呈现均匀的波纹状形貌；HAPC 涂层呈固态，表面分散着微晶。此外，两种固定相的极性和分子作用也有所不同（表 7-16、表 7-17）。上述差异都可能会对固定相色谱柱的分离性能产生影响。

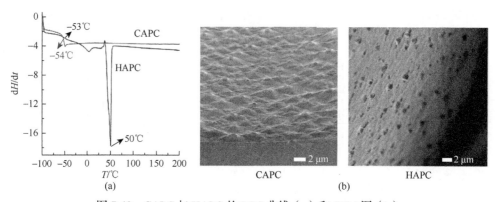

图 7-49　CAPC 与 HAPC 的 DSC 曲线（a）和 SEM 图（b）

样品分离结果表明，与 HAPC 色谱柱相比，CAPC 色谱柱对溶质分子的保留作用力更强，表现出更高的惰性和选择性。CAPC 色谱柱能够很好地分离低沸点溶剂，分离能力明显高于 HAPC 色谱柱和 PEG 商品柱（图 7-50）；CAPC 色谱柱还能基线分离各类异构体，如烷基苯（二甲苯、二乙苯、甲基异丙苯，图 7-51）、甲基吡啶、酚类、胺类、卤代苯等。此外，CAPC 色谱柱能高效分离 Grob 试剂中所有组分并且具有良好的峰形。将 CAPC 色谱柱（柱长为 30m）应用于二甲苯和甲基异丙苯等化工产品中杂质检测（图 7-52）及满山红挥发油组分的分析测定时，表现出优异的分离性能和应用潜力。由上可见，改变聚合物的聚合方式能够调控其色谱分离能力和保留行为。本研究为高选择性固定相的研究和应用提供了一个新的视角。

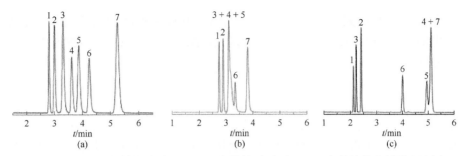

图 7-50 CAPC 色谱柱（a）、HAPC 色谱柱（b）和 PEG 商品柱分离低沸点溶剂

色谱峰：1. 乙醚；2. 异丙醚；3. 环己烷；4. 乙醇；5. 异丙醇；6. 乙酸乙酯；7. 苯

恒温 35℃，流速为 0.3mL/min

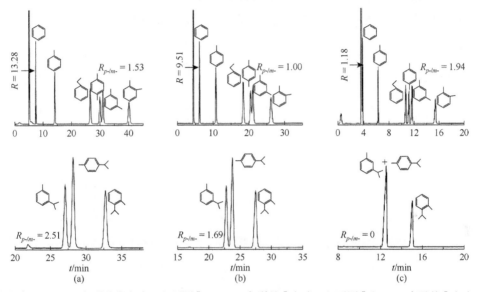

图 7-51 CAPC 色谱柱［（a），上下图］、HAPC 色谱柱［（b），上下图］和 PEG 商品柱［（c），上下图］分离 BTEX 混合物（苯、甲苯、乙苯、二甲苯异构体）和甲基异丙苯异构体

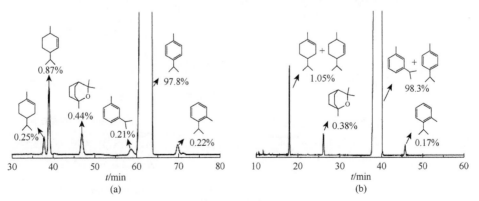

图 7-52 CAPC 色谱柱（a）和 PEG 商品柱（b）测定甲基异丙苯产品中杂质

分离温度为 60℃；流速为 0.32mL/min

　　维生素 E 琥珀酸聚乙二醇酯（TPGS）结构中含有极性 PEG 单元、琥珀酸酯基、苯并吡喃环和非极性长烷基链，为两亲性结构（图 7-47）。TPGS 具有非离子型表面活性剂的特性，常作为药物制剂的增溶剂、吸收和渗透促进剂、乳化剂、界面稳定剂等。研究表明，TPGS 作为 GC 固定相表现出两亲选择性，适于各类不同极性分析物的分离及分析测定[54]。TPGS 色谱柱能基线分离（$R > 1.5$）一些难分离物质对（图 7-53），包括烷烃异构体（$C_6 \sim C_8$）、烷基苯异构体（二甲苯、甲基异丙苯、丁基苯）、甲胺异构体、二甲基苯酚异构体等，分离能力明显优于 PEG 商品柱。TPGS 色谱柱的高分离性能源于其独特的两亲性分子结构及其与各种分析物之间的选择性分子作用（偶极-偶极、氢键、π-π 堆积、CH-π、范德瓦耳斯力等）的综合效应（图 7-54）。将 TPGS 色谱柱（30m）用于 GC-MS 分析测定薰衣草精油和迷迭香精油中各类成分，表现出很好的应用潜力。

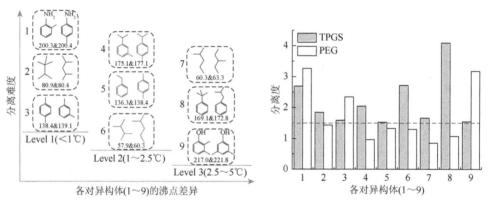

图 7-53　各类难分离异构体及其沸点差异（a）及其在 TPGS 色谱柱和 PEG 商品柱上的分离度（b）

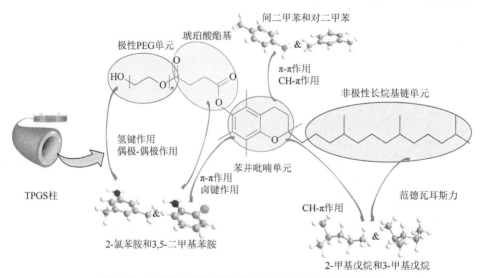

图 7-54　TPGS 固定相与各类分析物分子间作用示意图

不同于均聚物，嵌段共聚物由二种以上热力学不相容的嵌段单元构成，具有微相分离（microphase separation）、自组装等特性。由于嵌段共聚物不同单体之间有化学键相连，不能形成通常意义上的宏观相变，而只能形成纳米到微米尺度的微相分离结构，并通过自组装形成各种有序的形貌。其微观结构及形貌与材料的宏观性能密切相关，在材料化学、膜分离等领域具有重要应用价值。嵌段共聚物的上述特性使其作为色谱固定相具有研究价值和应用潜力。聚氧乙烯-聚氧丙烯-聚氧乙烯（EPE）是含有亲水 PEO 和亲脂 PPO 的三嵌段共聚物（图 7-47），不同嵌段单元数目的产品（泊洛沙姆）具有不同的理化性质，在药学、生物医学领域有广泛应用。EPE 作为 GC 固定相表现出高选择性分离性能和应用潜力[54]。由图 7-55 可见，EPE 色谱柱内表面均匀有序地分散着梭形凸起，整体呈规则的波浪状，这种现象与其微相分离特性有关，其形貌明显不同于 PEG 色谱柱。

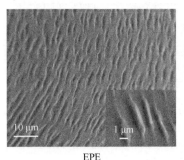

图 7-55　EPE 毛细管柱（a）和 PEG 毛细管柱（b）横截面 SEM 图像

EPE 色谱柱能高选择性分离苯二胺异构体、苯二酚异构体和其他胺/酚异构体等，并且色谱峰对称性良好（图 7-56）。其中，具有较强碱性的苯二胺异构体在 PEG 色谱柱上没有出现色谱峰，可能发生了不可逆吸附。EPE 色谱柱在 2min 内分离了苯二酚异构体并且具有较窄的色谱峰宽。结果表明了 EPE 色谱柱的高选择性和良好惰性，这与 EPE 分子构成、柱内表面形貌和两亲性质有关。EPE 色谱柱对于一些复杂样品（如柠檬挥发油）的分析测定表现出明显的分离优势。

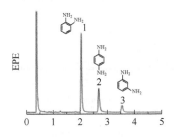
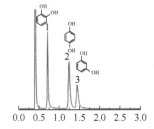
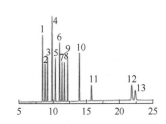

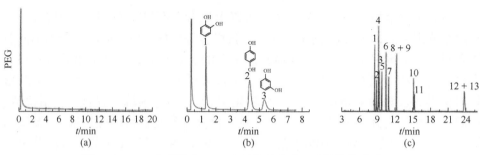

图 7-56　EPE 色谱柱和 PEG 商品柱分离苯二胺异构体（a）、
苯二酚异构体（b）和酚/胺异构体混合物（c）

色谱峰（c）：1. 邻甲基苯胺；2. 对甲基苯胺；3. 间甲基苯胺；4. 2,6-二甲基苯胺；5. 2,4-二甲基苯胺；6. 2,6-二甲基苯酚；7. 3,5-二甲基苯胺；8. 苯酚；9. 邻甲基苯酚；10. 对氯苯胺；11. 3,5-二甲基苯酚；12. 对氯苯酚；13. 间氯苯酚

　　本章主要基于我们课题组的研究工作简要介绍了一些新型固定相，涉及种类有限，只是管窥蠡测。近年来，国内外期刊报道了各种气相色谱固定相的研究和应用[56-62]。建议感兴趣的读者关注相关报道，以更全面地了解本领域研究进展。

参 考 文 献

[1]　Kim J，Jung I S，Kim S Y，et al. New cucurbituril homologues：syntheses，isolation，characterization，and X-ray crystal structures of cucurbit[n]uril（$n = 5, 7, 8$）. J Am Chem Soc，2000，122（3）：540.

[2]　Lee L W，Samal S，Selvapalam N，et al. Cucurbituril homologues and derivatives：new opportunities in supramolecular chemistry. Acc Chem Res，2003，36：621.

[3]　Lagona J，Mukhopadhyay P，Chakrabarti S，et al. The cucurbit[n]uril family. Angew Chem Int Ed，2005，44：4844.

[4]　Bardelang D，Udachin K A，Leek D M，et al. Cucurbit[n]urils（$n = 5 \sim 8$）：a comprehensive solid state study. Cryst Growth Des，2011，11（12）：5598.

[5]　Isaacs L. Cucurbit[n]urils：from mechanism to structure and function. Chem Commun，2009，48（5）：619.

[6]　Assaf K I，Nau W M. Cucurbiturils：From synthesis to high-affinity binding and catalysis. Chem Soc Rev，2015，44：394.

[7]　Wang L，Wang X G，Qi M L，et al. Cucurbit[6]uril in combination with guanidinium ionic liquid as a new type of stationary phases for capillary gas chromatography. J Chromatogr A，2014，1334：112.

[8]　Zhang P，Qin S J，Qi M L，et al. Cucurbit[n]urils as a new class of stationary phases for gas chromatographic separations. J Chromatogr A，2014，1334：139.

[9]　Sun T，Ji N N，Qi M L，et al. Separation performance of cucurbit[8]uril and its coordination complex with cadmium（Ⅱ）in capillary gas chromatography. J Chromatogr A，2014，1343：167.

[10]　Wang X G，Qi M L，Fu R N. Separation performance of cucurbit[7]uril in ionic liquid-based sol-gel coating as stationary phase for capillary gas chromatography. J Chromatogr A，2014，1371：237.

[11]　Sun T，Qi M L，Fu R N. Perhydroxylcucurbit[6]uril as highly selective gas chromatographic stationary phase for analytes of wide ranging polarity. J Sep Sci，2015，38：821.

[12]　Wang Y Z，Qi M L，Fu R N. Selectivity of the binary stationary phase of cucurbit[7]uril with ionic liquid in gas chromatography. RSC Adv，2015，5：76007.

[13] Zhang Y F, Qi M L, Fu R N. Separation performance of polydopamine-based cucurbit[7]uril stationary phase for capillary gas chromatography. Chin Chem Lett, 2016, 27: 88.

[14] Zhang Y, Qi M L, Fu R N. High-efficiency cucurbit[7]uril capillary column for gas chromatographic separations of structural and positional isomers. RSC Adv, 2016, 6: 36163.

[15] Fan J, Wang Z Z, Qi M L, et al. Calix[4]pyrroles: highly selective stationary phases for gas chromatographic separations. J Chromatogr A, 2014, 1362: 231.

[16] Lv Q, Zhang Q, Qi M L, et al. Cyclotriveratrylene as a new-type stationary phase for gas chromatographic separations of halogenated compounds and isomers. J Chromatogr A, 2015, 1404: 89.

[17] Zhang Y, Lv Q, Qi M L, et al. Performance of permethyl pillar[5]arene stationary phase for high-resolution gas chromatography. J Chromatogr A, 2017, 1496: 115.

[18] Liang X J, Hou X D, Chan J M, et al. The application of graphene-based materials as chromatographic stationary phases. Trends Anal Chem, 2018, 98: 149.

[19] Fan J, Qi M L, Fu R N, et al. Performance of graphene sheets as stationary phase for capillary gas chromatographic separations. J Chromatogr A, 2015, 1399: 74.

[20] Han N, Qi M L, Fu R N, et al. Chromatographic selectivity of graphene capillary column pretreated with bio-inspired polydopamine polymer. RSC Adv, 2015, 5: 74040.

[21] Lee H, Dellatore S M, Miller W M, et al. Mussel-inspired surface chemistry for multifunctional coatings. Science, 2007, 318: 426.

[22] Liu Y L, Ai K L, Lu L H. Polydopamine and its derivative materials: Synthesis and promising applications in energy, environmental and biomedical fields. Chem Rev, 2014, 114: 5057.

[23] Feng Y, Hu C G, Qi M L, et al. Separation performance of graphene oxide as stationary phase for capillary gas chromatography. Chin Chem Lett, 2015, 26: 47.

[24] Yang X H, Li C X, Qi M L, et al. Graphene-ZIF8 composite material as stationary phase for high-resolution gas chromatographic separations of aliphatic and aromatic isomers. J Chromatogr A, 2016, 1460: 173.

[25] Yang X H, Li C X, Qi M L, et al. Graphene-based porous carbon material as stationary phase for gas chromatographic separations. RSC Adv, 2017, 7: 32126.

[26] Zheng Y Z, Qi M L, Fu R N. Graphitic carbon nitride as high-resolution stationary phase for gas chromatographic separations. J Chromatogr A, 2016, 1454: 107.

[27] Zheng Y Z, Han Q, Qi M L, et al. Graphitic carbon nitride nanofibers in seaweed-like architecture for high-resolution gas chromatographic separations. J Chromatogr A, 2017, 1496: 133.

[28] Lv Q, Feng S, Jing L M, et al. Features of a new truxene-based stationary phase in capillary gas chromatography for separation of some challenging isomers. J Chromatogr A, 2016, 1454: 114.

[29] Zhang Q C, Qi M L, Wang J L. Star-shaped oligothiophene-functionalized truxene material as the stationary phase for capillary gas chromatography. J Chromatogr A, 2017, 1525: 152.

[30] Wang M, Yang Y H, Qi M L, et al. Separation performance of a large π-conjugated truxene-based dendrimer as stationary phase for gas chromatography. RSC Adv, 2017, 7: 44665.

[31] Yang Y H, Qi M L, Wang J L. Separation performance of a star-shaped truxene-based stationaryphase functionalized with peripheral 3, 4-ethylenedioxythiophenemoieties for capillary gas chromatography. J Chromatogr A, 2018, 1578: 67.

[32] Peng J L, Shi Y G, Yang Z S, et al. Performance and selectivity of dicyanuric-functionalized polycaprolactone as stationary phase for capillary gas chromatography. J Chromatogr A, 2016, 1466: 129.

[33] Peng J L, Zhang Y, Yang X H, et al. High-resolution separation performance of poly（caprolactone）diol for challenging isomers of xylenes, phenols and anilines by capillary gas chromatography. J Chromatogr A, 2016, 1466: 148.

[34] Yang X H, Han Y, Qi M L, et al. Iptycene-based stationary phase with three-dimensional aromatic structure

for highly selective separation of H-bonding analytes and aromatic isomers. J Chromatogr A, 2016, 1445: 135.

[35] Yang Y H, Wang Q S, Qi M L, et al. π-Extended triptycene-based material for capillary gas chromatographic separations. Anal Chim Acta, 2017, 988: 121.

[36] Yu L N, He J, Qi M L, et al. Amphiphilic triptycene-based stationary phase for high-resolution gas chromatographic separations. J Chromatogr A, 2019, 1599: 239.

[37] He J, Yu L N, Huang X B, et al. Triptycene-based stationary phases for gas chromatographic separations of positional isomers. J Chromatogr A, 2019, 1599: 223.

[38] He J, Qi M L. A new type of triptycene-based stationary phases with alkylated benzimidazolium cations for gas chromatographic separations. Chin Chem Lett, 2019, 30: 1415.

[39] Yuan Q, Qi M L. Triptycene-based dicationic guanidinium ionic liquid: A novel stationary phase of high selectivity towards a wide range of positional and structural isomers. J Chromatogr A, 2020, 1621: 461084.

[40] Shi T T, Qi M L, Huang X B. High-resolution performance of triptycene functionalized with polycaprolactones for gas chromatography. J Chromatogr A, 2020, 1614: 460714.

[41] He Y R, Qi M L. Separation performance of a new triptycene-based stationary phase with polyethylene glycol units and its application to analysis of the essential oil of *Osmanthus fragrans* Lour. J Chromatogr A, 2020, 1618: 460928.

[42] He Y R, Shi T T, Qi M L. A novel triptycene-terminated polymer used as the gas chromatographic stationary phase towards organic acidic/basic analytes and isomers. Chin Chem Lett, 2021, 32: 3372.

[43] Zhao H R, Qi M L. A selective and inert stationary phase combining triptycene with tocopheryl polyethylene glycol succinate for capillary gas chromatography. J Chromatogr A, 2021, 1657: 462575.

[44] He Y R, Qi M L. A novel column modification approach for capillary gas chromatography: Combination with a triptycene-based stationary phase achieves high separation performance and inertness. New J Chem, 2021, 45: 7594.

[45] Duan R J, Qi M L. Separation performance of pentiptycene-functionalized triblock copolymers towards the isomers of xylenes, phenols and anilines and the complex components in essential oil. J Chromatogr A, 2022, 1669: 462927.

[46] He Y R, Yang X H, Qi M L, et al. Triptycene-derived heterocalixarene: A new type of macrocycle-based stationary phases for gas chromatography. Chin Chem Lett, 2021, 32: 2043.

[47] Qu Q S, Min Y, Zhang L H, et al. Silica microspheres with fibrous shells: Synthesis and application in HPLC. Anal Chem, 2015, 87: 9631.

[48] Liu X, Sun S C, Nie R B, et al. Highly uniform porous silica layer open-tubular capillary columns produced via in-situ biphasic sol-gel processing for open-tubular capillary electrochromatography. J Chromatogr A, 2018, 1538: 86.

[49] Yang Y H, Chang Z F, Yang X H, et al. Selectivity of hexaphenylbenzene-based hydrocarbon stationary phase with propeller-like conformation for aromatic and aliphatic isomers. Anal Chim Acta, 2018, 1016: 69.

[50] Yang Y H, Qi M L, Wang J L. Tetraphenylethylene-functionalized hexaphenylbenzene with unique conformation-driven selectivity for gas chromatographic separations. New J Chem, 2020, 44: 2890.

[51] Xiong X, Qi M L. Adenine-functionalized polypropylene glycol: A novel stationary phase for gas chromatography offering good inertness for acids and bases combined with a unique selectivity. J Chromatogr A, 2020, 1612: 460627.

[52] Xiong X, Qi M L. A novel column fabrication approach for capillary gas chromatography via a cross-linked organogel network with high stability and inertness. New J Chem, 2020, 44: 10621.

[53] Shi Y Y, Qi M L. Separation performance of the copolymer and homopolymer of aliphatic polycarbonate

diols as the stationary phases for capillary gas chromatography. J Chromatogr A, 2021, 1649: 462223.

[54] Zhao H R, Qi M L. Amphiphilic tocopheryl polyethylene glycol succinate as gas chromatographic stationary phase for high-resolution separations of challenging isomers and analysis of lavender essential oil. J Sep Sci, 2021, 44: 3600.

[55] Duan R J, Qi M L. Amphiphilic triblock copolymer as the gas chromatographic stationary phase with high-resolution performance towards a wide range of isomers and the components of lemon essential oil. J Chromatogr A, 2021, 1658: 462611.

[56] Trujillo-Rodríguez M J, Nan H, Varona M, et al. Advances of ionic liquids in analytical chemistry. Anal Chem, 2019, 91: 505.

[57] 和永瑞, 齐美玲. 气相色谱固定相研究新进展. 色谱, 2020, 38 (4): 409.

[58] 和永瑞, 齐美玲. 高选择性气相色谱固定相的研究进展. 中国科学: 化学, 2020, 50 (9): 1142.

[59] Xie S M, Chen X X, Zhang J H, et al. Gas chromatographic separation of enantiomers on novel chiral stationary phases. Trends Anal Chem, 2020, 124: 115808.

[60] 李雪, 杨成雄. 基于共价-有机骨架固定相的色谱分离应用研究进展. 分析测试学报, 2021, 40: 1091.

[61] 汤雯淇, 孟莎莎, 徐铭, 等. 基于金属有机骨架材料固定相的气相色谱分离应用. 色谱, 2021, 39: 57.

[62] Kotova A A, Thiebaut D, Vial J, et al. Metal-organic frameworks as stationary phases for chromatography and solid phase extraction: A review. Coord Chem Rev, 2022, 455: 214364.

第 8 章　气相色谱-质谱联用技术及其应用

气相色谱-质谱联用（gas chromatography-mass spectrometry，GC-MS）技术兼具气相色谱的高分离效率和质谱的高选择性和高灵敏度，是复杂样品组分分离、定性和定量的有力工具。在 GC-MS 分析中，样品组分经 GC 分离后，按保留时间的顺序依次通过联用仪的接口进入质谱仪，经离子化后按照一定质荷比（m/z）顺序通过质量分析器进入检测器，根据产生的信号进行定性、定量分析测定。

样品组分经气相色谱柱分离后，通过接口进入质谱检测器，提高了对复杂样品组分进行定性、定量分析的效率和准确性。质谱谱库具有大量化合物的标准图谱，有助于复杂样品组分的快速定性；同时质谱具有多种扫描方式和质量分析技术，可以选择性地检测目标化合物的特征离子，能有效排除基质和杂质峰的干扰，提高检测灵敏度。GC-MS 联用仪中的质谱可以是单一质谱或串联质谱。本章将分别介绍具有单一质谱和串联质谱的 GC-MS 联用技术的原理、方法和应用。

8.1　GC-MS 的原理和方法

GC-MS 分析测定样品的一般过程为：量取一定体积的样品溶液，在气相色谱进样口进样。样品在进样口气化后由载气带入色谱柱进行分离。被分离的组分按照色谱峰保留时间的顺序依次进入质谱的离子源（或称离子化室），通过适宜的离子化模式进行离子化。产生的离子按照质荷比大小的顺序依次通过质量分析器。在给定的质量范围内，每个质量数的离子流量被离子检测器检测，将离子流量对碎片的质量数作图形成质谱图。每一个化合物都有其特征性的质谱图，此为定性分析的基础；化合物质谱图中离子流量与化合物的量成正比，此为定量分析的基础。

8.1.1　基本原理

GC-MS 联用仪是通过接口将气相色谱和质谱相连接。色谱柱流出的组分通过接口进入质谱仪。接口可使色谱柱出口的高压（约 10^5Pa）与质谱离子源的低压（真空度为 10^{-3}Pa）相匹配。常见接口一般可以分为三类：直接导入型、分流型和浓缩型。其中，毛细管柱直接导入型最常用（图 8-1），即将毛细管柱的末端直接插入质谱仪离子源，柱后流出的组分进入离子源后被离子化。此种接口具有保护插入的毛细管柱和控制温度的作用，构造简单和产率高（100%），但不具浓缩作用，不适合流量大于 1mL·atm/min 的大口径毛细管柱。

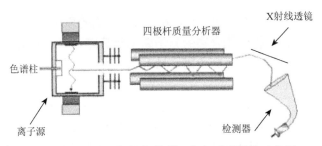

图 8-1　毛细管柱气相色谱-单四级杆质谱结构示意图

1. 质谱的基本部件及工作原理

质谱主要由离子源、质量分析器（也称滤质器）和检测器三部分组成。质谱结构因质量分析器的不同而有很大差异，其中四极杆（quadrupole）质量分析器最为简单。毛细管柱气相色谱-单四极杆质谱结构如图 8-1 所示。

1）离子源

由图 8-1 可见，组分分子进入接口后，首先进入离子源使组分分子在高真空条件下发生离子化。产生的离子进一步碎裂成多种碎片离子和中性粒子，在加速电场作用下获取具有相同能量的平均动能而进入质量分析器，后者可将不同质量的离子按质荷比 m/z 大小的顺序进行分离。分离后的离子依次进入离子检测器，离子信号经采集放大和计算机处理后生成质谱图。

离子源的作用是接收流出的组分并使其离子化产生离子。GC-MS 常用的离子化方式是电子轰击离子化（electron impact ionization，EI）和化学离子化（chemical ionization，CI）。其中，EI 最常用，是一种硬电离技术。EI 过程为：进入 EI 离子源的组分气态分子，受到 EI 源中高能电子束的轰击，失去一个外层电子，产生电子和带正电荷的分子离子（M^+）。M^+ 受到电子轰击进一步碎裂成各种碎片离子、中性离子或游离基。在电场作用下，正离子被加速、聚焦后，进入质量分析器。

从热灯丝发射的电子被加速通过电离盒射向阳极。阳极用来测量电子流强度，通常所用的电子流强度为 50～250μA。改变灯丝与电离盒之间的电位，可以改变电离电压（即离子化能量）。当电子能量较小（电离电压较小，如 7～14eV）时，电离盒内产生的离子主要是分子离子。当加大电子能量（如加大到 50～100eV），产生的分子离子会部分发生断裂，成为碎片离子。通过降低电子能量可以简化谱图。由于 70eV 下产生的离子流最为稳定，获得的质谱图具有高度的重现性，现有的标准 EI 电离谱图都是在 70 eV 的电子能量下测得的。

由于标准质谱谱库中的质谱图是在 EI 模式、能量为 70eV 下获得的，为便于样品组分的谱库检索定性，GC-MS 测定样品时离子化方式多采用 EI 模式。据统计，在可用于 GC-MS 分析测定的化合物中超过 90%的化合物可以采用 EI 方式离子化。

EI 特点：①稳定，操作方便，电离效率高，形成的离子具有较窄的动能分散；②谱图具有特征性，能提供化合物的分子离子及其碎片离子的信息，有助于化合物的鉴别和结构解析；③所得分子离子峰不强，有时不能识别。本法不适合于分子量大和热不稳定的化合物测定。

与 EI 不同的是，CI 是一种低能量的过程，远比 EI 离子化强度弱，是利用反应气体离子和有机化合物分子发生离子-分子反应而生成离子化合物的一种"软"电离方法。在 CI 电离条件下，组分分子进入含有反应气的离子源中，常用反应气有甲烷或氨气。由于反应气远远多于组分分子，大多数的电子与反应气碰撞，生成反应气离子，这些离子再与组分分子发生离子-分子反应。在以氨气为反应气的条件下，主要生成$[M + H]^+$和$[M + NH_4]^+$。这些反应气离子相互反应，在主反应和副反应过程中达到一个平衡。同时它们也通过多种途径与组分分子反应形成组分离子。

由于 CI 电离产生的碎片少，主要生成高强度的分子离子峰，因而 CI 经常被用于测量化合物的分子量。对于未知化合物，可通过 EI 获得碎片的信息，通过 CI 获得分子量的信息。CI 与 EI 互补，从而扩展了质谱检测的应用范围。

2）质量分析器

质量分析器（mass analyzer）的作用是将离子源产生的离子按质荷比（m/z）的不同，在空间的位置、时间的先后或者轨道的稳定与否进行分离，以便得到按质荷比大小顺序排列而成的质谱图。目前与色谱仪联用较多的质量分析器有：四极质量分析器（四极杆滤质器）、磁质量分析器、离子阱质量分析器、飞行时间质量分析器等。其中，四极质量分析器（quadrupole analyzer）（图 8-2）具有结构简单、使用方便、质量范围和定量分析的线性范围较宽等特点。它可以用于分析皮克级的样品，分析结果的重复性好，相对标准偏差（RSD）一般小于 5%。

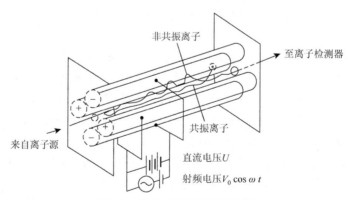

图 8-2　四极质量分析器示意图

四极质量分析器由四根平行圆柱形电极组成。电极分为两组，相对的一对电极的电位相等但极性相反。两组电极分别加有精确控制的直流电压（DC）和射频电压（RF），产生静电场，这些电场可以控制在给定直流电压下具有设定质荷比的离子通过质量分析器。当一组质荷比不同的离子进入由 DC 和 RF 组成的电场时，在极性相反的电极间振荡，只有质荷比在设定范围内的离子才能做稳定振荡，通过四极杆到达检测器而被检测，通过扫描 RF 场可以获得质谱图。在设定的质荷比范围以外的离子因振幅过大与电极碰撞，放电中和后被抽走。因此，改变电压或频率，可使不同质荷比的离子依次到达检测器。

3）检测器

质谱中检测器的作用是将离子束转变成电信号并将信号放大。常用的检测器是电子倍增器（electron multiplier）（图 8-3）。离子通过四极杆进入内表面含富电子发射材料的电子倍增器。当进入的某离子撞击到检测器内表面的富电子发射材料时会喷射出多个电子，被喷射出的电子由于电位差被加速会碰撞喷射出更多的电子，由此连续作用，产生大量的电子。通常电子倍增器有 14 级倍增器电极，可大大提高检测灵敏度。

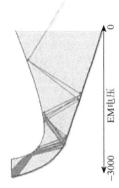

图 8-3　电子倍增器工作原理示意图

4）真空系统

质谱的离子源、质量分析器和检测器必须在高真空状态下工作，以减少本底干扰，避免发生不必要的离子-分子反应。离子源的真空度需达 $10^{-4}\sim10^{-3}$Pa，质量分析器和检测器的真空度应达 $10^{-5}\sim10^{-4}$Pa 以上。高真空的实现多由机械泵和油扩散泵或涡轮分子泵串联后联合完成。机械泵作为前级泵先将体系达到 $10^{-2}\sim10^{-1}$Pa，然后再经油扩散泵或涡轮分子泵使体系进一步达到高真空。油扩散泵成本较低，但会产生一定的本底；操作不当可能造成返油，污染离子源和质量分析器。采用涡轮分子泵可以克服油扩散的缺点，但价格较高。在与色谱联用的有机质谱仪中，离子源的高真空泵抽速应足够大，以保证高电离效率并使进入离子源的载气能迅速地被抽离，保证离子源的高真空度。

2. 质谱检测（MSD）谱图

MSD 谱图分为质谱图和色谱图。

（1）质谱图为一次扫描时间内得到的峰强-质荷比图。扫描方式分为连续扫描和跳变扫描。连续扫描（scan）是在设定的质量范围内连续改变射频电压，使不同质荷比的离子依次产生峰强信号，也称全扫描（full scan）。从 Scan 质谱图可以获得被测组分的信息，可用于未知组分的定性。为了表明不同离子的强度，通常不用质谱峰的面积，而是用线的高低来表示（质谱棒图）。横坐标为质荷比，纵坐标为离子强度（也称丰度），常用百分比表示。归一化时有两种计算方法：

①将峰强最大的基峰设为 100，计算得到其他峰的相对强度（也称相对丰度）；②将各离子强度之和设为 100，计算出各离子的相对强度。

跳变扫描是在一次扫描时间内，跳跃改变射频电压，使相应质荷比的离子依次产生峰强信号，其他质荷比的离子无响应信号，也称 SIM 扫描。选择离子监测（selected ion monitoring，SIM）常用于目标物的定量测定。相比 Scan 扫描，在给定时间内，SIM 对每个离子扫描的时间和次数都明显高于 Scan 模式，具有较高的检测灵敏度。SIM 常用于微量或者痕量组分的定量分析，Scan 常用于组分的定性分析。

（2）色谱图描述的是离子峰强（峰面积）与保留时间的关系，分为总离子流图（TIC）、质量色谱图（MC）和选择离子监测（SIM）图。

TIC 通过将 MSD 中各扫描周期内的总离子流图对保留时间或扫描次数作图得到。TIC 的纵坐标是总离子流，即所有质荷比离子的总信号。TIC 提供基线、峰面积、分离度等色谱性能特征，没有质谱信息。

MC 是在全扫描质谱图中选定数个特征离子的峰强对保留时间作图得到。因其只提取了部分离子作图，也称提取离子色谱图（EIC）。不同于 TIC，MC 具有质谱和色谱两方面的信息，改变提取离子可以得到不同的 MC。MC 通过去除本底和其他无关离子的干扰，提高选择性、分辨率和灵敏度，有利于对目标物的分析测定或分类。MC 还可用于检测某色谱峰是单一组分还是混合物。

SIM 是对选定的某个或数个特征离子进行单离子或多离子跳变扫描后得到的离子峰强随时间变化图。SIM 与 MC 都是特征离子的色谱图，不同之处在于：MC 是先全扫描后选择特征离子，通过降低本底提高性能；SIM 是先选定特征离子，后扫描，通过增加特征离子的峰强提高性能，其灵敏度高于 MC。

8.1.2　分析方法

1. 测定方法

GC-MS 常用的测定方法有总离子流色谱法、质量色谱法和选择离子监测法。

1）总离子流色谱法

经色谱分离后的组分分子进入离子源后被电离成离子，同时，在离子源内的残余气体和一部分载气分子也被电离成离子，这部分离子构成本底。组分离子和本底离子被离子源的加速电压加速，并射向质量分析器。在离子源内设置一个总离子检测极，收集总离子流的一部分，经放大并扣除本底离子流后，可得到该样品的总离子流图（TIC）。总离子流色谱峰的形状由基线升到峰顶再下降的过程，就是某组分出现在离子源的过程。当接近峰顶时，扫描质谱的磁场得到该组分的质谱信号。经电子倍增器和放大器放大后，可获得质谱图。因而 GC-MS 联用在获得色谱图的同时还可得到对应于每个色谱峰的质谱图。TIC 图谱可以用于定性和定量分析。

为了不使色谱峰失真,扫描速度与色谱峰的流出速度要匹配。一般地,可以对经 5～10 个点扫描的色谱峰进行准确定性,对经 10～20 个点扫描的色谱峰进行准确定量。扫描点数过少将使峰形失真。扫描速度越快,灵敏度越低。

2)质量色谱法

如前所述,MC 也称为 EIC,具有质谱和色谱两者的信息,不同的提取离子可得到不同的 MC。MC 通过扣除本底、除去其他无关离子的干扰、降低噪声等来提高选择性、分辨率和灵敏度。MC 可用于检验某色谱峰纯度,这是其区别色谱法的又一个优点。

3)选择离子监测法

SIM 是先选定特征离子后再扫描,它通过增加特征离子的峰强来提高灵敏度,其检测灵敏度相比 TIC 高 2～3 个数量级。SIM 法是 GC-MS 定量测定常用的方法之一。测定时,选用的离子应具有特征性并具有较大的峰强度。必要时,可以通过使组分生成某衍生物的方式以使其产生某离子信号峰。通过记录多个离子及相应的离子强度比,可大大提高它的专一性。

2. GC-MS 定性分析方法

GC-MS 一般是通过谱库检索解析对组分进行定性。常用的质谱谱库有 NIST 库和 NIST/EPA/ NIH 库。前者由美国国家标准与技术研究所(NIST)出版,后者由 NIST、美国国家环境保护局(EPA)和美国国立卫生研究院(NIH)共同出版。此外,还有 Wiley 库、农药库、药物库、挥发油库等专用质谱谱库。质谱库大概有二十万左右的谱图,其数目也在不断地更新。另外,用户也可以根据应用领域建立自己的谱库。

在谱库检索时,工作站通过峰匹配将组分化合物质谱图与谱库中的标准谱图相比较。这种方法有两个变量,即质荷比和相对峰强度。谱图检索是一种从大量化合物中进行筛选的过程。在标准电离条件(EI 电离源,70eV)下,将已被分离的未知化合物质谱图与数据库内已知化合物的标准质谱图按一定的程序进行比较,根据匹配相似度的高低顺序列出可能化合物的名称、分子量、分子式、结构式等。对于具有相同或相似质谱图的化合物(如同分异构体)则很难根据谱图对组分进行定性鉴别。另外,不同组分同流出为一个色谱峰时也会影响化合物定性的准确性。

对相似度较低的组分,可以根据质谱图来推断化合物的结构。质谱的裂解规律有助于分析推断出谱库中没有的化合物的结构。还可同时采用标准品对照、保留指数对比等定性方法予以确证。

在进行色谱峰谱库检索时,常得到不同质荷比(m/z)的环状化合物(图 8-4)。这些环状化合物通常为聚硅氧烷固定相或隔垫等在高温或有氧环境下发生降解的产物或一些污染物。在 GC-MS 测定中,常见固定相降解流失产生的离子碎片和常见污染物的质谱峰分别如表 8-1 和表 8-2 所示。

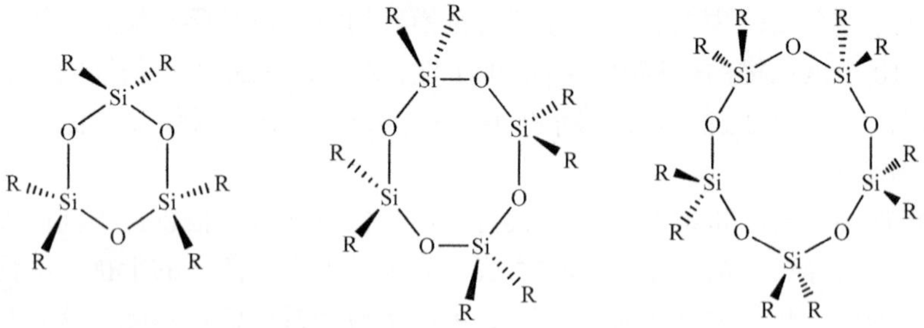

m/z 207　　　　　*m/z* 281　　　　　*m/z* 355

图 8-4　不同质荷比环状化合物（R 为甲基）

表 8-1　常见固定相降解产生的碎片离子

固定相	固定相流失离子碎片
SE-54、HP-1、HP-5、OV-101	73、147、207、221、253、281、327、355
OV-17、HP-17	73、147、197、221、253、281、327、355
OV-225、HP-225	73、135、156、197、253、269、313、327、403
FFAB、HP-INNOWax、HP-FFAP	57、69、97、123、173、191、207、219、240、264、289、305
聚乙二醇	131、133、147、161、163、191、195、205、207、281、355

表 8-2　常见污染物及其质量数

质量数	污染物	可能原因
18、28、32、44	空气	水、氮气、氧气、二氧化碳
18		水
31	溶剂	甲醇
77		苯或二甲苯
91、92		甲苯
105、106		二甲苯
43、58		丙酮
85		氟利昂
73、147、207、221、281、295、355、429	聚二甲基硅氧烷	隔垫或色谱柱流失
41、43、55、57、71、85、99	烃类	指纹或泵油
149	邻苯二甲酸酯	塑料瓶、盖或溶剂中的增塑剂

3. GC-MS 定量分析方法

GC-MS 定量方法的选择需先根据样品组分浓度或含量确定扫描方式，全扫描或选择离子监测。通常情况下，组分浓度较大时用全扫描方式，浓度较小时用选择离子监测。用全扫描方式时，对基线分离的组分可采用 TIC 的峰面积进行定量；对未完全分离的组分，可选择各组分的特征离子，采用 MC 图进行定量。采用选择离子监测进行定量时，其灵敏度和选择性主要取决于特征离子的选择，通常为组分的分子离子或特征性强、质量大、强度高的碎片离子。这样既能排除其他组分的干扰，又能最大限度地降低定量检测限，提高测定灵敏度。通常选择强度最高的离子作为定量离子，再选择 1~2 个确证离子（定性离子）。

定量离子是目标组分的特征离子。在保留时间相近的情况下，可以用此离子区分目标组分和另一相近组分。提取离子色谱图可以用于组分的定量分析。确认离子是从目标组分谱图中选择出的一些特征离子。这些确认离子因与目标离子呈特征性的比例可作为确认目标组分的依据。

扫描模式确定后，再选择定量分析的方法。有关色谱定量分析方法见第 3 章。在常用的定量方法中，外标法（标准曲线法）要求条件稳定、进样重复性好；内标法在标样和试样中均加入内标物，以校正条件微小变化或进样等带来的误差。内标应在样品制备前加入，使其与被测组分在相同条件下提取，可用于组分在提取中可能损失的校正。定量时可采用峰面积或峰高进行定量。

8.1.3　分析条件的选择

GC-MS 分析的关键是根据样品性质选择适宜的分析条件，使样品中各组分得到很好的分离并得到理想的图谱和分析结果。样品性质主要包括样品组分种类及数目、溶解性、沸点范围、化合物类型、分子量范围等。GC-MS 分析测定中涉及的主要条件及其选择方法如表 8-3 所示。

表 8-3　GC-MS 分析测定的主要实验条件及其选择

项目	实验条件	选择
气相色谱分离	色谱柱（固定相、柱规格）	固定相的选择一般原则是"相似相溶"，选择与组分性质（极性、结构和分子作用种类等）相近的固定相
	进样口温度	比组分的最高沸点高 20~30℃
	柱温（恒温、程序升温）	适宜升温速度使各组分基线分离
	载气流速	适宜流速
质谱检测	扫描范围	根据样品组分的分子量范围设定合适的扫描范围
	扫描速度	视色谱峰宽而定。在一个色谱峰出峰时间内，扫描点数不少于 8，以得到正常的重建离子流色谱峰。扫描速度可设在 0.5~2s 扫一个完整质谱峰即可
	灯丝电流	常用为 0.20~0.25mA。灯丝电流小，仪器灵敏度低。灯丝电流太大会缩短灯丝使用时间

续表

项目	实验条件	选择
质谱检测	电子倍增器电压	其电压大小影响检测灵敏度。在灵敏度满足要求情况下，应采用较低的电子倍增器电压，以延长其使用寿命
	电子能量	一般设定为 70 eV
	扫描方式	全扫描、选择离子监测

进行 GC-MS 分析的样品需用有机溶剂配制成适宜浓度的溶液。水溶液中的有机物可经萃取分离转移至有机溶剂中，或采用顶空进样技术。一些极性大的有机物（如有机酸）在加热过程中易分解，可以先酯化后再进行 GC-MS 分析。

8.1.4　应用示例

1. GC-MS 法测定人尿中沙丁胺醇[1]

沙丁胺醇（salbutamol）为 β_2 受体激动剂，临床上常用其硫酸盐（图 8-5），用于治疗支气管哮喘或喘息型支气管炎伴有的支气管痉挛等病症。但大剂量使用时具有中枢神经兴奋作用和蛋白同化作用，有时被非法用作刺激剂和蛋白同化制剂。采用 GC-MS 法，以内标标准曲线法可以定量测定人尿中的沙丁胺醇的浓度。

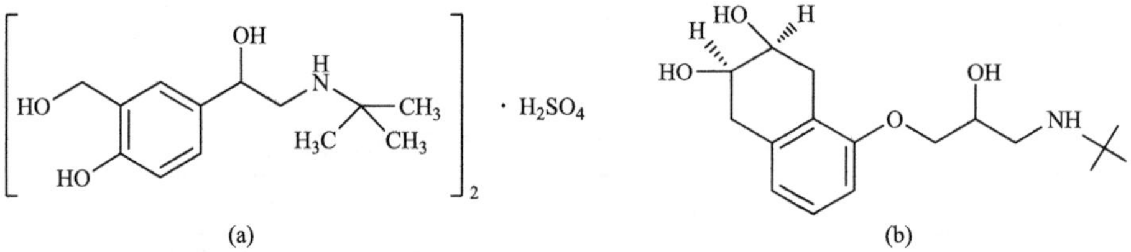

图 8-5　硫酸沙丁胺醇（a）和内标纳多络尔（b）的结构式

本法对酶解后的尿样经氯化铵缓冲液（pH 9.5）碱化后，过 Bond-Elut-Certify 小柱后，用含有 2%氨水的氯仿-异丙醇（4：1）溶液提取。提取液吹干后用 N-甲基-N-三甲基硅烷基-三氟乙酰胺（MSTFA）进行硅烷化。以纳多络尔（nadolol）为内标，采用 GC-EI-MS 法，选择离子监测方式检测。沙丁胺醇的定量离子为 m/z 369，内标物的定量离子为 m/z 86。

GC-MS 分析测定条件如下。①色谱条件：HP-1 色谱柱（17m×0.2mm×0.11μm）；程序升温：起始温度为 180℃，以 20℃/min 升至 240℃，再以 10℃/min 升至 280℃；载气为氮气，流速为 1mL/min；进样口温度为 250℃；接口温度为 290℃；进样量为 1.0μL，分流比为 1：10。②质谱参数：电子轰击源（EI），离子化能量为 70eV，电子倍增器电压为 1000V，选择监测离子分别为 m/z 369（沙丁胺醇）和 m/z 86（内标物）。

方法考察：将空白尿样、加入对照品的空白尿样和服药后的尿样经前处理后，分别测定各样品中沙丁胺醇和内标的定量离子色谱图（图 8-6）。结果表明，经本法处理后，尿样中的内源性杂质对沙丁胺醇的测定无干扰。以沙丁胺醇的浓度为横坐标、沙丁胺醇定量离子与内标定量离子峰面积的比值为纵坐标建立标准曲线，测得尿样中沙丁胺醇的线性范围为 4.0～2000.0ng/mL，最低检测限为 0.7ng/mL，提取回收率为 69.3%～72.4%，日内和日间重复性 RSD 均小于 7.3%。

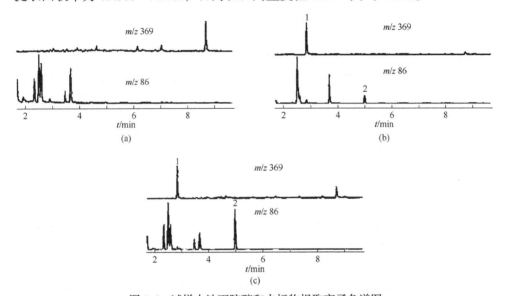

图 8-6　试样中沙丁胺醇和内标物提取离子色谱图

（a）空白尿样；（b）空白尿样＋沙丁胺醇＋内标；（c）受试者服药后尿样
色谱峰：1. 沙丁胺醇；2. 纳多络尔（内标）

2. GC-MS 法测定 PVC 食品保鲜膜中己二酸酯类增塑剂[2]

己二酸酯类增塑剂可以降低熔体黏度、玻璃化转变温度和产品的弹性模量，常用于 PVC 食品保鲜膜的生产以改进塑料的加工性、柔软性和拉伸性。研究表明，己二酸酯类增塑剂作为环境内分泌干扰物质对动物的内分泌有直接影响。含有此类增塑剂的 PVC 保鲜膜与油脂类食品接触时或在高温下使用时，增塑剂会被释放进入食物中并随食物进入人体。

在本测定方法中，以异丙醇为提取溶剂，超声提取 PVC 食品保鲜膜中 5 种增塑剂，包括己二酸二乙酯（DEA）、己二酸二异丁酯（DIBA）、己二酸二丁酯（DBA）、己二酸二（2-丁氧基乙基）酯（BBOEA）、己二酸二（2-乙基己基）酯（DEHA）等。以己二酸二（1-丁基戊基）酯（BBPA）为内标，采用 GC-MS/SIM 法对样品中这 5 种增塑剂进行了定量测定。

GC-MS 测定：DB-5MS 毛细管柱（30m×0.25mm×0.25μm）；进样口温度为 250℃，传输线温度为 280℃，离子阱温度为 210℃；电离方式为 EI；高纯氦气为载气，流速为 1.0mL/min；不分流进样。程序升温：初始温度为 90℃，以 10℃/min 升至 170℃，再以 8℃/min 升至 200℃，最后以 15℃/min 升至 260℃并停留 9.25min。

MS 分段扫描：0～6.5min，溶剂延迟；6.5～7.2min，监测离子 m/z 111、m/z 128、m/z 157、m/z 203；7.2～10min，关闭离子源；10～12min，监测离子 m/z 111、m/z 129、m/z 185；12.0～15.8min，关闭离子源；15.80～16.30min，监测离子 m/z 128、m/z 155、m/z 173；16.30～16.60min，关闭离子源；16.60～17.60min，监测离子 m/z 111、m/z 129、m/z 147；17.60～25.00min，关闭离子源。

在选定的色谱条件下，首先通过全扫描方式测定 DEHA 等己二酸酯混合标准溶液的 TIC，然后根据 DEHA 等化合物的质谱图分别选择丰度相对较高、质量数较大的碎片离子，作为测定离子（定量离子）和确证离子（定性离子）。DEHA 等己二酸酯化合物的质谱图如图 8-7 所示，对各化合物选定的的定性离子和定量

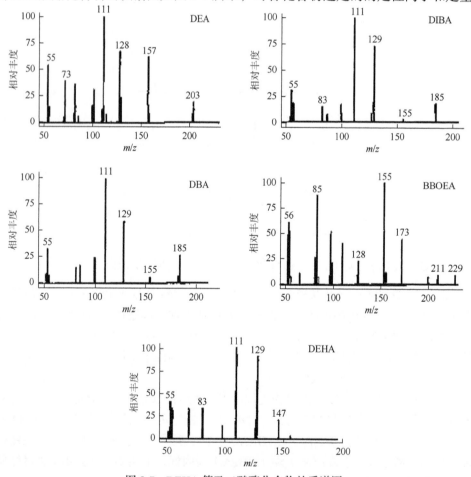

图 8-7　DEHA 等己二酸酯化合物的质谱图

离子如表 8-4 所示。DEHA 等己二酸酯的混合标准溶液的总离子流图（浓度为 20mg/L）和实际样品的总离子流色谱图如图 8-8 所示。此外，还测定了方法的回收率、精密度、线性范围、检测限等。

表 8-4　5 种己二酸酯的定性离子和定量离子

峰号	化学名称	CAS 号	分子式	分子量	定性离子	定量离子
1	DEA	141-28-6	$C_{10}H_{18}O_4$	202	111、128、157	128
2	DIBA	141-04-8	$C_{14}H_{26}O_4$	258	111、129、185	129
3	DBA	105-99-7	$C_{14}H_{26}O_4$	258	111、129、185	129
4	BBOEA	141-18-4	$C_{18}H_{34}O_6$	346	128、155、173	155
5	DEHA	103-23-1	$C_{22}H_{42}O_4$	370	111、129、147	129

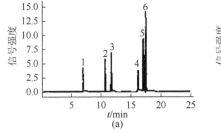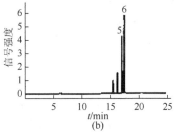

图 8-8　己二酸酯的混合标准溶液（a）和实际样品（b）的总离子流图
色谱峰：1. DEA；2. DIBA；3. DBA；4. BBOEA；5. DEHA；6. BBPA（内标）

8.2　GC-MS/MS 的原理和方法

气相色谱-串联质谱联用（gas chromatography-tandem mass spectrometry，GC-MS/MS）相当于在 GC-MS 的基础上进一步增加了离子的质谱信息，增强了定性和定量性能，在选择性和灵敏度等方面都有很大的提高。GC-MS/MS 技术已广泛用于药物分析、环境分析、食品分析、生物分析等领域，是复杂样品基质中痕量组分定性、定量分析的有效工具。

串联质谱可以从复杂的一级质谱中选择一个或几个特定的母离子进行二次裂分，再对产生的子离子碎片进行检测得到二级质谱图（图 8-9），提供更多的组分信息。通过研究母离子和子离子间的关系，可以获得裂解过程的信息。因二级质谱图比一级质谱图要简单得多，有利于最大限度地排除样品基质的干扰，提高分析测定的选择性和灵敏度。

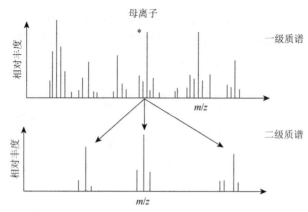

图 8-9　串联质谱的一级质谱和二级质谱示意图

8.2.1　基本原理

串联质谱的基本原理是在一级质谱中选择目标离子，使其进入碰撞区与惰性气体碰撞，经过碰撞诱导解离（collision induced dissociation，CID）或称碰撞活化解离（collision activation dissociation，CAD）生成的碎片离子再经二级质谱进行分析测定。串联质谱从结构上分为空间串联质谱和时间串联质谱。

空间串联质谱仪是将两个以上质量分析器联合使用，两个质量分析器间有一个碰撞活化室，目的是将前级质谱仪选定的离子打碎，由后一级质谱进行分析。时间串联质谱只有一个质量分析器，前一时刻选定离子，在质量分析器内打碎后，后一时刻再进行分析。例如，时间串联质谱有离子阱质谱等，空间串联质谱有三重四极质谱等。

三重四极串联质谱由两组四极质量分析器组成，中间设有六极杆碰撞室（图 8-10）。利用第一级四极分析器选择分子离子，在六极杆 CID 内与惰性氩气碰撞产生碎片离子后，再用第二级四极分析器分析碎片离子。三重四极串联质谱具有高灵敏、高选择性、数据快速准确等特点，可用于复杂基质样品中痕量化合物的定性、定量分析和色谱同流出峰化合物的分析测定等。

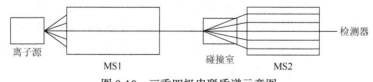

图 8-10　三重四极串联质谱示意图

CID 是最常用的离子裂分技术，母离子与惰性气体分子经过上百次低能量碰撞后，被裂分生成子离子。其碰撞速度达 2 万次/s，持续时间为数十毫秒。提高碰撞气的压力可以增大碰撞次数，有利于提高 CID 的处理效率，成倍地提高灵敏度。通过研究该过程中母离子和子离子之间的关系，可以获得组分的结构信息。本法具有快速、高灵敏度和高专属性等特点，不受化学噪声的干扰。

MS/MS 的分析条件主要包括选择母离子、母离子的 CID 电压和碰撞方式。通过一级质谱图确定母离子,一般以全扫描质谱法中离子碎片丰度最大的碎片离子作为母离子。在对母离子进行 CID 时,需要选择适宜的 CID 电压,使母离子裂解的同时得到特征子离子。CID 电压需通过实验优化确定。

8.2.2 扫描模式和分析方法

以三重四极串联质谱为例说明 MS/MS 的扫描模式。扫描模式可分为:子离子扫描、母离子扫描、恒定中性丢失扫描和选择反应监测等(图 8-11)。

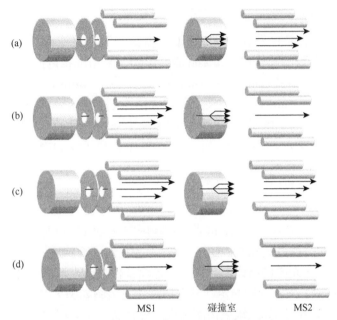

MS1   碰撞室   MS2

图 8-11 三重四极串联质谱的扫描模式示意图

(a)子离子扫描; (b)母离子扫描; (c)恒定中性丢失扫描; (d)选择反应监测

(1)子离子扫描(product-ion scan):在 MS1 中选择目标离子(简称母离子),在适宜的电压下将母离子打碎,在 MS2 中获得其碎片离子(简称子离子)的质谱图。通过子离子谱分析碎片峰的可能组成,从而获得组分的分子结构信息。该模式多用于组分的结构分析和鉴定。

(2)母离子扫描(precursor-ion scan):选择 MS2 中的某个子离子,在 MS1 中获得该离子的所有母离子。该模式可用于追溯碎片离子产生的来源,能对产生某种特征离子的一类组分进行快速筛选。

(3)恒定中性丢失扫描(constant-neutral-loss scan):固定质量差(Δm),同时扫描 MS1 和 MS2,所得谱图中是 MS1 通过裂解丢失了中性碎片(Δm)的离子。该模式用于鉴定组分结构中的特定官能团。

（4）选择反应监测（selected reaction monitoring，SRM）：用来监测预选的母离子及其所形成的预选子离子。即在第一级质谱选定准分子离子，第二级质谱选定某一碎片离子。两级质谱分析使最终结果的化学噪声降低，大大提高分析测定的选择性。该模式主要用于痕量组分的分析，灵敏度高于上述 3 种模式。采用多反应监测（multiple reaction monitoring，MRM），可以检测一定数量的母离子-子离子对。

8.2.3　应用示例

1. GC-MS/MS 法测定犬血清中左羟丙哌嗪浓度[3]

比格犬给药后定时采血并分离血清。血清经固相萃取后，加入硅烷化试剂（BSTFA）使左羟丙哌嗪生成三甲基硅醚衍生物，采用气相色谱串联质谱法测定。

色谱条件：色谱柱 DB-5MS（30m×0.25mm×0.25μm），程序升温：180℃保持 1min，以 10℃/min 升至 280℃，保持 5min；进样口温度为 300℃；无分流进样 1μL；载气为氦气，电子压力控制，线速度为 40cm/s。质谱条件：接口温度为 280℃；离子源温度为 200℃；离子化方式为 EI；母离子 m/z 175；子离子质量扫描范围 m/z 50～200；碰撞能量为 0.75eV。

左羟丙哌嗪及其三甲基硅醚衍生物的质谱图如图 8-12 所示。由图可见，除分子离子峰外，图 8-12（b）中 m/z 175、m/z 160、m/z 132、m/z 104 和 m/z 70 等碎片峰在图 8-12（a）中均有显现，这表明左羟丙哌嗪与其三甲基硅醚衍生物中的苯基哌嗪环部分的裂解方式相同。图 8-12（c）为左羟丙哌嗪质谱图中以 m/z 175 为母离子进行第二次轰击的质谱图。在给定色谱条件下，左羟丙哌嗪的保留时间为 12.4min，血浆中杂质不影响测定，其选择离子色谱图如图 8-13 所示。

本法采用保留时间和二级质谱图定性、外标法定量。以左羟丙哌嗪的峰面积对其血清浓度进行线性回归建立标准曲线。方法的线性范围为 0.005～4mg/L，最低检测浓度为 0.005mg/L。与 GC/MS 法相比，本法具有更高的选择性和灵敏度，适于复杂生物样品中微量组分的分析测定。

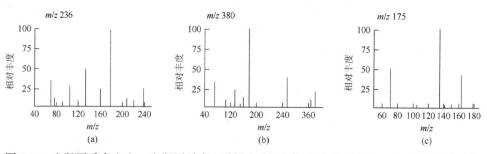

图 8-12　左羟丙哌嗪（a）、左羟丙哌嗪三甲基硅醚衍生物（b）及母离子 m/z 175 进行第二次轰击的质谱图（c）

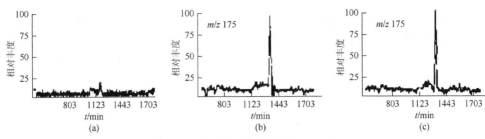

图 8-13　提取离子色谱图（m/z 175）

（a）空白血清；（b）空白血清 + 0.005mg/L 左羟丙哌嗪；

（c）比格犬单剂量给予 1mg/kg 左羟丙哌嗪后 4.0h 的血清样品

色谱峰：左羟丙哌嗪

2. GC-MS/MS 法测定食品中芳氧苯氧丙酸酯类除草剂的残留量[4]

采用分散型固相萃取对 12 种食品样品进行净化后，用 GC-MS/MS 分时段选择反应监测（SRM）、外标法对食品样品中 8 种芳氧苯氧丙酸酯类除草剂的残留量进行了测定。

色谱条件：色谱柱 VF-5MS 弹性石英毛细管柱（30m×0.25mm×0.25μm）；程序升温；进样器温度为 300℃；接口温度为 280℃；进样量为 1μL；不分流进样，1min 后打开分流阀。质谱条件：离子源温度为 230℃；四极杆温度为 40℃；电子轰击离子源（EI）；电子能量为 70eV；溶剂延迟时间为 4.50min；碰撞气为高纯氩气；SRM 模式。各除草剂的保留时间、二级质谱离子对和碰撞能量等如表 8-5 所示。

表 8-5　各除草剂的保留时间、二级质谱离子对和碰撞能量

除草剂	保留时间/min	母离子→子离子 m/z（碰撞能量/eV）
2, 4-滴丁酯	12.09	277→185（-5）*；176→111（-15）
吡氟氯禾灵	15.35	317→91（-15）*；289→180（-30）
吡氟禾草灵	17.36	282→91（-20）*；383→282（-10）
炔草酯	19.20	350→266（-10）*；239→130（-15）
禾草灵	19.68	254→162（-15）*；341→253（-10）
氰氟草酯	22.49	256→120（-10）*；357→256（-10）
噁唑禾草灵	23.74	362→288（-10）*；288→119（-10）
精喹禾灵	26.23	373→299（-10）*；300→91（-20）

*表示定量离子。

在给定条件下测得的芳氧苯氧丙酸酯类混合标准溶液的 SRM 谱图如图 8-14 所示。本法测定的除草剂在 10～100μg/L 内线性良好，定量限（LOQ）低于 10μg/kg，平均回收率为 70%～120%，RSD≤13%。实际样品的测定结果表明：通过采取适

宜的净化手段，并结合保留时间和高选择性的 SRM 技术的准确定性，可以有效减小样品基质对目标组分测定的干扰。

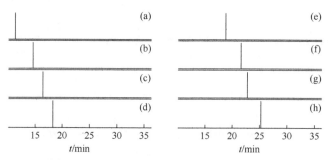

图 8-14　芳氧苯氧丙酸酯类混合标准溶液（50μg/L）的 SRM 谱图

（a）2,4-滴丁酯；（b）吡氟氯禾灵；（c）吡氟禾草灵；（d）炔草酯；（e）禾草灵；（f）氰氟草酯；

（g）噁唑禾草灵；（h）精喹禾灵

3. 顶空-GC-MS 法分析测定雪菊的挥发性成分[5]

雪菊是维吾尔医习用药材之一，也常当茶饮用。挥发油是雪菊的主要活性成分之一，但其化学成分尚不明确。可以采用顶空进样、GC-MS 法分析测定雪菊样品的挥发性成分[5]。

挥发性成分提取：称取粉碎后的样品粉末 0.5g，放入 10mL 顶空瓶中密封，置顶空进样器中，样品瓶加热温度为 100℃，加热时间为 30min。

色谱条件：HP-5MS 毛细管柱（30m×0.25mm×0.25μm）；顶空进样针温度为 105℃，程序升温：50℃保持 2min，以 2℃/min 升至 82℃，再以 4℃/min 升至 150℃，最后以 20℃/min 升至 280℃，保持 2min。质谱条件：EI 离子源，电子能量为 70eV，四极杆温度为 150℃；接口温度为 250℃；质量范围（m/z）50～500。NIST MS Search 2.0 库。

在给定条件下测得的不同产地雪菊样品中挥发成分的顶空 GC-MS 谱图如图 8-15 所示。依据 MS 数据库检索，共鉴定出 11 种主要化合物（匹配度＞90%），萜烯类成分约占 80%以上，$1R$-$α$-蒎烯和柠檬烯为雪菊的主要挥发性成分。不同产地的黄色雪菊挥发性成分的种类差异不大，但含量差异较为明显；不同部位的挥发性成分的种类和含量均有明显差异。

4. GC-MS 法测定化妆品中防晒剂[6]

防晒类化妆品已广泛用于人们的日常生活和工作中。但长期大量使用含化学防晒剂的化妆品会引起过敏、皮炎等不良反应，因此各国对防晒剂的使用限量都有明确的规定。针对我国《化妆品安全技术规范》2015 年版规定的 25 种准用化学防晒剂中的 13 种成分，本研究建立了同时测定 13 种防晒剂的 GC-MS 分析方法[6]。

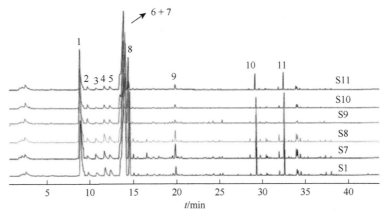

图 8-15　不同产地雪菊样品中挥发成分的顶空 GC-MS 图谱

将化妆品样品（面霜、乳液）经二氯甲烷提取后，采用程序升温模式，在 HP-5MS 毛细管柱（30m×250μm×0.25μm）上对 13 种防晒剂分离后，经电子轰击（EI）源电离、采用选择离子监测（SIM）模式扫描测定。通过全扫描结合 NIST 谱库检索，选择丰度较高、干扰较低、重现性好的 3 个特征离子作为定性离子，其中丰度最高的一个离子作为定量离子，然后采用 SIM 模式进行测定，测得的 13 种防晒剂的总离子流图（TIC）如图 8-16 所示。

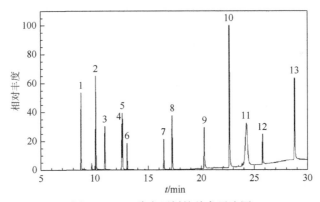

图 8-16　13 种防晒剂的总离子流图

组分：1. 水杨酸乙基己酯；2. 胡莫柳酯；3.3-亚苄基樟脑；4. 二苯酮-3；5. 对甲氧基肉桂酸异戊酯；6.4-甲基苄亚基樟脑；7. 二甲基对氨基苯甲酸乙基己酯；8. 甲氧基肉桂酸乙基己酯；9. 樟脑苯扎铵甲基硫酸盐；10. 奥克立林；11. 丁基甲氧基二苯甲酰基甲烷；12. 甲酚曲唑三硅氧烷；13. 二乙氨羟苯甲酰基苯甲酸己酯

本法测得的 13 种防晒剂在霜类基质中的加标回收率为 88.7%～103.6%（RSD 1.7%～4.9%，$n=6$），在乳类基质中的加标回收率为 88.4%～102.3%（RSD 1.2%～3.9%，$n=6$），检出限为 0.04～0.63mg/g，定量限为 0.12～2.10mg/g。采用本法检测了 5 批含有防晒剂的美白类化妆品，其所含 5 种防晒剂的含量为 0.8%～5.2%，符合相关要求。

参 考 文 献

[1] 张建丽, 徐友宣, 邸欣. 气相色谱-质谱联用法测定人尿中的沙丁胺醇. 药物分析杂志, 2004, 24 (3): 323.

[2] 吴景武, 张伟亚, 刘丽, 等. 气相色谱-质谱法测定 PVC 食品保鲜膜中 DEHA 等己二酸酯类增塑剂. 中国卫生检验杂志, 2006, 16 (7): 817.

[3] 赵立波, 陈汇, 胡小钟, 等. 气相色谱-串联质谱法测定犬血清中左羟丙哌嗪浓度及其药动学气相色谱-串联质谱法测定犬血清中左羟丙哌嗪浓度及其药动学. 中国药学杂志, 2006, 41 (8): 612.

[4] 赵增运, 徐星, 沈伟健, 等. 分散型固相萃取-气相色谱串联质谱法测定食品中 8 种芳氧苯氧丙酸酯类除草剂的残留量. 质谱学报, 2010, 31 (5): 306.

[5] 陈凌霄, 张帅, 胡德俊, 等. 顶空-气相色谱/质谱联用分析比较雪菊不同产地和部位的挥发性成分. 药物分析杂志, 2018, 38 (2): 251.

[6] 吕稳, 李红英, 刘杰, 等. 气相色谱-质谱法测定化妆品中 13 种防晒剂. 色谱, 2021, 39 (5): 552.

第9章 气相色谱分析常用的样品制备技术

气相色谱分析测定过程通常包括取样、样品制备、分析测定、数据分析和报告等步骤。样品分析测定过程的一般流程如图9-1所示。

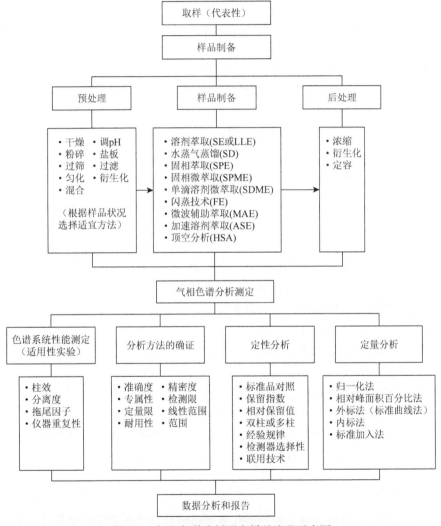

图 9-1 气相色谱分析测定样品流程示意图

样品制备（sample preparation）是复杂基质样品分析测定前的重要步骤。通过样品制备消除或减少样品基质组分的干扰、得到可供分析测定的试样。样品制备方法的选择会直接影响分析测定结果。在选择制备方法时需要考虑：样品状态、被测组分的理化性质、浓度范围、测定目的、样品类型、样品制备与分析技术之间的关系等。用于 GC 分析测定的样品，先通过适宜的样品制备方法对样品中目标组分进行提取后，再用 GC 法对目标组分进行定性、定量分析测定。

由图 9-1 可见，样品制备包括从取样（sampling）到得到适合分析测定（如 GC 分析）的分析样品之前的所有操作。样品制备又分为：样品预处理（sample pretreatment）、样品制备、样品后处理。根据样品的形态和性质，常用的预处理方法包括干燥、粉碎、研磨、过筛、匀化、调 pH、盐析、溶解、过滤、衍生化等；后处理方法包括浓缩、溶解、衍生化、定容等。有关 GC 分析的样品制备方法很多[1]，本书将主要介绍以下方法：液-液萃取法、水蒸气蒸馏法、固相萃取法、固相微萃取法、单滴溶剂微萃取法、闪蒸技术、微波辅助萃取法、顶空分析法等；此外，还将介绍 GC 分析测定中常用的衍生化方法、样品制备注意事项等。

9.1　取　　样

取样是样品分析的第一步，也是保证分析结果准确性的重要环节之一。取样需要保证样品的代表性，即所取的样品应能代表样品总体真实的情况，其测定结果才有意义。否则，得到的测定结果会偏离样品真实情况，影响分析测定的准确性。

实际样品种类众多，对分析测定的要求也各不相同。样品按照形态分为固态、液态和气态样品。样品的采集和制备是指先从大批物料中采取最初样品，然后再制备成供分析测定用的最终样品（分析样品）。分析样品要能反映原始样品的真实性、代表原始样品的组成，否则分析结果毫无意义。有时由于提供了无代表性的样品，给实际工作带来难以估计的后果。因此，在进行分析前，首先要保证取样具有代表性。

对组成较为均匀的金属、水样、液态和气态物质等取样比较简单；对组成不均匀的物料，需按照各行业领域分析测定的相关要求进行取样。不同类型样品的取样方法各有不同，对于具体分析对象应以各行业标准为准。下面分别简单介绍固态、液态、气态样品的一般取样方法。

9.1.1　固态样品

对于固态样品取样，为了得到能代表固态试样总体平均组成的样本，必须注意 3 个方面：确定取样单元、取样量和取样方法。

（1）取样单元。根据样品的性状确定取样单元。有的样品是不均匀的固体，如植物、生物组织、其他块状或颗粒物等；有的样品是组成均匀物料，如成批的化工原料、化学试剂等。前者可将其运输过程中的自然单元，如每卡车（车皮、船）或每捆、每包物料作为取样单元；后者可根据具体情况，按照批号或同一批号产品中各个大包装看作取样单元。

（2）取样量。需根据大批物料的取样单元（或称取样点）来确定取样量。取样单元数可以依据相关公式计算获得。

（3）取样方法。对于组成分布均匀、各取样单元基本一致的物料，可用随机取样法取样。所谓随机取样，就是使总体物料的每一部分都有相等的被取样的机会。对于组分不均匀的物料，需采用分层取样法，即将取样过程分成几个层次，首先在各取样单元之间选取，而后再按随机取样法在各单元内取样。

对不均匀的固态物料，按前述方法取样后的总量会比较大，组成也不均匀，因此在取样过程中还必须经过适当处理，使数量缩减为组成均匀、颗粒细小、能代表整批物料的分析样品。样品预处理包括粉碎、过筛、混合和缩分等步骤。

在样品粉碎过程中，应注意避免混入杂质。过筛时不能弃去未通过筛孔的粗颗粒样品，而应磨细后使其通过筛孔。也就是说，过筛时全部样品都要通过筛孔，以保证分析样品能代表原始样品的平均组成。

常采用缩分法（四分法）选择得到用于分析测定的样品（图 9-2）。将样品放在钢板或光面纸上混合混匀后，先堆成锥形，再稍压平成圆盘状。通过盘状中心将样品四等分，弃去两个对角部分，把剩余的两份再粉碎，继续用四分法缩分，直至样品量符合分析要求为止。分析样品应储存在具有磨口玻璃塞的广口瓶中，贴好标签，注明样品名称、来源和采样日期等。

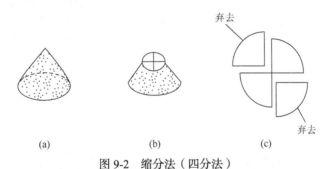

图 9-2　缩分法（四分法）

（a）堆成锥形；（b）稍压平并通过中心平分四等份；（c）弃去对角的两份

9.1.2　液态样品

对于液态样品，如装在大容器里的液体物料，只需在容器的不同深度取样并混合均匀，即可作为分析样品。对于分装在小容器里的液体物料，应从每个容器里取样，然后混匀作为分析样品。

采集水样时，应根据具体情况采取不同的方法。当采集水管中水样时，取样前需将水龙头先放水 10～15min，然后再用干净试剂瓶收集水样至满瓶即可。当采集江、河、池、湖中的水样时，首先要根据分析目的及水系的具体情况选择好采样地点，用采样器在不同深度各取几份水样，混匀后作为分析样品。

9.1.3　气态样品

气态样品的采取也需根据具体情况采用适宜的办法。例如，测定大气污染物时，采取大气样品通常选择距地面 50～180cm 高度处，使之与人呼吸的空气相同；对于烟道气、废气中某些污染物的分析，可将气体样品采入样品瓶或大型注射器中。

需注意的是，在采取液体或气体试样前，必须保证容器及通路洁净，再用要采取的液体或气体清洗数次，然后取样，以免混入杂质。

9.2　液-液萃取法

液-液萃取（liquid-liquid extraction，LLE）是样品制备最常用的方法之一。本法基于不同组分在有机相和水相中分配系数的差异使样品中被测组分与其他组分分离。通常，在样品溶液（常为水相）加入适宜的、与水不相溶的某有机溶剂（有机相），通过振摇或振荡使两相碰撞接触，使被测组分进入有机相中，其他组分仍留在水相中，从而达到分离富集的目的。反之亦可。

样品量大时，萃取操作一般在梨形分液漏斗中进行。样品量少时可以在试管内进行。对于分配系数较小组分的萃取，也可以采用连续萃取器进行连续萃取。

液-液萃取法具有选择性好、回收率高、设备简单、操作简便、快速等特点，既能用于去除样品基质中大量干扰组分，又能用于微量组分的富集与分离，在复杂样品制备中具有广泛的应用。

9.2.1　基本原理

1. 分配系数

设用有机溶剂从水溶液中萃取溶质 A 并且 A 在两相间存在一定的分配关系。如果溶质在水相和有机相中的存在形式相同，即都为 A，则在一定温度和压力下，溶质 A 在有机相与水相中分配达到平衡时，A 在两溶剂中的活度比 P_A 保持恒定，可用下式表示

$$A_水 \rightleftharpoons A_有$$

$$P_A = \frac{a_{A有}}{a_{A水}}$$

当浓度很低时，可忽略离子强度的影响，用浓度代替活度，即得到分配定律

$$K_d = \frac{[A]_有}{[A]_水}$$

式中，K_d 为分配系数。分配系数大的溶质易于进入有机相中，分配系数小的溶质则留在水相中。分配定律是液-液萃取分离的依据。

2. 分配比

如果溶质 A 在水相或有机相中发生电离、聚合或与其他组分发生化学反应等作用，溶质 A 在溶液中就会存在着多种化学形式。由于不同形式在两相中的分配行为不同，故总的浓度比就不是常数，就不能简单地用分配系数来衡量整个萃取过程的平衡问题。因此需引入另一参数——分配比 D。分配比 D 是溶质在两相中的总浓度之比，即

$$D = \frac{c_有}{c_水}$$

式中，c 为以各种形式存在的溶质的总浓度。只有在最简单的萃取体系中，溶质在两相中的存在形式完全相同时，$D = K_d$；否则 $D \neq K_d$。

3. 萃取率

溶质 A 的萃取效果常用萃取率 E 来衡量。萃取率 E 与分配比 D_A 的关系如下

$$E = \frac{A在有机相中的总量}{A在两相中的总量} \times 100\% = \frac{c_有 V_有}{c_有 V_有 + c_水 V_水} \times 100\%$$

将式中分子、分母同除以 $c_水 V_有$，则得

$$E = \frac{D_A}{D_A + V_水 / V_有} \times 100\%$$

式中，$V_有$ 和 $V_水$ 分别为有机相和水相的体积。可见，分配比 D_A 越大，而 $V_水/V_有$ 越小，则萃取率越高。若用等体积的溶剂进行萃取，即 $V_有 = V_水$，则

$$E = \frac{D_A}{D_A + 1} \times 100\%$$

由上述公式可见，增加有机溶剂的用量可以减小体积比 $V_水/V_有$，有利于提高萃取率。但在 D_A 不够大的情况下，如果希望一次萃取就能达到定量萃取的程度，则需大大增加有机溶剂的体积，此时被萃取物在有机相中的浓度降低，不利于进一步分离和测定，所以单纯增加有机溶剂用量并不是提高萃取率的有效办法。在实际工作中，常采取连续多次萃取的方法提高萃取率。

设 c_0 为萃取前被萃取物 A 在水相中的浓度；一次萃取后，在水相中剩余的被萃取物 A 的浓度为 c_1，则

$$c_1 = c_0(1-E) = c_0\left(1 - \frac{D_A}{D_A + V_水/V_有}\right) = c_0\left(\frac{V_水/V_有}{D_A + V_水/V_有}\right)$$

如果 D_A 不变，另外取 $V_有$ 体积的有机溶剂再萃取一次后，剩余在水相中的被萃取物浓度为 c_2，则

$$c_2 = c_1\left(\frac{V_水/V_有}{D_A + V_水/V_有}\right) = c_0\left(\frac{V_水/V_有}{D_A + V_水/V_有}\right)^2$$

当取 $V_有$ 体积的有机溶剂萃取了 n 次后，剩余在水相中被萃取物 A 的浓度为 c_n，则

$$c_n = c_0\left(\frac{V_水/V_有}{D_A + V_水/V_有}\right)^n$$

经过 n 次萃取后的总萃取率 E_n 为

$$E_n = \left(1 - \frac{c_n V_水}{c_0 V_水}\right) \times 100\% = \left[1 - \left(\frac{V_水/V_有}{D_A + V_水/V_有}\right)^n\right] \times 100\%$$

只要溶质具有适宜的分配比 D，经过多次萃取后，样品中的溶质可被定量萃取分离。

例 9-1　已知某组分 $D = 9$，萃取时 $V_水/V_有 = 1$。试计算萃取一次、二次和三次时的萃取率。

解　当 $V_水/V_有 = 1$，萃取一次时的萃取率 E_1 为

$$E_1 = \left(1 - \frac{1}{9+1}\right) \times 100\% = 90\%$$

萃取二次时的萃取率 E_2 为

$$E_2 = \left[1 - \left(\frac{1}{9+1}\right)^2\right] \times 100\% = 99\%$$

萃取三次时的萃取率 E_3 为

$$E_3 = \left[1 - \left(\frac{1}{9+1}\right)^3\right] \times 100\% = 99.9\%$$

从计算结果可见，经过三次萃取后，该组分已被定量转至有机相中。

例 9-2　若例 9-1 中水相体积为 20mL，问：（1）用有机溶剂 100mL 萃取一次；（2）每次用 20mL 有机溶剂，共萃取 2 次；哪种方法的萃取率高？

解　（1）用 100mL 有机溶剂萃取一次，$D = 9$

$$E = \left[1 - \left(\frac{20/100}{9 + 20/100}\right)\right] \times 100\% = 97.8\%$$

（2）每次用 20mL 有机溶剂共萃取两次，则

$$E=\left[1-\left(\frac{20/20}{9+20/20}\right)^2\right]\times100\%=99\%$$

可见，方法（2）萃取所用的有机溶剂总量少，但萃取率更高。

4. 分离系数

为达到分离目的，不仅要求萃取率高，还要求共存组分间的萃取分离效果好。常用分离系数 β 来表示萃取分离效果。β 是两种组分 A 和 B 分配比的比值，即

$$\beta=\frac{D_A}{D_B}$$

D_A 大于 D_B 越多，分离系数越大，有利于两组分的萃取分离。否则会影响两组分的萃取分离。

9.2.2　影响因素

液-液萃取的选择性和回收率与溶剂极性、溶液 pH、提取方法、溶剂回收方法等因素有关。

1. 溶剂极性

在有机物的萃取分离中，溶剂选择的基本原则是"相似相溶"，即选择与被测组分性质（如极性、分子结构、分子作用等）相近的溶剂。通过选择那些对被测组分溶解度大而对其他共存组分溶解度小的溶剂，可以选择性地使被测组分从样品混合物中分离出来。常用萃取溶剂的极性（介电常数）如表 9-1 所示。

表 9-1　常用溶剂的极性

溶剂	介电常数	溶剂	介电常数
水	78.54	甲苯	2.379
异丁醇	15.8	四氯化碳	2.238
二氯甲烷	9.8	苯	2.284
乙酸乙酯	6.02	环己烷	2.023
氯仿	4.806	己烷	1.890
乙醚	4.335		

常用有机溶剂极性的一般顺序如下：饱和烃类＜全氯代烃类＜不饱和烃类＜醚类＜未全氯代烃类＜酯类＜芳胺类＜酚类＜酮类＜醇类。

2. 溶液 pH

弱酸性或弱碱性化合物的分子型（非解离型）和离子型所占的比例与组分 pK_a 和溶液 pH 有关。其关系可用亨德森-哈塞尔巴尔赫方程（Handerson-Hasselbalch equation，简称 H-H 方程）表示。

$$弱酸性化合物 \qquad pH - pK_a = lg\frac{[A^-]}{[HA]}$$

$$弱碱性化合物 \qquad pK_a - pH = lg\frac{[BH^+]}{[B]}$$

式中，HA 代表弱酸分子型；A^- 为弱酸离子型，B 为弱碱分子型，BH^+ 为弱碱离子型。相对而言，分子型易溶于弱极性溶剂，而离子型易溶于极性溶剂。

由上式可见，对于给定的弱酸性或弱碱性（pK_a 为常数）化合物，其分子型和离子型的比例取决于溶液 pH。当 $pH = pK_a$ 时，组分的分子型和离子型各占 50%。为使 90%化合物以分子型存在以便溶剂提取，碱性化合物的最佳提取 pH 要高于其 pK_a 1~2 个单位；酸性化合物的最佳提取 pH 则低于其 pK_a 1~2 个单位。调整溶液 pH 可以改变酸碱化合物型体的比例。萃取溶液 pH 与化合物 pK_a 及其存在型体比例的关系如表 9-2 所示。

表 9-2　酸碱化合物型体比例与溶液 pH 的关系

pH	弱酸性化合物 非解离型：解离型	弱碱性化合物 非解离型：解离型
$pK_a - 2$	100：1	1：100
$pK_a - 1$	10：1	1：10
pK_a	1：1	1：1
$pK_a + 1$	1：10	10：1
$pK_a + 2$	1：100	100：1

3. 提取方法

当样品量较少并且被测组分含量低时，一般只提取 1~2 次。为减小样品制备和分析测定过程中可能产生的误差，多采用内标法对复杂基质样品组分进行定量测定。内标一般需在样品制备前定量加入样品中，以被测组分的峰面积（或峰高）与内标物的峰面积（或峰高）的比值对组分浓度作标准曲线，并同时进行样品测定。

4. 溶剂回收

为提高被测组分的浓度，得到的提取液还需进一步浓缩富集。常用减压蒸馏回收或吹氮气流使提取液中溶剂挥散后，再用少量溶剂溶解残留物后进行分析测定。

9.2.3　应用示例

广藿香油中广藿香醇在大鼠体内药代动力学测定[2]。

血浆样品制备与测定：于干燥离心管中加入内标丁香酚甲醇溶液 200μL，氮气流吹干，加入大鼠血浆 200μL，涡旋混匀；用乙酸乙酯 0.5mL，涡旋提取 1min，离心（3000r/min）5min，移取有机相；再重复上述操作 1 次，合并两次提取的有机相，氮气流吹干；残渣用甲醇 200μL 溶解，离心（10000r/min）10min，上清液过 0.22μm 微孔滤膜，进样 1μL。

色谱条件：HP6890 气相色谱仪；HP-5MS 毛细管柱（30m×0.32mm×0.25μm）；检测器为 FID。程序升温：初始温度 80℃保持 1min，以 15℃/min 升温至 200℃保持 1min，以 60℃/min 升温至 290℃保持 1min，再次进样前需平衡 3min。不分流进样。检测器气流组成：空气 300mL/min，氢气 40mL/min，补充气为氮气。测得的 GC 分析色谱图如图 9-3 所示。

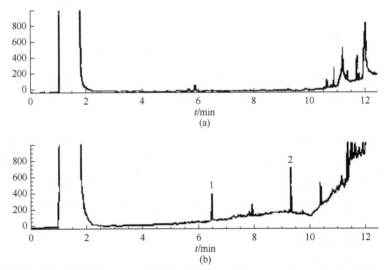

图 9-3　大鼠空白血浆（a）和大鼠静脉给药（20mg/kg）后（b）的气相色谱图

1. 丁香酚（内标）；2. 广藿香醇

本测定方法的线性范围为 25~500μg/L，检测限为 10μg/L，定量限为 25μg/L，回收率为 90%~100%，重复性 RSD 小于 10%。

9.3　水蒸气蒸馏法

水蒸气蒸馏法（steam distillation，SD）是提取样品中挥发性成分常用的方法。本法又分为共水蒸馏法（直接加热法）、通水蒸气蒸馏法及水上蒸馏法三种。水蒸气蒸馏是《中国药典》采用的中药挥发油提取的法定方法。一般情况下，将中药材的粗粉浸泡湿润后，直火加热蒸馏或通入水蒸气蒸馏，药材中的挥发性成分随水蒸气蒸出，经冷凝后收集馏出液。一般需重复蒸馏1次，以提高馏出液的纯度和浓度，最后收集一定体积的蒸馏液。但蒸馏次数不宜过多，以免一些成分氧化或分解。

水蒸气蒸馏适于提取的化合物应具有以下性质：①具有挥发性；②不溶或难溶于水；③与沸水及水蒸气长时间共存不发生任何化学变化；④在100℃左右具有较高的蒸气压，一般应不低于1.33kPa（10mmHg）。

9.3.1　基本原理

水蒸气蒸馏的基本原理是基于道尔顿定律（Dalton's law），也称气体分压定律（law of partial pressure）。在温度和体积恒定时，体系混合气体的总压力等于各组分气体分压力之和，各组分气体的分压力等于该气体单独占有总体积时所表现的压力，即

$$p = p_1 + p_2 + p_3 + \cdots = \sum p_i, \ p_i = n_i \ (RT/V)$$

式中，p 为总压力（Pa）；p_1、p_2、p_3 等为分压力（Pa）；n 为组分气体的物质的量（mol）；T 为热力学温度（K）；V 为体积（m^3）；R 为摩尔气体常量[8.31Pa·m^3/（mol·K）]。

当与水不相混溶并且不发生化学反应的物质与水共存时，整个体系的蒸气压为各组分蒸气压之和。当混合物中各组分蒸气压总和等于外界大气压时，这时的温度即为混合物的沸点。混合物的沸点低于各组分的沸点。在常压下应用水蒸气蒸馏，就能在低于100℃的情况下将高沸点组分与水一起蒸出来，实现分离提纯。

9.3.2　挥发油提取方法

中药材挥发性成分的GC分析测定是先按照《中国药典》附录中的挥发油测定法提取中药材的挥发油，然后将挥发油进行稀释后进样或直接进样进行GC或GC-MS分析测定。

《中国药典》2020版第四部通则中，挥发油测定法采用的挥发油提取装置与常规水蒸气蒸馏的原理相同，但装置略有不同（图9-4）。图9-4中，a为1000mL

（或 500mL、2000mL）的硬质圆底烧瓶，上接挥发油测定器 b，b 的上端连接回流冷凝管 c。以上各部件间均用玻璃磨口连接。测定器 b 应具有 0.1mL 的刻度。全部仪器应充分洗净，并检查接合部分是否严密，以防挥发油逸出。注意装置中挥发油测定器的支管分岔处应与基准线平行。

《中国药典》挥发油测定用的供试品除另有规定外，须粉碎使能通过 2～3 号筛，并混合均匀。测定方法根据挥发油密度的不同分为甲法和乙法。甲法适用于测定相对密度在 1.0 以下的挥发油，乙法适用于测定相对密度在 1.0 以上的挥发油。

甲法：取供试品适量（相当于含挥发油 0.5～1.0mL），称定质量（准确至 0.01g），置于烧瓶中，加水 300～500mL（或适量）与玻璃珠数粒，振摇混合后，连接挥发油测定器与回流冷凝管。自冷凝管上端加水使充满挥发油测定器的刻度部分，并溢流入烧瓶时为止。置于电热套中或用其他适宜方法缓缓加热至沸，并保持微沸约 5h，至测定器中油量不再增加，停止加热，放置片刻，开启测定器下端的活塞，将水缓缓放出，至油层上端到达刻度 0 线上面 5mm 处为止。放置 1h 以上，再开启活塞使油

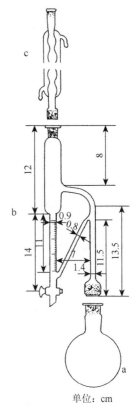

单位：cm

图 9-4　挥发油提取测定装置

层下降至其上端恰与刻度 0 线平齐，读取挥发油量，并计算供试品中挥发油的含量（%）。

乙法：取水约 300mL 与玻璃珠数粒，置于烧瓶中，连接挥发油测定器。自测定器上端加水使充满刻度部分，并溢流入烧瓶时为止，再用移液管加入二甲苯 1mL，然后连接回流冷凝管。将烧瓶内容物加热至沸腾，并继续蒸馏，其速度以保持冷凝管的中部呈冷却状态为度。30min 后，停止加热，放置 15min 以上，读取二甲苯的容积。然后照甲法自"取供试品适量"起，依法测定，自油层量中减去二甲苯量，即为挥发油量，再计算供试品中挥发油的含量（%，体积分数）。

9.3.3　应用示例

按照《中国药典》挥发油测定法甲法对莪术挥发油进行提取[3]。准确称取某莪术药材粉末（约 55g），置于烧瓶中，加水 400mL 与玻璃珠数粒，振摇混合后，连接挥发油测定器与回流冷凝管。自冷凝管上端加水使充满挥发油测定器的刻度部分，并溢流入烧瓶时为止。将烧瓶置电热套中缓缓加热至沸，并保持微沸约 5h，至测定器中油量不再增加，停止加热，放置片刻，开启测定器下端的活塞，将水

缓缓放出，至油层上端到达刻度 0 线上面 5mm 处为止。放置 1h 以上，再开启活塞使油层下降至其上端恰与刻度 0 线平齐，得到深红色黏稠状液体挥发油 0.6mL，计算得到该样品中挥发油含量为 1.0%（mL/g）。将得到的挥发油用无水硫酸钠干燥后，于 4℃下保存以用于 GC 分析测定。

9.4　固相萃取法

固相萃取法（solid phase extraction，SPE）基于液-固色谱理论，采用选择性吸附、选择性洗脱的方式对样品组分进行分离富集和纯化。SPE 法常采用内装有某种选择性吸附剂填料的聚丙烯小柱，具有不同规格（图 9-5）。此外，还有圆盘式 SPE 萃取装置。圆盘式 SPE 采用过滤膜（厚度<1mm，直径为 4～96mm），具有较大的横截面，可增大流速，增加萃取速率，常用于环境样品（如水中痕量有机物）、尿样中药物代谢物等的萃取。

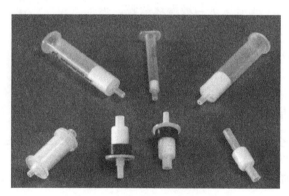

图 9-5　固相萃取小柱示意图

9.4.1　基本原理和方法

固相萃取法的基本原理是基于样品组分在萃取小柱内填料的吸附涂层（固定相）与洗脱液（流动相）之间的分配系数或吸附系数的差异。SPE 对目标组分或干扰组分的保留或洗脱取决于它们在两相间分子作用力的差异。通过选择对样品中目标组分或干扰组分具有高选择性吸附能力的吸附剂萃取小柱，在完成目标组分分离富集的同时去除其他干扰组分。

常用的 SPE 方法是通过加压使液体样品通过装有吸附剂的 SPE 小柱，吸附剂选择性地吸附样品中的目标组分，而其他杂质或干扰物随洗脱液流出。然后用溶剂洗脱吸附在柱上的目标组分，从而达到快速分离、净化与浓缩的目的。也可使吸附剂选择性地吸附干扰物，而让目标组分流出；或同时吸附杂质和目标组分，再使用合适的溶剂选择性洗脱目标组分。SPE 的基本过程包括活化、上样、淋洗和洗脱（图 9-6）。

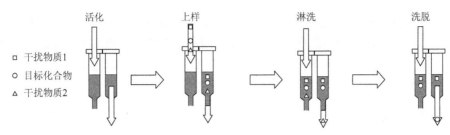

图 9-6　SPE 基本过程示意图

□ 干扰物质1
○ 目标化合物
△ 干扰物质2

活化　　　上样　　　淋洗　　　洗脱

9.4.2　SPE 填料

目前 SPE 已发展成为一种成熟的样品制备技术，常用 SPE 填料种类如表 9-3 所示。其中吸附型填料包括硅胶、硅藻土、氧化铝等。键合相型填料（改性硅胶）分为正相填料、反相填料和离子交换型填料等。正相填料含有氨基、氰基、二羟基等基团；反相填料含有 C_6、C_8、C_{18}、氰基、环己基、苯基等基团；离子交换型填料含有季铵、氨基、二氨基、苯磺酸基、羧基等基团。以硅胶为基质的化学键合吸附剂适于介质 pH 2～8，在强酸或强碱性下不稳定。此外，还有多孔聚合物，如苯乙烯-二乙烯基苯共聚物等。目前发展的新型填料还有限入性介质、分子印迹吸附剂等。

表 9-3　常用固相萃取填料

固定相	极性	作用机理
吸附剂：		
硅胶	极性	吸附，氢键
氧化铝	极性	吸附，氢键
硅藻土	极性	吸附
键合相（改性硅胶）：		
—$C_{18}H_{37}$（C_{18} 或 ODS）	非极性	范德瓦耳斯力，π-π 作用
—C_8H_{17}（C_8）	非极性	范德瓦耳斯力，π-π 作用
—C_6H_5	非极性	范德瓦耳斯力，π-π 作用
—（CH_2）$_3$CN	极性	极性，氢键
—（CH_2）$_3$$NH_2$	极性	极性，氢键
—（CH_2）$_3$$C_6H_4SO_3H$	极性	阳离子交换
—（CH_2）$_3$N（CH_3）$_3$Cl	极性	阴离子交换
多孔聚合物：		
苯乙烯-二乙烯基苯共聚物	非极性	尺寸排阻

其中最常用的是 C_{18} 固定相小柱。样品预处理的基本步骤为：依次用甲醇或乙腈、水（或缓冲溶液）洗涤小柱，上样并用水（或缓冲溶液）淋洗除去干扰物；用高浓度（如 80%）甲醇或乙腈水溶液洗脱目标组分，浓缩洗脱液并用适宜溶剂溶解后进样分析。

9.4.3　应用示例

1. 固相萃取-衍生化-气相色谱-质谱测定水中类固醇类环境内分泌干扰物[4]

取水样 1L，经 0.45mm GF/F 玻璃纤维滤纸过滤后，调节 pH，加入 100mL 标准混合溶液（0.01g/L），用固相萃取进行富集纯化。在萃取前，固相萃取小柱依次用 5mL 乙酸乙酯、5mL 甲醇和 3～5mL 去离子水活化。水样过柱后（流速小于 5mL/min），用 10mL 甲醇-水（1∶9，V/V）混合液清洗小柱，真空抽干 60min，然后用适量洗脱溶液洗脱，流速为 1～2mL/min。

本研究对比了 4 种 SPE 小柱（LC-18、Oasis HLB、Sep-Pak C_{18}、ENVI^{TM}-18）对类固醇类环境内分泌干扰物的萃取效果。结果表明，Oasis HLB 柱的回收率和重复性较好。此外，还对洗脱溶剂及其用量、水样 pH 等进行了优化，最后以丙酮为洗脱溶剂在 pH 4.5 下进行固相萃取。将分离得到的样品经衍生化后进行 GC-MS 测定。

2. 固相萃取柱上衍生气相色谱-质谱法测定水中烷基酚[5]

烷基酚（AP）具有环境雌激素活性，对其分析检测已引起国内外关注。气相色谱法的分离效率高、分离速度快，对 AP 测定的灵敏度高于液相色谱法。但由于酚类的挥发性低，用 GC 测定需要进行衍生化。在 SPE 萃取柱上对烷基酚硅烷化后，用 GC-MS 法测定了水中烷基酚的含量。以 C_{18} 柱为固相萃取柱，N,O-（三甲基硅）三氟乙酰胺（BSTFA）为硅烷化试剂，对衍生化影响因素（溶剂、时间）以及 SPE 主要影响因素（pH、盐度、洗脱剂）进行了优化。在优化条件下，该法的回收率和重复性令人满意。

C_{18} 柱活化与固相萃取：使 5mL 甲醇通过 C_{18} 柱，洗去小柱上的杂质，然后加入 15mL 超纯水活化小柱，备用。取水样 500mL，以 5mL/min 流速通过连接在水样浓缩装置的 C_{18} 柱，最后用去离子水 10mL 清洗，真空吹干。

样品衍生化：将 50μL BSTFA（1%TMCS）加入 0.5mL 丙酮中，混匀后加至 C_{18} 柱，使有机溶剂均匀分布在 C_{18} 柱填料中，在 pH = 2 下进行硅烷化反应 15min，然后用 3mL 二氯甲烷洗脱，氮气浓缩，再用 1mL 正己烷溶解测定。

本研究还对 SPE 萃取柱上衍生化、SPE 萃取衍生化和液-液萃取衍生化等方法进行了比较。结果表明，SPE 萃取柱上衍生回收率略高于 SPE 萃取衍生法，略低于液-液萃取衍生法。固相萃取所用溶剂量少、操作方便、方法重复性好。常规衍生化过程需要在适宜温度下反应约 1h 才能完成，而柱上衍生化只需 15min。

9.5　固相微萃取法

固相微萃取（solid-phase microextraction，SPME）法是由加拿大 Waterloo 大学 Pawliszyn 教授等于 1990 年发明的一种吸附/解吸技术，其装置如图 9-7 所示。不同于 SPE，SPME 是将选择性固定相（如聚合物、多孔材料、其他材料）涂覆在石英玻璃纤维（或其他材料纤维）的表面，在一定条件下对样品中目标组分进行选择性吸附后，在 GC 进样口经热解吸进样，进行分析测定的方法。

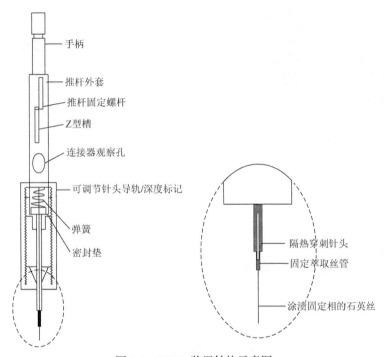

图 9-7　SPME 装置结构示意图

SPME 方法的特点：①不需有机溶剂，为绿色友好的方法；②集萃取、浓缩、解吸（或洗脱）、进样于一体，简单快速，可以避免多步操作而引入误差；③样品用量少；④选择性高，进样空白值小；⑤易于自动化。

SPME 的样品制备时间大大缩短；SPME 的样品用量少。目前 SPME 在环境、食品、医药、临床、体育、刑侦等众多领域已得到广泛的应用，可用于气态、液态、固态样品中的挥发性有机物、半挥发性有机物以及无机物的分析。

SPME 用于 GC 分析测定时，将样品置于样品瓶内（图 9-8）。SPME 按萃取模式可分为两种方法：顶空 SPME 法（HS-SPME）和直接 SPME 法（DI-SPME）（也称浸入式 SPME），如图 9-9 所示。HS-SPME 中，SPME 萃取纤维位于样品上方，不与样品直接接触，对样品上方气相中的目标组分进行吸附富集后进行分析。DI-SPME 是将萃取纤维插入样品中，当吸附涂层对组分的吸附平衡一定时间后取出并进样分析。HS-SPME 具有以下优点：①可以避免 DI-SPME 法中因与样品接触摩擦而造成的纤维涂层的脱落和流失，以及由此导致的重现性差、萃取头寿命缩短等不足；②能避免样品基质的干扰，避免出现杂峰。在应用 SPME 进行样品制备时，需对萃取纤维涂层的类型、萃取温度、萃取时间、搅拌速率和时间、盐析效应、溶液 pH、解吸温度和时间等因素进行优化以确定最佳提取条件。

图 9-8　SPME 样品瓶示意图

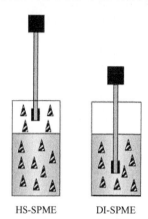

HS-SPME　　　DI-SPME

图 9-9　HS-SPME 法和 DI-SPME 示意图

9.5.1　基本原理和方法

　　HS-SPME 萃取体系包括萃取纤维、顶空及样品三个部分。当体系在一定萃取条件下达到平衡时，样品组分在三相内达到分配平衡，分别为在萃取纤维与顶空的平衡和在顶空与样品之间的平衡。平衡式萃取纤维的吸附量可由下式表示

$$n = \frac{K_1 K_2 V_1 V_2 c_0}{K_1 K_2 V_1 + K_2 V_3 + V_2}$$

式中，c_0 为组分的初始浓度；K_1、K_2 为组分在萃取纤维/顶空、顶空/样品间的平衡分配系数；V_1、V_2、V_3 分别为萃取纤维、样品及顶空体积。在恒温下，对样品及其顶空体积固定的体系而言，萃取纤维对组分的萃取量与其在样品中的浓度成正比。

　　DI-SPME 萃取体系包括萃取纤维和样品溶液两个部分。当体系在一定萃取条件下达到平衡时，样品组分在二相内达到分配平衡。之后将纤维头取出插入 GC 进样口气化室，热解吸涂层上吸附的组分后进行 GC 分离和分析测定。

　　SPME 是分析组分在样品基质与萃取涂层之间的分配平衡过程。达到平衡所需要的时间就是平衡时间。温度在这个平衡过程中具有重要影响。温度变化在热

力学方面将改变被测组分的平衡常数，影响分析灵敏度；在动力学方面会影响组分分子扩散速率，改变萃取速率。

9.5.2　影响 SPME 萃取效率的主要因素

下面以常用的 HS-SPME 为例，介绍影响其萃取效率的主要因素，包括萃取涂层的选择、样品粒度、样品量、萃取温度、萃取时间、解吸时间等。

1. 萃取涂层类型和厚度

SPME 萃取基于涂层材料与组分间的"相似相溶"。不同材料的萃取纤维涂层对不同极性组分的吸附选择性和吸附能力不同。涂层的厚度对样品组分的固相吸附量和平衡时间都有一定的影响。涂层越厚，固相吸附量越大，有利于提高方法的灵敏度。但由于组分分子进入涂层是一种扩散的过程，涂层越厚，达到平衡需要的时间及解吸时间越长。解吸时间延长易引起萃取纤维涂层固定相的流失和色谱峰的展宽。

目前已有多种不同涂层材料或不同涂层厚度的 SPME 商品供选择，常用 SPME 涂层材料如表 9-4 所示。近年来，与 GC 分析相关的新型 SPME 涂层材料的研究取得了显著的进展，涉及各类涂层材料，如多孔材料、纳米材料、离子液体、聚合物、大环类材料（如葫芦脲、杯芳烃、冠醚等）等。相关研究进展参见文献报道。

表 9-4　常用固相微萃取涂层材料

涂层材料	缩写	应用
聚二甲基硅氧烷	PDMS	非极性、弱极性物质
聚丙烯酸酯	PA	极性半挥发物质
聚二甲基硅氧烷-二乙烯基苯	PDMS-DVB	极性挥发物质
聚二甲基硅氧烷-碳分子筛	PDMS-Carboxen	气体硫化物和有机挥发物（VOC）
聚乙二醇-二乙烯基苯	CW-DVB	极性物质
聚乙二醇-高温树脂	CW-TRR	极性物质

2. 顶空体积及样品量

顶空体积的大小对检测灵敏度、精密度及萃取效率有重要影响，它直接影响着顶空中组分浓度，进而影响萃取效率。研究表明[6]：当顶空体积小于样品瓶体积的 1/3 时，灵敏度增加但精密度会降低。在一定体积的样品瓶内，样品量与顶空体积成反比。样品量增加，顶空体积减小，顶空组分浓度相对增加。对于低含量挥发性成分，因灵敏度的限制可能难以检测。因此，样品量与样品瓶体积会对测定结果有一定影响。另外,顶空体积对组分分子扩散速率有直接的影响。因而,需综合考虑上述因素选择最佳的样品量。

3. 样品粒度

对于固态样品,颗粒粒度小时,表面积大,有利于组分分子的挥发和萃取;但粒度太小会减小样品颗粒间的孔隙,不利于组分分子的挥发和扩散,同时因静电力增大影响取样。

4. 萃取温度和时间

样品组分在固相涂层与样品基质间的分配系数受温度的影响。对 HS-SPME来说,提高温度有利于提高气相中组分浓度及其萃取;同时温度升高促进了组分分子的扩散和传质过程,有利于缩短平衡时间,进而加快分析速度。但是,温度升高使组分分子在顶空气相与萃取纤维涂层间的分配系数下降,使涂层的吸附能力降低。因此,应用中需优化实验条件,确定最佳萃取温度和时间。

在 HS-SPME 萃取中,萃取时间为从移出萃取纤维于样品上方开始至组分分子吸附平衡所需要的时间。萃取开始时,组分分子能很快富集到萃取纤维涂层上;随着萃取的进行,萃取速率逐渐减慢;接近平衡状态时,组分的萃取量基本达到最大。此时再延长萃取时间,也不会增加组分的萃取量。

需要注意的是,SPME 是基于组分分子在样品、顶空气体、萃取纤维涂层之间的分配平衡,不是将样品组分全部从样品中萃取出来。达到平衡所需要的时间是平衡时间。应根据实验确定不同温度下的平衡时间,而萃取时间一般以达到平衡时间后为准。在平衡过程中,温度变化对组分的热力学平衡常数和分子扩散速率都有直接的影响。

5. 解吸温度和解吸时间

SPME 萃取后,将萃取针直接插入 GC 进样口,萃取纤维涂层上的吸附组分经热解吸后进入色谱柱,进行 GC 分析测定。GC 进样口的高温有助于使涂层上吸附的组分分子快速解吸并气化,进入色谱柱分离。在此过程中,解吸温度和解吸时间对分析结果均有影响,需经实验条件优化确定。

解吸温度升高可提高解吸速率,缩短解吸时间,但高温影响纤维涂层的稳定性;解吸温度低会影响解吸速率,延长解吸时间,引起样品扩散,不利于色谱分离。萃取纤维在 GC 进样口中热解吸的时间太短时,萃取物从纤维涂层上解吸不完全,使分析结果偏低。而解吸时间过长一方面会增加样品在进样口的扩散,不利于色谱分离;另一方面易使萃取纤维涂层材料发生流失,影响萃取纤维的使用寿命。所以,需优化选择适宜的解吸温度和解吸时间。

对于 DI-SPME,除上述各影响因素外,溶液 pH、离子强度、搅拌速率等因素也会对其萃取效率产生影响。溶液 pH 会影响酸性或碱性组分的存在状态（离子型、分子型），进而会影响其在萃取纤维涂层表面的吸附。在溶液中加入盐类（如氯化钠）可增大溶液的离子强度，抑制某些组分分子的电离并降低其在溶液中的溶解度，提高萃取效率。适当搅拌样品溶液可加速组分分子在三相之间建立平衡，从而提高分析速度。

此外，在 SPME 萃取中也可对组分进行衍生化，进一步扩大 SPME 的应用范围。根据样品和目标组分的性质，在 SPME 过程的三个阶段均可以进行衍生化反应（图 9-10）：①在样品溶液中进行衍生化。衍生化试剂可以直接加到样品溶液中，与组分分子反应后的衍生化产物被 SPME 涂层萃取（图 9-11）。②在 SPME 萃取纤维涂层表面（on-fiber）进行衍生化。组分被 SPME 萃取后，再将萃取纤维置于衍生化试剂溶液的顶空中使被萃取组分发生衍生化；也可采用相反顺序，即先将萃取纤维置于衍生化试剂溶液的顶空，将衍生化试剂萃取至涂层表面后，再将该萃取头置于样品顶空，使目标组分被萃取到 SPME 涂层的同时即可发生衍生化（图 9-12）。③在 GC 进样口中进行衍生化反应。相关的衍生化试剂种类及反应见 9.11 节。

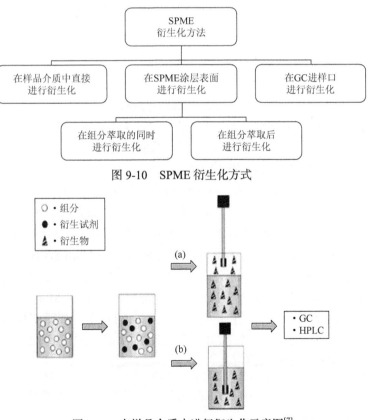

图 9-10　SPME 衍生化方式

图 9-11　在样品介质中进行衍生化示意图[7]

（a）顶空法；（b）直接法

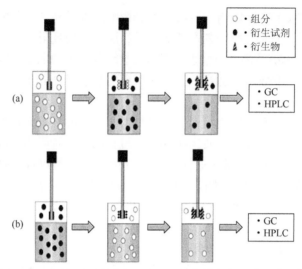

图 9-12　在 SPME 涂层表面（on-fiber）进行衍生化示意图[7]

（a）先萃取被测组分，再萃取衍生化试剂（衍生化试剂的挥发性要高于被测组分的挥发性）；
（b）先萃取衍生化试剂，再萃取被测组分（衍生化试剂的挥发性要低于被测组分的挥发性）

9.5.3　应用示例

1. HS-SPME-GC-MS 法测定中药材川芎的挥发性成分[8]

采用顶空固相微萃取（HS-SPME）提取中药材川芎的挥发性成分并用 GC-MS 法进行了分析测定。对 SPME 萃取条件（包括萃取纤维涂层材料的种类、萃取温度和萃取时间、样品粒度、解吸时间、样品质量等）进行了优化，并将 SPME 法与传统的水蒸气蒸馏法（SD）做了对比。

SPME 萃取及分析测定方法：取 0.5g 川芎样品粉末（120 目）于样品瓶中，在 90℃下萃取 40min，然后迅速移至 250℃进样口中解吸 4min，在 50℃ $\xrightarrow{2℃/min}$ 80℃（1min）$\xrightarrow{5℃/min}$ 180℃ $\xrightarrow{2℃/min}$ 210℃（10min）的程序升温下进行 GC-MS 分析。

考察了 3 种不同涂层材料的萃取纤维（PDMS、PDMS-DVB、PDMS-CAR-DVB）对样品挥发性成分的萃取效果（图 9-13）。结果表明，涂层材料为 PDMS-CAR-DVB 的萃取纤维的萃取效果最好。本研究分别采用 SPME-GC-MS 法与 SD-GC-MS 法测定了川芎挥发性成分总离子流图（TIC），如图 9-14 所示。结果表明，两种方法对各组分的测定结果基本相近。SPME 的样品量远少于水蒸气蒸馏并且萃取时间短，在分析测定上表现出明显的优势。

2. 不同涂层材料萃取纤维用于 HS-SPME 提取雪莲果叶中挥发性成分[9]

称取 0.5g 样品粉末，置于 8mL 带密封盖的样品瓶中，分别将 3 种不同涂层材料的萃取纤维（100μm PDMS、65μm PDMS-DVB、50/30μm PDMS-CAR-DVB）

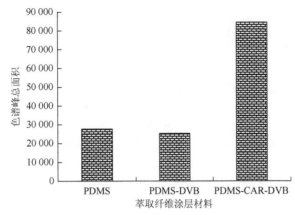

图 9-13　萃取纤维涂层材料对川芎挥发性成分总峰面积的影响

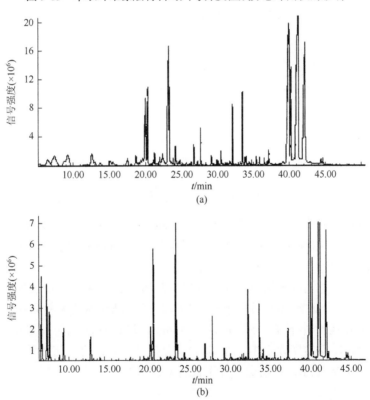

图 9-14　SPME-GC-MS 法（a）和 SD-GC-MS 法（b）测定川芎挥发性成分的 TIC 图

置于样品上方。在 80℃下提取 40min 后，移出萃取纤维并立即在 220℃进样口内热解吸 5min 后进行 GC 分析测定。HS-SPME-GC 测定得到的雪莲果叶挥发性成分的色谱图如图 9-15 所示。结果表明，采用 50/30μm PDMS-CAR-DVB 萃取纤维对 3 种目标组分（β 蒎烯、丁子香烯、γ-杜松烯，图 9-16）均表现出良好的萃取效果。

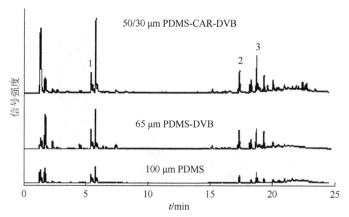

图 9-15　3 种 SPME 萃取涂层材料提取雪莲果叶挥发性成分的色谱图

色谱峰：1. β-蒎烯；2. 丁子香烯；3. γ-杜松烯

β-蒎烯　　　　　　丁子香烯　　　　　　γ-杜松烯

图 9-16　β-蒎烯、丁子香烯和 γ-杜松烯的结构式

3. 萃取涂层表面衍生化 SPME 用于尿液中多环芳烃代谢物的 GC-MS 分析测定[10]

采用涂层材料为聚丙烯酸酯（polyacrylate，PA）（涂层厚度为 85μm）的萃取纤维，通过 DI-SPME 萃取和萃取涂层表面（on-fiber）衍生化对吸烟者尿液中多环芳烃代谢物进行了 GC-MS 分析测定。

SPME 和衍生化过程如下：取尿液样品并加入酶溶液（1mL 尿液加入 1μL 酶溶液），在 37℃下水解 16h 后置于-20℃下保存至分析。将 PA 萃取纤维浸入 5mL 样品溶液中并在搅拌下于 35℃下保持 45min。取出该萃取头并置于含有 10μL BSTFA 的 2mL 样品瓶顶空中，在 60℃下保持 45min，之后将该萃取头插入 GC 进样口内热解吸 3min，在给定条件下进行 GC-MS 测定。

9.6　单滴溶剂微萃取法

单滴溶剂微萃取（single-drop solvent microextraction，SDME）是 1996 年由 Jeannot 等提出的一种样品制备方法，是基于传统的液-液萃取发展起来的微型液-液萃取方法[11]。

SDME 具有以下特点：①所用溶剂量少（微升），成本低且环保；②可选溶剂范围广；③萃取溶剂易于更新，可避免一些方法（如 SPME）中的萃取纤维多次重复使用可能产生的记忆效应；④样品富集倍数高，具有较高的灵敏度；⑤方法简便、快速，易于应用。

SDME 可用于不同形态样品（液态、固态、半固态、气态等）的制备，在环境、医药、食品等领域已有广泛应用。下面主要介绍顶空 SDME（HS-SDME）和直接 SDME（DI-SDME）法的原理、影响因素及其应用。

9.6.1　基本原理和方法

与 SPME 类似，SDME 依据单滴溶剂所处位置分为 HS-SDME 和 DI-SDME 两种萃取方式（图 9-17）。其中，HS-SDME 法是先将样品置于一定体积的带塞样品瓶中，然后置于一定温度的水浴中，并在其顶空插入装有萃取溶剂的微量进样器，然后将萃取溶剂推出针管并外挂在针尖部分。在该温度下萃取样品组分一定时间后，将溶剂液滴抽回到进样器内并移离样品瓶，然后立即在 GC 进样口进样并进行 GC 分析测定。

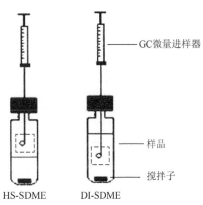

图 9-17　HS-SDME 和 DI-SDME 示意图

HS-SDME 是基于组分在样品基质、顶空气体和微量进样针尖上的溶剂液滴三相之间的分配。当体系达到平衡后，液滴中组分的萃取量 n 可按下式计算

$$n = \frac{K_{oh} K_{hs} V_0 V_s c_0}{K_{oh} k_{hs} V_0 + K_{hs} V_h + V_s}$$

式中，K_{oh} 为组分在溶剂液滴与顶空体积之间的分配系数；K_{hs} 为组分在顶空体积与样品之间的分配系数；V_0 为溶剂液滴的体积；V_s 为样品体积；V_h 为样品顶空体积；c_0 为样品初始浓度。

从上式可以看出，平衡时有机溶剂中所萃取到的组分量与样品的初始浓度呈线性关系。HS-SDME 对组分的萃取效果受萃取溶剂种类和体积、萃取温度和时间、样品量和粒度等因素的影响。

9.6.2　影响因素

影响 SDME 萃取效率的主要因素包括萃取溶剂的种类和体积、萃取温度、萃取时间、顶空体积（受样品量影响）、萃取溶剂量、样品粒度等。在这些因素中，除萃取溶剂项不同于 SPME 外，其他因素的选择要求与 SPME 相似。

对于 SDME 来讲，溶剂的选择最为关键，直接影响样品组分的萃取效果。溶剂选择应主要考虑以下四个方面：①溶剂沸点要高于样品萃取温度，防止受热时溶剂蒸发；②溶剂应具有适宜的黏度，以使其能稳定停留在进样器针尖处；③溶剂色谱峰不能与样品组分的色谱峰重叠；④毒副作用小等。

9.6.3 应用示例

采用 HS-SDME-GC-MS 法测定中药材莪术的挥发性成分[3]。本研究首先对 HS-SDME 萃取莪术挥发性成分的实验条件（萃取溶剂、萃取温度、萃取时间、样品量、萃取溶剂体积、样品粉末粒度等）进行了优化选择，采用 GC-MS 法测定了挥发性成分的含量。同时还将本法的测定结果与 SPME-GC-MS 法和 SD-GC-MS 的测定结果进行了比较。实验条件的优化选择和主要测定结果如下。

1. 萃取溶剂

筛选对目标组分具有高选择性萃取性能的溶剂是进行 SDME-GC-MS 分析测定的关键。本研究根据莪术被测组分的性质和"相似相溶"原则，考察了不同溶剂（正十六烷、苯甲醇、正十二烷和正辛醇等）对这些组分的萃取效果。结果表明，正十二烷和正辛醇的色谱峰与被测组分的色谱峰完全分离，而其他溶剂与组分色谱峰有部分重叠。在此基础上，分别以正十二烷和正辛醇为萃取溶剂对七种目标组分进行了萃取（图 9-18）。结果表明，正十二烷对目标组分具有更高的萃取能力，因而确定为 SDME 的萃取溶剂。

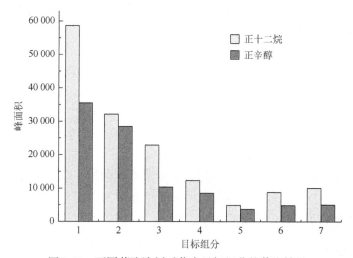

图 9-18 不同萃取溶剂对莪术目标组分的萃取结果

1. β-榄香烯；2. 莪术烯；3. 莪术酮；4. 吉马酮；5. 莪术醇；6. 异莪术烯醇；7. 莪术烯醇

2. 萃取温度

在一定萃取条件下（样品量为 3.0g，萃取溶剂为 0.5μL，样品粉末为 120 目，萃取时间为 15min），考查了不同萃取温度（50～80℃）对莪术中目标组分萃取的影响（图 9-19）。

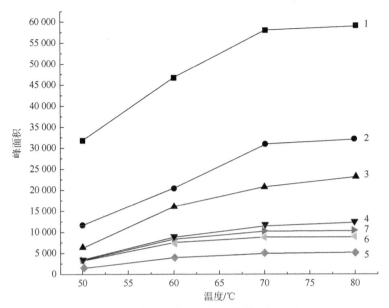

图 9-19　萃取温度对目标组分萃取的影响

1. β-榄香烯；2. 莪术烯；3. 莪术酮；4. 吉马酮；5. 莪术醇；6. 异莪术烯醇；7. 莪术烯醇

从图 9-19 可见，当萃取温度从 50℃上升到 70℃时，目标组分的峰面积明显增加；当萃取温度高于 70℃以后，组分峰面积变化不明显。可能是由于随着萃取温度的增加，组分的蒸气压增加，顶空气体中组分浓度增加，因此萃取到的组分量也增加；当达到一定温度之后，因组分在萃取相的分配系数减小而使萃取量减小。温度过高时，萃取溶剂易挥发影响萃取。基于上述测定结果，确定萃取温度为 70℃。

3. 萃取时间

在其他萃取条件一定的情况下，改变萃取时间（10～22min），测得不同萃取时间对目标组分峰面积的影响（图 9-20）。

从图 9-20 可见，当萃取时间为 10～20min 时，各组分的峰面积明显增加；而当萃取时间为 20～22min 时，峰面积增加幅度较小。溶剂微萃取过程是组分在三相中分配平衡的过程，达到平衡时组分的萃取量达到最大值。基于上述结果，确定萃取时间为 20min。

4. 样品量

当样品瓶容积一定时，在一定范围内，样品量的增加会减小顶空体积，增大组分在顶空的浓度，提高测定灵敏度。在其他萃取条件一定时，考察了样品量（6.0g、4.5g、3.0g、2.2g）对目标组分峰面积的影响（图 9-21）。

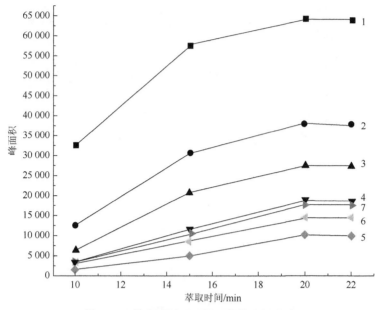

图 9-20　萃取时间对目标组分萃取的影响

1. β-榄香烯；2. 莪术烯；3. 莪术酮；4. 吉马酮；5. 莪术醇；6. 异莪术烯醇；7. 莪术烯醇

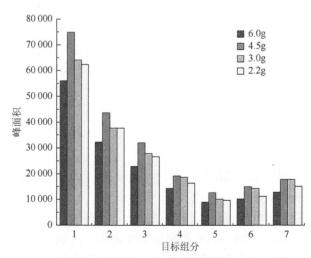

图 9-21　样品量对目标组分萃取的影响

1. β-榄香烯；2. 莪术烯；3. 莪术酮；4. 吉马酮；5. 莪术醇；6. 异莪术烯醇；7. 莪术烯醇

从图 9-21 可见，当样品量从 2.2g 增加到 4.5g 时，组分峰面积持续增加；当样品量继续增加至 6.0g 时，组分峰面积反而减少。本研究中直接采用样品粉末进行萃取，随着样品量的增加，样品基质中的对流以及组分从样品基质到萃取溶剂的传质速度减小，使得组分的萃取量减小。基于上述实验结果，确定样品量为 4.5g。

5. 萃取溶剂体积

在 HS-SDME 中，萃取溶剂体积通常小于 1μL。萃取溶剂体积增加，可以增大组分的萃取量，但液滴体积较大时易于脱落，或易使毛细管柱超载。本研究考查了萃取溶剂的体积(0.4～1.0μL)对莪术中目标成分峰面积的影响(图 9-22)。结果表明，当萃取溶剂体积从 0.4μL 增加到 0.8μL 时，组分峰面积增加；当溶剂体积超过 0.8μL 时，组分峰面积增加变缓。因此，本法确定的萃取溶剂体积为 0.8μL。

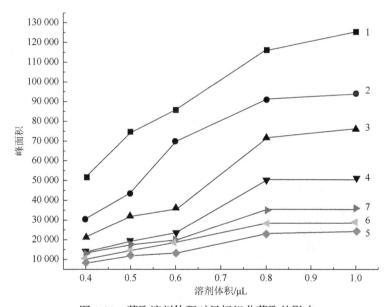

图 9-22　萃取溶剂体积对目标组分萃取的影响

1. β-榄香烯；2. 莪术烯；3. 莪术酮；4. 吉马酮；5. 莪术醇；6. 异莪术烯醇；7. 莪术烯醇

6. 样品粉末粒度

在上述研究基础上，进一步考察了样品粉末粒度（60～120 目）对目标组分萃取的影响（图 9-23）。结果表明，随着样品粉末粒度的减小，组分峰面积明显增大。样品粉末粒度的减小使比表面积增加，有利于组分从样品基质到萃取溶剂的传质和组分的萃取。但样品粒度过小时，静电作用明显增加，不利于准确取样。因此，最后确定的样品粉末粒度为 120 目。

在上述优化条件下，采用 HS-SDME-GC-MS 法测定了莪术中挥发性成分，并同时与 SPME-GC-MS 法和 SD-GC-MS 法的测定结果进行了比较（图 9-24）。三

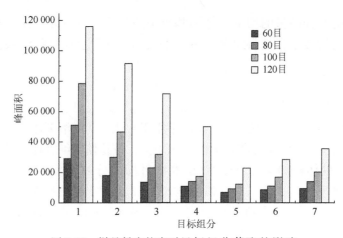

图 9-23 样品粉末粒度对目标组分萃取的影响

1. β-榄香烯；2. 莪术烯；3. 莪术酮；4. 吉马酮；5. 莪术醇；6. 异莪术烯醇；7. 莪术烯醇

种方法共鉴定出莪术挥发性成分 74 种，其中 SD 法 63 种，SPME 法 71 种，SDME 法 66 种。其中，SDME-GC-MS 法与 SPME-GC-MS 法具有 64 种相同的组分，与 SD-GC-MS 法具有 57 种相同的组分。

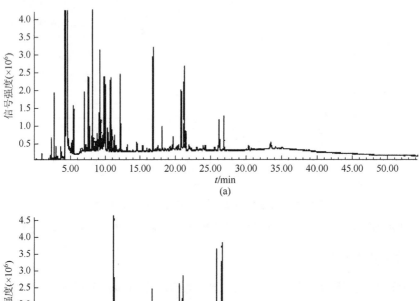

(a)

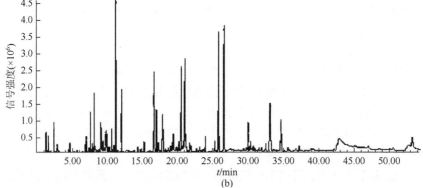

(b)

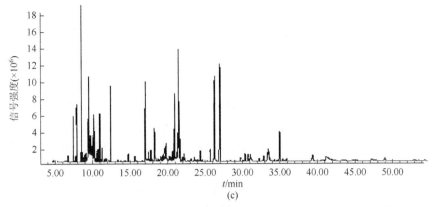

图 9-24　不同萃取方法与 GC-MS 联用测得的莪术挥发性成分 TIC 图

（a）HS-SDME-GC-MS；（b）SPME-GC-MS；（c）SD-GC-MS

针对莪术中 4 种活性成分（β-榄香烯、莪术二酮、莪术醇、莪术酮），对 3 种方法的测定结果做了进一步比较（图 9-25）。由图可见，SDME-GC-MS 法对 β-榄香烯具有更好的萃取选择性，萃取量高。对于莪术二酮和莪术醇，SDME 的测定结果与 SPME 和 SD 的测定结果相近。对于莪术酮，SDME 萃取能力低于其他两种方法。

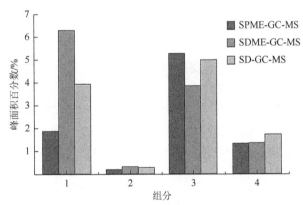

图 9-25　SDME-GC-MS、SPME-GC-MS 和 SD-GC-MS 法测定莪术活性成分

1. β-榄香烯；2. 莪术二酮；3. 莪术酮；4. 莪术醇

由上可见，SDME 法与 SD 法相比，需样品量少，可直接用样品粉末进行萃取，大大简化了样品制备过程；与 SPME 目前有限的涂层材料种类相比，SDME 萃取溶剂的选择范围较大，并且可以每次更新萃取溶剂，减少干扰。SDME 法是一种简便、高效的样品制备方法，具有快速、选择性好、萃取溶剂选择范围广等特点，适于复杂样品中挥发性成分的分析测定。

9.7　闪　蒸　技　术

闪蒸气相色谱（flash evaporation gas chromatography，FE-GC）法是将样品置于裂解器样品管内，在低于样品组分裂解的温度下对样品快速加热，使挥发性组分瞬间气化蒸发，随载气进入色谱柱进行 GC 分析的方法。本法得到的色谱图又称闪蒸气相色谱图。闪蒸过程可以理解为是一种样品制备方法，也可理解为一种气相色谱进样技术。闪蒸集样品制备、进样于一体，所需样品量少（一般数毫克），闪蒸进样时间短（一般只需几秒），可直接用固体样品粉末，不需有机溶剂，是一种简便、快速、环保的样品制备和进样方法。

闪蒸气相色谱法与裂解气相色谱（pyrolysis gas chromatography，PyGC）法采用的仪器相同，但闪蒸气相色谱法中裂解器的温度远低于裂解气相色谱。FE-GC法中，闪蒸温度一般低于 400℃，要求选用的闪蒸温度既能使样品组分在瞬间气化蒸发，又避免组分分解或裂解产生降解或次生产物。FE-GC 法主要适于样品中小分子易挥发组分的分析测定；PyGC 法中裂解器的温度较高，一般为 400～1000℃，目的是使样品迅速裂解成挥发性的小分子，并直接进入气相色谱进行 GC 分离分析，主要用于研究高分子和非挥发性有机化合物的组成、结构和性能以及裂解机理和反应力学等。

9.7.1　裂解器及其分类

裂解器通常包括进样系统、裂解室、加热系统、载气气路和控制系统。可以将裂解器看作是一种气相色谱的进样系统。

裂解器的分类有两种方法：①按照加热方式，分为电阻加热型[包括热丝（带）裂解器和管炉裂解器]、感应加热型（如居里点裂解器）和辐射加热型（如激光裂解器）；②按照加热机制，分为连续式裂解器和间歇式裂解器。两种分类方法的关系如下：

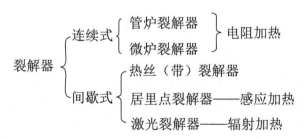

其中，热丝（带）裂解器的原理是电流通过负载样品的电阻丝（带），加热样品使其受热裂解。热丝（带）裂解器的基本结构如图 9-26 所示。

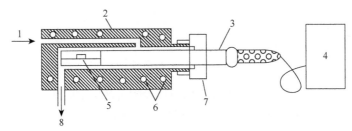

图 9-26　热丝（带）裂解器结构示意图

1. 载气入口；2. 接口；3. 裂解探头；4. 控制器；5. 铂带或铂丝线圈＋样品；6. 接口加热丝；
7. 密封螺母；8. 接色谱柱

9.7.2　测定方法及其影响因素

将一定量样品置于裂解器样品管内，一定温度下对样品加热一定时间使被测组分瞬间气化蒸发并被载气带入气相色谱柱进行 GC 分析，得到闪蒸气相色谱图和相关的定性和定量数据。

影响闪蒸过程的主要因素包括闪蒸温度、闪蒸时间、样品量、样品粒度等。

1. 闪蒸温度和时间

闪蒸温度对样品中挥发性组分的测定有重要影响。温度过高，样品组分可能发生分解，产生分解产物；温度过低，样品组分挥发不完全，影响分析测定结果。

样品测定时，闪蒸温度的选择一般通过测定裂解分数（F）-温度（T，℃）曲线来确定。F-T 曲线测定方法如下：假设在温度 900℃时，样品组分全部裂解所得谱图中各色谱峰的总峰面积为 A，样品在低于 900℃的各温度下测得色谱图裂解色谱中色谱峰的总峰面积分别为 a_1、a_2、a_3、$\cdots$、a_n。如果 $F_K = \sum a_K / A$（$K = 1, 2, \cdots, n$），以 F 对温度 T 作图得到 F-T 曲线。根据 F-T 曲线即可确定适宜的闪蒸温度。在一定的闪蒸温度下，样品的闪蒸时间对测定结果也会产生影响。闪蒸时间一般在数秒至数十秒之间。闪蒸时间过短，不能保证被测组分被闪蒸出来；闪蒸时间过长，有利于组分闪蒸完全，但可能影响后面的 GC 分离。因为延长闪蒸时间相当于延长了 GC 的进样时间，易引起样品组分的扩散和色谱峰展宽。

2. 样品量和粒度

闪蒸气相色谱法采用的样品量很少（一般为数毫克），在进行样品测定时首先要保证样品的代表性。样品需经前处理以保证样品均匀性和代表性。固态样品需经粉碎、过筛、混合等，或用适当溶剂溶解后得到均匀样品，并通过实验优化确定合适的样品量和粒度。

9.7.3　应用示例

1. 闪蒸气相色谱法测定鱼腥草中挥发性成分[12]

按照 F-T 曲线测定方法，得到了鱼腥草样品组分的 F-T 曲线（图 9-27）。从 F-T 曲线可以看出，在 300℃以下，$F=0$，表明鱼腥草组分基本上没有分解，主要以闪蒸为主；在 400℃以上，F 明显增大，表明样品组分出现明显分解。本研究目的拟对鱼腥草挥发性成分进行分析，选择的温度不能使组分发生任何分解，并尽量缩短组分闪蒸的时间。因而，根据测定结果，选择闪蒸温度为 250℃，闪蒸时间为 5s。

为确定合适的样品粉末粒度，研究了不同粒度样品在相同的闪蒸条件下的组分色谱峰数。由图 9-28 可见，随着样品粉末粒度的减小，出峰的数目相对增多。样品粒度小，比表面积大，有利于挥发性组分的挥发。基于实验结果确定的样品粉末粒度为 120 目。

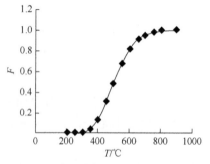
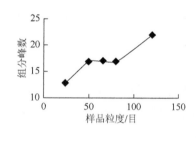

图 9-27　鱼腥草样品组分的 F-T 曲线　　　图 9-28　样品粒度与组分峰数的关系

在上述确定的闪蒸条件下，对鱼腥草中挥发性成分进行了 FE-GC 测定，测得的 GC 色谱图如图 9-29 所示。与其他样品制备方法（如 SD、SPME、SDME 等）相比，本法简便、快速、样品量少，适于少量样品中挥发性成分的快速分析测定。

2. 闪蒸气相色谱-质谱法测定川芎的挥发性成分[13]

采用闪蒸气相色谱-质谱法（FE-GC-MS）测定川芎中挥发性成分。以川芎中 5 种主要成分为目标组分，包括 4[14], 11-桉叶二烯、3-丁烯酞内酯、1-（2,4-二甲基苯基）-1-丙酮、藁本内酯、α-丁基苯甲醇等，对川芎样品测定的闪蒸条件（样品粉末粒度、样品量、闪蒸温度和时间等）进行了优化，在优化的实验条件下采用 GC-MS 法测定了川芎中挥发性成分。

样品粉末粒度：考察了药材粉末粒度（20～120 目）对目标组分的峰面积及其总峰面积的影响（图 9-30）。结果表明，随着样品粉末粒度的减小，组分峰面积和总峰面积增加。由于过细粉末的静电作用会影响取样，所以最后确定的样品粒度为 120 目。

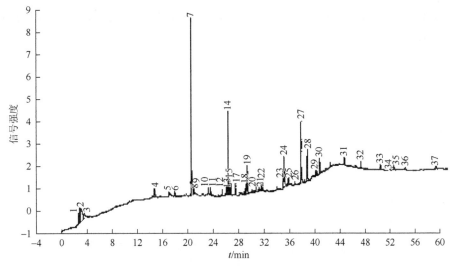

图 9-29　闪蒸气相色谱法测定鱼腥草挥发性成分的色谱图

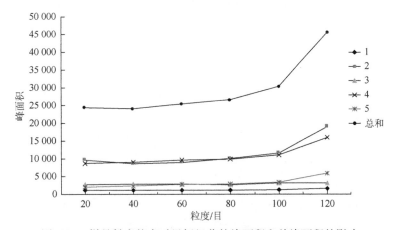

图 9-30　样品粉末粒度对目标组分的峰面积和总峰面积的影响

1.4[14], 11-桉叶二烯；2.3-丁烯酞内酯；3.1-（2,4-二甲基苯基）-1-丙酮；4. 藁本内酯；5. α-丁基苯甲醇

　　样品量：考察了样品量（1～10mg）对目标组分的峰面积和总峰面积的影响（图 9-31）。样品量过小时会影响测定灵敏度，而样品量过大会影响样品在石英管内受热的均匀性，综合考虑后最终选定的闪蒸样品量为 3.0～4.0mg。

　　闪蒸温度和时间：闪蒸温度和时间是影响样品闪蒸结果的关键因素。闪蒸温度过低，影响一些组分的挥发及其提取；若闪蒸温度过高，可能使一些组分发生分解。本研究在 200～750℃范围内，考察了闪蒸温度对样品组分裂解分数的影响，测定得到了裂解分数随温度变化的曲线。结果表明，当闪蒸温度低于300℃时，$F = 0$，样品组分无任何分解。本研究最后采用的闪蒸温度为 250℃。然后，在此温度下对闪蒸时间（3～50s）进行了考察（图 9-32）。结果表明，闪蒸时间为 10s 时各目标成分的峰面积和总峰面积最大,因而最后选定的闪蒸时间为 10s。

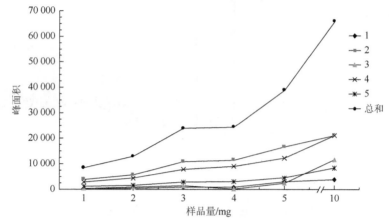

图 9-31　样品量对目标组分的峰面积和总峰面积的影响

1. 4[14], 11-桉叶二烯；2. 3-丁烯酞内酯；3. 1-（2,4-二甲基苯基）-1-丙酮；4. 藁本内酯；5. α-丁基苯甲醇

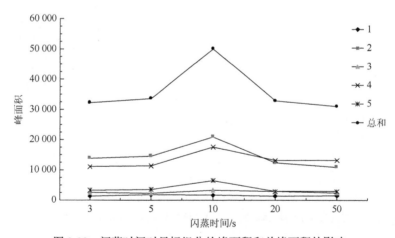

图 9-32　闪蒸时间对目标组分的峰面积和总峰面积的影响

1. 4[14], 11-桉叶二烯；2. 3-丁烯酞内酯；3. 1-（2,4-二甲基苯基）-1-丙酮；4. 藁本内酯；5. α-丁基苯甲醇

　　川芎样品测定：在上述优化条件下，采用 FE-GC-MS 法对川芎的挥发性成分进行了分析测定（图 9-33）。

　　与传统水蒸气蒸馏法相比，闪蒸法具有操作过程简易、样品量小、分析快速等特点。本测定中只需样品量 4mg、在 250℃下闪蒸 10s 后即可进行 GC 分析测定。闪蒸技术与 GC-MS 联用是一种很有应用前景的快速分析测定中药材挥发性成分的有效方法。

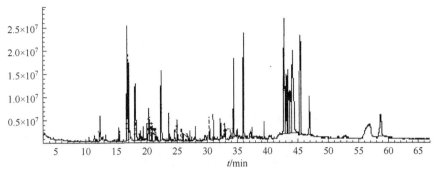

图 9-33 FE-GC-MS 法测定川芎挥发性成分的总离子流图

9.8 微波辅助萃取法

9.8.1 基本原理

微波辅助萃取（microwave assisted extraction，MAE）法是利用微波提高组分萃取率的一种样品制备技术。其原理是在微波场中，因吸收微波能力的差异使得样品基质中某些区域或萃取体系中的某些组分被选择性加热，从而使得组分从样品基质或体系中分离，进入介电常数较小、微波吸收能力相对低的萃取剂中。MAE 法具有设备简单、适用范围广、萃取效率高、重现性好、节省时间和试剂等特点，目前在环境、化工、生化、药物、食品、工业分析和天然产物提取等领域已有广泛应用。MAE 法的不足是选择性不高。MAE 法与其他方法的联用是其发展的主要方向。目前，微波固相微萃取、微波固相萃取、微波膜分离、微波蒸汽蒸馏萃取、微波萃取-微波催化-微波消解等多种联用方法已多有报道。

9.8.2 应用示例

微波萃取-气相色谱法测定淀粉中 14 种有机氯农药残留[14]

样品提取：称取约 1000g 淀粉样品于微波萃取罐中，加入 10 mL 正己烷-二氯甲烷（1:2，体积比），混匀，在 70℃下萃取 8min。萃取液转移至浓缩瓶中，再用 10mL 萃取液分两次洗涤萃取罐中的残渣，合并至浓缩瓶中，在旋转蒸发仪上浓缩至近干。

萃取液的净化：将层析柱［20cm×10mm（i.d.）］自下而上装填 1cm 无水硫酸钠、5g 弗罗里硅土、1cm 无水硫酸钠。用 10mL 正己烷预淋洗层析柱，然后将浓缩液转移至柱头，用 30mL 正己烷-二氯甲烷（1:5，体积比）分次洗涤浓缩瓶并加到层析柱中。收集洗脱液，在 30℃下旋转蒸发至近干，用正己烷定容至 1.0mL，进行 GC 分析测定。

9.9　加速溶剂萃取法

9.9.1　基本原理

加速溶剂萃取（accelerated solvent extraction，ASE）法是在一定温度（50～200℃）和压力（1000～3000psi 或 10.3～20.6MPa）条件下，用溶剂对固态或半固态样品进行萃取的样品制备方法。本法采用常规溶剂，通过增加温度和压力来提高样品组分的溶剂萃取效率，缩短了萃取时间，并明显降低萃取溶剂的用量。

增加温度和压力对组分溶剂萃取的作用：

（1）增加组分的溶解度。

（2）减弱样品基质与组分间的相互作用。

（3）加快组分的传质并快速进入溶剂。

（4）降低溶剂的黏度，有利于溶剂分子向基质中扩散。

（5）压力增大使溶剂沸点升高，并使溶剂在萃取过程中保持液态。液体对溶质的溶解能力远大于气体对溶质的溶解能力。

例如，丙酮在常压下的沸点为 56.3℃，在 5 个大气压下的沸点高于 100℃。此外，增加压力还可提高溶剂对溶质的萃取速率，缩短分析时间。与传统的萃取法（如索氏提取、超声提取、微波萃取等）相比，ASE 法具有萃取时间短、溶剂用量少、萃取效率高等优点，具有快速、健康环保、自动化程度高等优点。目前在食品、环境、药物、农产品、石油化工等领域已有广泛应用。

9.9.2　应用示例

加速溶剂萃取与气相色谱-串联质谱法联用测定茶叶中农药残留量[15]

测定的茶叶样品包括绿茶、乌龙茶、红茶、普洱茶等。样品经加速溶剂萃取、Carb/NH$_2$ 小柱净化后，对农药残留量进行 GC-MS/MS 测定。

样品制备方法：茶叶样品粉碎后过孔径 200μm 筛，取样 5.0g，加入 34mL 样品池中，用乙腈萃取，静态压力为 10.3MPa，提取温度为 100℃，加热 5min，60% 样品池体积冲洗，氮气吹扫 60s，循环一次。萃取液转移至 100mL 茄形瓶中，旋转蒸发浓缩近干，加入 5mL 乙腈-甲苯（3∶1，体积比），旋涡混匀 1min，转移至 10mL 离心管中，在 5℃下、5000r/min 离心 10min，取上层液 2mL 进行固相萃取。净化小柱预先用 5mL 乙腈-甲苯（3∶1，体积比）淋洗，上样后用 25mL 洗脱，洗脱液用旋转蒸发浓缩至近干时，用氮吹仪吹干，用丙酮定容后进行 GC-MS/MS 分析测定。

9.10　顶空分析法

顶空分析法集样品制备、进样于一体，常与气相色谱仪联用称为顶空气相色谱（headspace gas chromatography，HS-GC）法。本法通过顶空进样器，将顶空瓶内的样品加热升温使样品组分挥发，组分在气-液（或气-固）两相中达到平衡后，直接抽取顶空瓶内样品上方的气体进样，对样品中挥发性组分进行 GC 分析测定。HS-GC 是通过分析测定样品上方气体得到样品组分的含量，属于间接分析方法。其分析测定原理是基于在一定条件下，组分在气相与凝聚相（液相与固相）之间存在分配平衡，气相的组成能反映凝聚相的组成。

顶空进样器（图 9-34）可被看作是 GC 分析的样品制备装置。与常规样品制备方法（如溶剂萃取、吸附解附等）不同的是，HS-GC 法采用气体直接进样，无需有机溶剂提取，消除了样品基质的干扰，是痕量挥发性组分分析测定的优选方法之一，在医药卫生、石油化工、精细化工、食品酿造、食品包装材料、环境检测、法医鉴定等领域有广泛的应用。

图 9-34　配有顶空进样器的气相色谱仪示意图

9.10.1　HS-GC 分析方法

HS-GC 分析方法常分为静态顶空分析（static headspace analysis）和动态顶空分析（dynamic headspace analysis），也称吹扫-捕集分析（purge and trap analysis）。此外，顶空固相微萃取法（HS-SPME）也属顶空分析的一种，但萃取装置和方法与使用顶空进样器的进样方法有明显区别，有关内容见本章 9.5 节。

1. 静态顶空分析

静态顶空分析是将样品密封在留有充分空间的容器中，在一定温度下放置一段时间，使样品组分在气-液（或气-固）两相达到平衡后，取容器上方的气体进行 GC 分析。本法主要用于分析沸点在 200℃以下的组分，对于不易挥发的物质需先进行衍生化。本法的灵敏度较低，不适合低含量组分的测定，因为大体积进样时易导致色谱峰展宽，影响分离。

2. 动态顶空分析

动态顶空分析是在未达到气-液平衡状况下进行多次取样，通过在液态样品中连续通入惰性气体，使样品的挥发性组分不断地从液态基质中被"吹扫"出来，直至"吹扫"完全为止。被"吹扫"出来的组分随气流进入吸附装置或低温冷阱被捕集，经热解吸后进入 GC 色谱仪进行分析测定。

动态顶空分析根据捕集模式分为吸附剂捕集和冷阱捕集。吸附剂捕集常用的吸附剂有苯乙烯和二乙烯基苯共聚物的多孔微球、各种高聚物多孔微球和 Tenax-TA（2,6-二苯呋喃多孔聚合物）等。在冷阱捕集分析中，主要影响因素是水。水在低温时易形成冰堵塞捕集器影响测定。

本法是一种将样品基质中挥发性组分进行完全的"气体提取"的方法，由于气体的吹扫破坏了密闭容器中的两相平衡，在液相顶部挥发组分分压趋于零，能使更多的挥发性组分逸出。与静态顶空和顶空固相微萃取相比，动态顶空分析有更高的灵敏度。本法不仅适用于复杂基质中挥发性较高的组分，对较难挥发及浓度较低的组分也同样有效，常用于测定沸点低于 200℃，溶解度小于 2%的挥发性或半挥发性有机物。

9.10.2 应用示例

1. 静态顶空-气相色谱-质谱法测定八角中挥发性成分[16]

采用静态顶空-GC-MS 法测定八角果实和叶片中的挥发性成分，采用面积归一法计算各组分的相对含量。本法可快速检测鉴别八角果实和叶片的挥发性成分。

样品处理：将新鲜八角果实或叶片捣碎，称取 2g 放入 10mL 顶空瓶中，于120℃加热 30min，振荡器转速为 400r/min，取顶空气体 300μL，在给定的条件下进行 GC-MS 分析。静态顶空-GC-MS 法测得的八角果实和叶片的挥发性成分的总离子流图如图 9-35 所示。

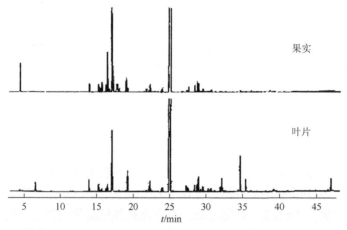

图 9-35 静态顶空-GC-MS 法测定八角果实和叶片中挥发性成分的总离子流图

2. 动态顶空进样-气相色谱-质谱法分析国产沉香化学成分[17]

将沉香样品粉碎，过 24 目筛。取 10g 样品置于动态顶空装置中。动态顶空吹扫气为氮气，平衡 1h，吹扫 40min，压力为 0.14MPa（130mL/min），吸附剂为 Tenax TA。测定得到的沉香样品的 DHS-GC-MS 的总离子流图如图 9-36 所示。

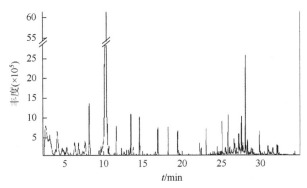

图 9-36　沉香样品的 DHS-GC-MS 的总离子流图

9.11　样品衍生化方法

在 GC 分析中，为了改善样品中被测组分的挥发性、增强响应信号强度、改善选择性等，常需在测定前对组分进行化学衍生化。衍生化反应一般是通过组分分子结构中的活泼氢（例如 R—OH、R—COOH、R—NH$_2$、R—SH 等）与相应的衍生化试剂反应生成衍生物。反应类型包括烷基化、酰化、硅烷化、缩合等。

9.11.1　常用衍生化试剂

GC 测定时要求组分具有一定的挥发性。当组分挥发性较低时，需经衍生化增加挥发性后再进行 GC 测定。例如，极性比较大的组分（如羧酸类、胺类、多羟基化合物、氨基酸等），由于分子间氢键的作用使得挥发性较差，通过酯化、硅烷化或酰化反应可以改善其挥发性，有利于进行 GC 测定。当 GC 测定采用电子捕获检测器时，通过衍生化反应引入卤代酰基或硅烷基可以改善一些组分分析测定的灵敏度。

GC 分析中常用的衍生化试剂如表 9-5 所示。其中双（三甲基硅烷基）三氟乙酰胺（BSTFA）和双（三甲基硅烷基）乙酰胺（BSA）是最常用的硅烷化试剂。常用硅烷化试剂的反应活性一般顺序为

TMSIM＞BSTFA＞BSA＞TMCS＞HMDS

表 9-5　GC 分析常用衍生化试剂

试剂	适用对象
烷基化：	
CH_3I	R—OH、R—NH—R′
CH_2N_2	R—COOH、R—OH、R—NH—R′
$C_6F_5CH_2Br$	R—COOH、R—NH—R′
硅烷化：	
三甲基氯硅烷（TMCS）	
六甲基二硅氮烷（HMDS）	
双（三甲基硅烷基）乙酰胺（BSA）	
双（三甲基硅烷基）三氟乙酰胺（BSTFA）	R—COOH、R—OH、R—NH—R′
三甲基硅烷基咪唑（TMSIM）	
酰基化：	
（CH_3CO）$_2O$	R—NH—R′、R—NH$_2$、R—OH
（CF_3CO）$_2O$	R—NH—R′、R—NH$_2$、R—OH
C_6F_5COCl	R—NH—R′

　　硅烷化试剂与醇或羧酸等反应，分别生成三甲基硅醚和三甲基硅酯。其衍生化产物具有挥发性且易于分离。例如，醇与 BSA 反应生成具有挥发性的三甲基硅氧烷衍生物，反应式如下

$$R—OH + CH_3—C \begin{matrix} O—Si(CH_3)_3 \\ \\ N—Si(CH_3)_3 \end{matrix} \longrightarrow R—O—Si(CH_3)_3 + CH_3—C \begin{matrix} OH \\ \\ N—Si(CH_3)_3 \end{matrix}$$

9.11.2　应用示例

1. 原位乙酰化-顶空固相微萃取-气相色谱-质谱法测定水中酚类化合物[18]

　　本研究考察了对被测组分衍生化及其萃取过程的影响因素。将酚羟基乙酰化后进行顶空 SPME 萃取，降低了化合物的亲水性，提高了萃取效率，改善了色谱峰形，提高了定性和定量分析的准确度和灵敏度。衍生化方法简单易行、对 SPME 萃取涂层影响小。

　　测定方法：在萃取瓶中加入 4.0g NaCl、0.10g Na$_2$HPO$_4$、微型磁子与 10mL

样品，加入 100μL 乙酸酐后立即用带硅橡胶垫的瓶盖封闭、混匀。在搅拌速率 600r/min、萃取温度为 60℃下平衡 10min 后，将 SPME 装置的不锈钢针管插入瓶中，推出萃取纤维（65μm PDMS/DVB）后进行顶空萃取 30min。萃取完成后，迅速插入 GC 进样口进行热解吸及 GC-MS 分析测定。测定得到的酚类乙酰化产物的选择离子流图如图 9-37 所示。

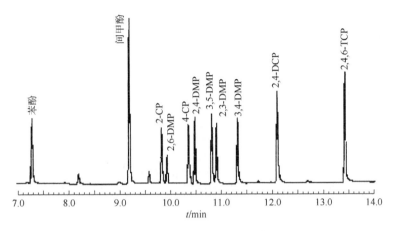

图 9-37　酚类乙酰化产物的选择离子流图

2. 气相色谱-质谱法测定血浆中 31 种游离脂肪酸含量[19]

本研究比较了不同脂肪酸提取方法及衍生化方法对血浆中游离脂肪酸（FFAs）测定的影响，优化了衍生化反应条件，并结合 GC-MS 法将其用于孕妇血浆样本中 FFAs 的检测。在确定的提取条件下，用氯仿：甲醇（体积比 1∶2）提取质控样品中 FFAs 后，比较了 5 种衍生化法（乙酰氯法、硫酸法、盐酸法、三氟化硼法、甲醇钠法）对分析结果的影响。结果表明，5 种衍生化方法均可获得 31 种脂肪酸甲酯，其中乙酰氯法测得的 FFAs 组含量和加标回收率最高。进一步比较了"两步"反应和"一步"反应的衍生化效果，发现两者均能获得满意的加标回收率（＞90%），但"两步"反应所得各 FFAs 组含量显著高于"一步"反应。因此本实验采用"两步"反应进行衍生化。以 $C_{13:0}$ 和 $C_{23:0}$ 为研究目标，考察了不同衍生化反应温度（40~100℃）和反应时间（0.5~5.0h）对 FFAs 甲酯化的影响。结果表明，乙酰氯衍生化脂肪酸的最佳温度和时间分别为 90℃和 1.5h。在确定的实验条件下，测定了健康孕妇血浆中 FFAs 含量，其中检测出 31 种脂肪酸甲酯样品的总离子流图如图 9-38 所示。

3. 衍生化气相色谱-质谱法测定复垦土地样品中酚类污染物[20]

在评价复垦土地整治效果时，需要对酚类等多项污染物进行检测。本研究针对复垦土地样品基质复杂、前处理困难等特点，筛选优化了样品的前处理方法、衍生化方法和条件，建立了土壤样品中 19 种酚类污染物（其中 2, 4, 6-三氯苯酚和 2, 4, 5-三氯苯酚，2, 3, 4, 5-四氯苯酚和 2, 3, 5, 6-四氯苯酚，因无法分离而合并计算）的衍生化 GC-MS 测定方法。

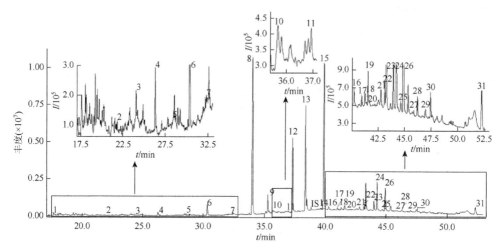

图 9-38　孕妇血浆中 31 种脂肪酸甲酯的总离子流图（TIC）

　　酚类化合物在气相色谱检测器或质谱上的响应值比较低，衍生化后有利于提高检测灵敏度。常用的酚类衍生化方法有烷基化、酰基化、硅烷基化等。常用的衍生化试剂有五氟苄基溴、三甲基硅烷、四氯邻甲氧基苯酚等。三种衍生化方法各有优势和不足，综合考虑测定准确性、色谱柱寿命等因素，本研究采用五氟苄基溴（PFB）作为衍生化试剂。将土壤样品以正己烷-丙酮（体积比为 1∶1）为溶剂、加速溶剂萃取法进行提取并将提取液浓缩净化后，用五氟苄基溴（PFB）衍生化后进行 GC-MS 测定。

　　衍生化条件：在浓缩液中加入 100μL 五氟苄基溴溶液（0.05g/mL）和 100μL 碳酸钾溶液（0.1g/mL），混匀。加入丙酮使之达到 8mL 左右，置于 55～60℃水浴中，保持 60min，冷却至室温。继续氮吹浓缩，加入内标液，定容至 1.0mL，待测。

　　GC-MS 条件：毛细管柱 HP-5MS（30m×0.25mm×0.25μm，进样口温度为 260℃，载气为氦气，流速为 1.0mL/min，不分流进样，进样量为 1.0μL。程序升温，55℃保持 1min，以 6℃/min 升温至 230℃，保持 5min。质谱接口温度为 250℃，离子源温度为 250℃，电离方式为电子轰击电离（EI），电离能量为 70eV，溶剂延迟 15min，选择离子监测（SIM）模式。

　　在确定的实验条件下测得的酚类化合物衍生物的总离子流图如图 9-39 所示。

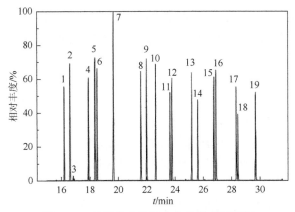

图 9-39　酚类化合物衍生物的总离子流图

出峰顺序：1. 2-氟苯酚（替 1）；2. 苯酚；3. 苊-d10（16.83）；4. 间甲酚；5. 邻甲酚；6. 对甲酚；7. 2-氯苯酚，2, 4-二甲基苯酚；8. 2, 6-二氯苯酚；9. 4-氯-3 -甲基苯酚；10. 2, 4-二氯苯酚；11. 2-硝基苯酚；12. 2, 4, 6-三氯苯酚和 2, 4, 5-三氯苯酚；13. 2, 4-二硝基苯酚；14. 4-硝基苯酚；15. 2, 3, 4, 6-四氯苯酚和 2, 3, 4, 5-四氯苯酚；16. 2, 3, 5, 6-四氯苯酚；17. 2-甲基-4, 6-二硝基苯酚；18. 2, 4, 6-三溴苯酚（替 2）；19. 五氯苯酚

9.12　样品制备注意事项

9.12.1　样品制备中可能引起被测组分损失的因素

样品制备中，可能使样品中被测组分损失的主要因素有：

（1）吸附：容器玻璃表面或橡胶塞可能会吸附组分，特别是脂肪胺类及含硫化合物等组分。采用硅烷化可减少玻璃表面的吸附性；在非极性提取溶剂中加入少量极性溶剂也有助于减少器皿对组分的吸附。

（2）化学降解：样品制备中可能会使稳定性差的组分发生分解；光作用和热作用（包括样品制备中强酸、强碱中和产生的热）引起的损失也应加以注意。应尽量采用温和条件制备样品以免引起组分的分解，必要时应避光操作。

（3）衍生化反应：衍生化反应不完全时，组分分子仅部分转化为所需的产物或生成副产物时都会影响分析测定结果。

（4）络合：某些组分可能会与金属离子络合或与内源性大分子结合或发生相互作用，也会引起某些样品制备中组分的损失。

（5）蒸发：因组分本身的挥发性或因蒸发所得残渣未能完全溶于所加的小体积溶剂中；或因减压浓缩引起溶液暴沸；或在吹氮过程中组分以气溶胶形式逸出等均可导致样品组分的损失。

9.12.2　样品制备中引起污染的来源

样品制备中可能引起污染的主要来源有：

（1）增塑剂（plasticizers）：研究发现，某些塑料样品管材料中含有 3-（2-丁羟乙基）磷酸酯等，可能改变溶剂提取中一些组分的分配系数、方法重复性变差等。

（2）溶剂中杂质：由于提取溶剂体积大，即使原溶剂中杂质浓度较低，但浓缩后或通过色谱柱时，浓度显著增大而干扰测定。如果干扰物在每批溶剂或试剂中的含量不同，可能会直接影响不同实验室间、各分析人员间的实验结果。解决办法是采用高纯度溶剂并采用选择性高的检测方法。

（3）衍生化带来的杂质：衍生化试剂纯度低时，会在色谱图中引入其杂质峰，干扰样品组分的定性定量分析。

（4）实验环境和器皿、材料的污染：实验室中常用的去污剂、润滑油、滤纸、玻璃器皿等不够洁净，蒸馏水纯度不够等带来的污染。

参 考 文 献

[1] Koning S, Janssen H G, Brinkman U A. Modern methods of sample preparation for GC Analysis. Chromatographia, 2009, 69: S33.

[2] 杨甫传, 徐丽珍, 邹忠梅, 等. 广藿香醇及广藿香油中广藿香醇在大鼠体内药代动力学比较. 药学学报, 2004, 39（9）: 726.

[3] Cao J, Qi M L, Zhang Y, Fu R N. Analysis of volatile compounds in *Curcuma wenyujin* Y.H. Chen et C.Ling by headspace solvent microextraction–gas chromatography-mass spectrometry. Anal Chim Acta, 2006, 561: 88.

[4] 黄斌, 潘学军, 万幸, 等. 固相萃取-衍生化-气相色谱/质谱测定水中类固醇类环境内分泌干扰物. 分析化学, 2011, 39（4）: 449.

[5] 杨佰娟, 蒋凤华, 徐晓琴, 等. 固相萃取柱上衍生气相色谱–质谱法测定水中烷基酚. 分析化学, 2007, 35（5）: 633.

[6] Camarasu C C. Theory of solid-phase microextraction coupled to capillary LC for carba mate analysis in water samples. Anal Chem, 2000, 23（1）: 197.

[7] Stashenko E E, Martınez J R. Derivatization and solid-phase microextraction. Trends Anal Chem, 2004, 23（8）: 553.

[8] Zhang C, Qi M L, Shao Q L. Analysis of the volatile compounds in *Ligusticum chuanxiong* Hort. using HS-SPME-GC-MS. J Pharm Biomed Anal, 2007, 44: 464.

[9] Adam M, Juklova M, Bajer T, et al. Comparison of three different solid-phase microextraction fibres for analysis of essential oils in yacon（*Smallanthus sonchifolius*）leaves. J Chromatogr A, 2005, 1084: 2.

[10] Gmeiner G, Krassnig C, Schmid E, Tausch H. Fast screening method for the profile analysis of polycyclic aromatic hydrocarbon metabolites in urine using derivatisation–solid-phase microextraction. J Chromatogr B, 1998, 705: 132.

[11] Jeannot M A, Przyjazny A, Kokosa J M. Single drop microextraction-development, applications and future trends. J Chromatogr A, 2010, 1217: 2326.

[12] Qi M L, Ge X X, Liang M M, Fu R N. Flash gas chromatography for analysis of volatile compounds from *Houttuynia cordata* Thunb. Anal Chim Acta, 2004, 527: 69.

[13] 张聪, 齐美玲, 傅若农. 闪蒸气相色谱质谱法测定中药川芎挥发性成分. 世界科学技术—中医药现代化, 2009, 11（1）: 165.

[14] 张本山, 于淑娟, 曾新安, 等. 微波萃取气相色谱法测定淀粉中 14 种有机氯农药残留. 分析测试学

报，2011，30（3）：344.

[15] 陈红平，刘新，汪庆华，等. 气相色谱-串联质谱法测定茶叶中 88 种农药残留量. 色谱，2011，29（5）：409.

[16] 郭勇，宋芸娟，缪剑华. 静态顶空-气相色谱-质谱法测定八角挥发性成分. 药物分析杂志，2009，29（1）：91.

[17] 苗成林，孙宝腾，罗丽萍，等. 动态顶空进样-气质联用法分析国产沉香化学成分. 食品科学，2009，30（8）：215.

[18] 余益军，刘红玲，戴玄吏，等. 原位乙酰化-顶空固相微萃取测定水中酚类化合物. 分析化学，2010，38（9）：1243.

[19] 刘佩珊，牟燕，马安德，等. 气相色谱-质谱法测定血浆中 31 种游离脂肪酸含量. 分析测试学报，2020，39（8）：1000.

[20] 李忠煜，李艳广，黎卫亮，等. 衍生化气相色谱-质谱法测定复垦土地样品中 19 种酚类污染物. 岩矿测试，2021，40（2）：239.

附　录

附录 1　本书中常用参数符号或缩写

（以在本书中出现先后为序）

序号	符号或缩写	名称	章节
1	h	峰高	2.1
2	A	峰面积	2.1
3	t_M	死时间	2.1
4	t_R	保留时间	2.1
5	t_R'	调整保留时间	2.1
6	V_M	死体积	2.1
7	V_R	保留体积	2.1
8	V_R'	调整保留体积	2.1
9	σ	标准偏差	2.1
10	$W_{1/2}$	半峰宽	2.1
11	W_b	峰底宽	2.1
12	$r_{i,s}$	相对保留值	2.1
13	α	选择性因子（或分离因子）	2.1
14	k	保留因子或容量因子	2.1
15	f_s	对称因子	2.1
16	T	拖尾因子	2.1
17	K_d	分配系数	2.2
18	c_s	溶质在固定相的浓度	2.2
19	c_m	溶质在流动相的浓度	2.2
20	ΔH	溶质在固定相中的溶解热	2.2
21	R	摩尔气体常量	2.2
22	T_c	柱温	2.2
23	β	相比	2.2
24	L	色谱柱长	2.4

续表

序号	符号或缩写	名称	章节
25	H	理论塔板高度	2.4
26	n	理论塔板数	2.4
27	$n_{有效}$	有效塔板数	2.4
28	u	载气线速度	2.4
29	A	涡流扩散项	2.4
30	B	纵向扩散系数	2.4
31	C	传质阻力系数	2.4
32	d_p	固定相的平均颗粒直径	2.4
33	λ	填充不均匀因子	2.4
34	γ	扩散阻碍因子	2.4
35	D_m	溶质在流动相中的扩散系数	2.4
36	D_g	溶质在载气中的扩散系数	2.4
37	M	分子量	2.4
38	C_g	气相传质阻力系数	2.4
39	C_l	液相（固定相）传质阻力系数	2.4
40	D_l	溶质在固定相中的扩散系数	2.4
41	d_f	固定相的液膜厚度	2.4
42	$H_{最小}$	最小塔板高度	2.4
43	R	分离度	2.5
44	I_X	保留指数（Kovats 保留指数）	3.1
45	w_i	组分 i 的质量分数	3.2
46	f_i	组分 i 的绝对定量校正因子	3.2
47	f_i'	组分 i 的相对定量校正因子	3.2
48	QC	质量控制	3.3
49	s	标准偏差	3.3
50	RSD	相对标准偏差	3.3
51	LOD	检测限	3.4
52	LOQ	定量限	3.4
53	WCOT	涂壁开管柱	4.3
54	PLOT	多孔涂层开管柱	4.3
55	TCD	热导检测器	4.4

续表

序号	符号或缩写	名称	章节
56	FID	火焰离子化检测器	4.4
57	ECD	电子捕获检测器	4.4
58	NPD	氮磷检测器	4.4
59	FPD	火焰光度检测器	4.4
60	MSD	质谱检测器	4.4
61	E	检测器响应信号	4.4
62	S	检测器灵敏度	4.4
63	EPC	电子压力流量控制	4.5
64	P	相对极性	5.4
65	μ	偶极矩	5.5

附录 2　本书中常用计算公式或关系式

（以在本书中出现先后为序）

序号	名称	计算公式或关系式	章节
1	调整保留时间	$t'_R = t_R - t_M$	2.1
2	相对保留值	$r_{21} = \dfrac{t'_{R_2}}{t'_{R_1}}$　$r'_{i/s} = \dfrac{t'_{R_i}}{t'_{R_s}}$	2.1
3	选择性因子或分离因子	$\alpha = \dfrac{k_2}{k_1} = \dfrac{t'_{R_2}}{t'_{R_1}}$	2.1
4	保留因子或容量因子	$k = \dfrac{t_R - t_M}{t_M} = \dfrac{t'_R}{t_M}$	2.1
5	对称因子	$f_s = \dfrac{A + B}{2A}$	2.1
6	分配系数	$K = \dfrac{c_s}{c_m}$	2.2
7	分配系数与柱温关系式	$\ln K = \dfrac{\Delta H}{R T_c} + C$	2.2
8	保留因子与分配系数关系式	$k = \dfrac{m_s}{m_m} = \dfrac{c_s}{c_m} \cdot \dfrac{V_s}{V_m} = \dfrac{K}{\beta}$	2.2
9	色谱流出曲线方程式	$c = \dfrac{c_0}{\sigma \sqrt{2\pi}} \mathrm{e}^{\frac{(t-t_R)^2}{2\sigma^2}}$	2.4
10	理论塔板数	$n = 5.54 \left(\dfrac{t_R}{W_{1/2}}\right)^2 = 16 \left(\dfrac{t_R}{W_b}\right)^2$	2.4
11	理论塔板高度	$H = \dfrac{L}{n}$	2.4
12	有效塔板数	$n_{有效} = 5.54 \left(\dfrac{t'_R}{W_{1/2}}\right)^2 = 16 \left(\dfrac{t'_R}{W_b}\right)^2$	2.4
13	有效塔板高度	$H_{有效} = \dfrac{L}{n_{有效}}$	2.4
14	速率方程（van Deemter 方程式）	$H = A + B/u + Cu$	2.4
15	分离度	$R = \dfrac{2(t_{R_2} - t_{R_1})}{W_{b_2} + W_{b_1}} = \dfrac{2(t_{R_2} - t_{R_1})}{1.699[W_{1/2(2)} + W_{1/2(1)}]}$	2.5
16	分离度	$R = \dfrac{(r_{21} - 1)}{r_{21}} \sqrt{\dfrac{n_{有效}}{16}}$	2.5
17	有效塔板数	$n_{有效} = 16 R^2 \left(\dfrac{r_{21}}{r_{21} - 1}\right)^2$	2.5

续表

序号	名称	计算公式或关系式	章节
18	色谱柱长	$L = 16R^2 \left(\dfrac{r_{21}}{r_{21}-1} \right)^2 H_{有效}$	2.5
19	色谱分离基本关系式	$R = \dfrac{\sqrt{n}}{4} \left(\dfrac{\alpha-1}{\alpha} \right) \left(\dfrac{k}{k+1} \right)$	2.5
20	分离度与柱效和柱长的关系式	$\left(\dfrac{R_1}{R_2} \right)^2 = \dfrac{n_1}{n_2} = \dfrac{L_1}{L_2}$	2.5
21	保留指数	$I_X = 100 \left(\dfrac{\lg t'_{R(X)} - \lg t'_{R(Z)}}{\lg t'_{R(Z+1)} - \lg t'_{R(Z)}} + Z \right)$ $[t'_{R(Z+1)} > t'_{R(X)} > t'_{R(Z)}]$	3.1
22	碳数规律	$\lg t'_R = A_1 n + C_1$	3.1
23	沸点规律	$\lg t'_R = A_2 T_b + C_2$	3.1
24	归一化法	$w_i = \dfrac{m_i}{m_1 + m_2 + \cdots + m_n} \times 100\% = \dfrac{f'_i A_i}{\sum\limits_{i=1}^{n} (f'_i A_i)} \times 100\%$	3.2
25	相对峰面积百分数	$w_i = \dfrac{A_i}{\sum\limits_{i=1}^{n} A_i} \times 100\%$	3.2
26	绝对定量校正因子	$f_i = \dfrac{m_i}{A_i}$	3.2
27	相对定量校正因子	$f'_i = \dfrac{f_i}{f_s} = \dfrac{m_i / A_i}{m_s / A_s} = \dfrac{w_i}{w_s} \times \dfrac{A_s}{A_i}$	3.2
28	外标对比法（外标一点法）	$\dfrac{c_i}{c_s} = \dfrac{A_i}{A_s} \qquad c_i = \dfrac{A_i}{A_s} \times c_s$	3.2
29	内标对比法（内标一点法）	$\dfrac{c_i}{c_s} = \dfrac{A_i / A_{is}}{A_s / A_{is}} \qquad c_i = \dfrac{A_i / A_{is}}{A_s / A_{is}} \times c_s$	3.2
30	标准曲线法	$A = a + bc$	3.2
31	相对标准偏差	$\text{RSD} = \dfrac{s}{\bar{x}} \times 100\%$	3.3
32	回收率	$回收率 = \dfrac{测得量}{加入量} \times 100\%$	3.4
33	Abraham 溶剂化作用参数模型	$\lg k = c + eE + sS + aA + bB + lL$	5.4
34	固定相液膜厚度经验式（静态法）	$d_f = \dfrac{dc}{400}$	6.2
35	pK_a 与溶液 pH 的关系	$\text{pH} - pK_a = \lg \dfrac{[A^-]}{[HA]}$ （弱酸性化合物） $pK_a - \text{pH} = \lg \dfrac{[BH^-]}{[B]}$ （弱碱性化合物）	9.2

附录3 常用气相色谱固定相的麦氏常数和使用温度

固定相	最低/最高温度/℃	化学名	X'	Y'	Z'	U'	S'	类似固定相
角鲨烷	20/100	环烷烃	0	0	0	0	0	
聚硅氧烷类固定相:								
DC 200	0/200	二甲基硅酮	16	57	45	66	43	SP-2100, SE-30, OV-101, OV-1
DC-710	5/250	苯基甲基硅酮	107	149	153	228	190	OV-11
SE-30	50/300	二甲基聚硅氧烷（胶状）	15	53	44	64	41	SP-2100, OV-101, OV-1
SE-54	50/300	1%乙烯基 5%苯基聚硅氧烷	33	72	66	99	67	
OV-1	100/350	二甲基聚硅氧烷	16	55	44	65	42	SP-2100
OV-3	0/350	10%苯基聚硅氧烷	44	86	81	124	88	
OV-7	0/350	20%苯基聚硅氧烷	69	113	111	171	128	
OV-11	0/350	35%苯基聚硅氧烷	102	142	145	219	178	DC-710
OV-17	0/375	50%苯基-50%甲基聚硅氧烷	119	158	162	243	202	SP-2250
OV-22	0/350	65%苯基甲基二苯基聚硅氧烷	160	188	191	283	253	
OV-25	0/350	75%苯基甲基二苯基聚硅氧烷	178	204	208	305	280	
OV-61	0/350	33%苯基二苯基二甲基聚硅氧烷	101	143	142	213	174	
OV-73	0/325	1%乙烯基-5%苯基聚硅氧烷	40	86	76	114	85	
OV-101	0/350	二甲基聚硅氧烷（流体）	17	57	45	67	43	SP-2100, SE-30, OV-1
OV-105	0/275	氰丙基甲基二甲基聚硅氧烷	36	108	93	139	86	
OV-202	0/275	三氟丙基甲基聚硅氧烷（流体）	146	238	358	468	310	
OV-210	0/275	三氟丙基甲基聚硅氧烷（流体）	146	238	358	468	310	SP-2401
OV-215	0/275	三氟丙基甲基聚硅氧烷（胶状）	149	240	363	478	315	
OV-225	0/265	氰丙基甲基苯基甲基聚硅氧烷	228	369	338	492	386	SP-2300, Silar 5 CP
OV-275	25/275	二氰基丙烯基聚硅氧烷	629	872	763	1106	849	SP-2340
OV-330	0/250	苯基硅酮-Carbowax 共聚物	222	391	273	417	368	
OV-351	50/270	Carbowax-硝基对苯二甲酸聚合物	335	552	382	583	540	SP-1000
OV-1701	0/250	14%氰丙基苯基聚硅氧烷	67	170	153	228	171	

续表

固定相	最低/最高温度/℃	化学名	X'	Y'	Z'	U'	S'	类似固定相
Silar 5 CP	0/250	50%氰丙基-50%苯基聚硅氧烷	319	495	446	637	531	SP-2300，OV-225
Silar 10 CP	0/250	100%氰丙基聚硅氧烷	520	757	660	942	800	SP-2340
SP-2100	0/350	甲基聚硅氧烷	17	57	45	67	43	SE-30，OV-101，OV-1
SP-2250	0/375	50%苯基聚硅氧烷	119	158	162	243	202	OV-17
SP-2300	20/275	50%氰丙基聚硅氧烷	316	495	446	637	530	OV-225
SP-2310	25/275	55%氰丙基聚硅氧烷	440	637	605	840	670	
SP-2330	25/275	90%氰丙基聚硅氧烷	490	725	630	913	778	
SP-2340	25/275	100%氰丙基聚硅氧烷	520	757	659	942	800	Silar 10 CP
SP-2401	0/275	三氟丙基聚硅氧烷	146	238	358	468	310	OV-210
非硅酮固定相：								
阿皮松	50/300	饱和烃脂	32	22	15	32	42	
Carbowax 20M	60/225	聚乙二醇	322	536	368	572	510	Superox-4，Superox-20M
DEGS	20/200	聚乙二醇丁二酸酯	496	746	590	837	835	
TCEP	0/175	1,2,3-三（2-氰乙氧基）丙烷	594	857	759	1031	917	
FFAP	50/250	聚乙二醇20M-硝基对苯二甲酸聚合物	340	580	397	602	627	OV-351

资料来源：Barry E F，Grob R L. Columns for Gas Chromatography. Hoboken：John Wiley & Sons，Inc.，2007。

附录4　常用有机溶剂的理化常数

溶剂	熔点 /℃	沸点 /℃	密度 / (g/cm³)	折射率	介电常数 / (F/m)	摩尔折射率/ (m/d)	偶极矩 /deb
乙酸	17	118	1.049	1.3716	6.15	12.9	1.68
丙酮	−95	56	0.788	1.3587	20.7	16.2	2.85
乙腈	−44	82	0.782	1.3441	37.5	11.1	3.45
苯甲醚	−3	154	0.994	1.5170	4.33	33	1.38
苯	5	80	0.879	1.5011	2.27	26.2	0
溴苯	−31	156	1.495	1.5580	5.17	33.7	1.55
二硫化碳	−112	46	1.274	1.6295	2.6	21.3	0
四氯化碳	−23	77	1.594	1.4601	2.24	25.8	0
氯苯	−46	132	1.106	1.5248	5.62	31.2	1.54
氯仿	−64	61	1.489	1.4458	4.81	21	1.15
环己烷	6	81	0.778	1.4262	2.02	27.7	0
丁醚	−98	142	0.769	1.3992	3.1	40.8	1.18
邻二氯苯	−17	181	1.306	1.5514	9.93	35.9	2.27
1, 2-二氯乙烷	−36	84	1.253	1.4448	10.36	21	1.86
二氯乙烷	−95	40	1.326	1.4241	8.93	16	1.55
二乙胺	−50	56	0.707	1.3864	3.6	24.3	0.92
乙醚	−117	35	0.713	1.3524	4.33	22.1	1.30
1, 2-二甲氧基乙烷	−68	85	0.863	1.3796	7.2	24.1	1.71
N, N-二甲基乙酰胺	−20	166	0.937	1.4384	37.8	24.2	3.72
N, N-二甲基甲酰胺	−60	152	0.945	1.4305	36.7	19.9	3.86
二甲基亚砜	19	189	1.096	1.4783	46.7	20.1	3.90
1, 4-二氧六环	12	101	1.034	1.4224	2.25	21.6	0.45
乙醇	−114	78	0.789	1.3614	24.5	12.8	1.69
乙酸乙酯	−84	77	0.901	1.3724	6.02	22.3	1.88
苯甲酸乙酯	−35	213	1.050	1.5052	6.02	42.5	2.00
甲酰胺	3	211	1.133	1.4475	111.0	10.6	3.37
六甲基磷酰三胺	7	235	1.027	1.4588	30.0	47.7	5.54
异丙醇	−90	82	0.786	1.3772	17.9	17.5	1.66

续表

溶剂	熔点/℃	沸点/℃	密度/（g/cm³）	折射率	介电常数/（F/m）	摩尔折射率/（m/d）	偶极矩/deb
异丙醚	−60	68		1.36			
甲醇	−98	65	0.791	1.3284	32.7	8.2	1.70
2-甲基-2-丙醇	26	82	0.786	1.3877	10.9	22.2	1.66
硝基苯	6	211	1.204	1.5562	34.82	32.7	4.02
硝基甲烷	−28	101	1.137	1.3817	35.87	12.5	3.54
吡啶	−42	115	0.983	1.5102	12.4	24.1	2.37
叔丁醇	25.5	82.5		1.3878			
四氢呋喃	−109	66	0.888	1.4072	7.58	19.9	1.75
甲苯	−95	111	0.867	1.4969	2.38	31.1	0.43
三氯乙烯	−86	87	1.465	1.4767	3.4	25.5	0.81
三乙胺	−115	90	0.726	1.4010	2.42	33.1	0.87
三氟乙酸	−15	72	1.489	1.2850	8.55	13.7	2.26
2,2,2-三氟乙醇	−44	77	1.384	1.2910	8.55	12.4	2.52
水	0	100	0.998	1.3330	80.1	3.7	1.82
邻二甲苯	−25	144	0.880	1.5054	2.57	35.8	0.62

附录 5　气相色谱分析中常见问题和解决方法

常见问题	解决方法
不出峰	1. 微量进样器有问题：用新进样器验证 2. 未接入检测器或检测器不起作用：检查设定值 3. 进样温度太低：检查温度，并根据需要调整 4. 柱箱温度太低：检查温度，并根据需要调整 5. 无载气流：检查压力调节器，并检查泄漏，验证柱进出口流速 6. 色谱柱有裂口：如果裂口在柱进口端或检测器末端，截去柱裂部分，重新安装
拖尾峰	1. 衬管污染：清洗或更换衬管 2. 气化温度过低：进样口温度应比样品最高沸点高 25℃ 3. 两组分或多组分共流出：提高灵敏度，减少进样量，降低柱温度 4. 有吸附作用或系统死体积大：更换隔垫或色谱柱，也可从柱进口端切去少部分色谱柱后，重新安装
前延峰	1. 柱超载：减少进样量 2. 两组分或多组分共流出：提高灵敏度和减少进样量，使温度降低 10~20℃，以使色谱峰分离 3. 样品冷凝：检查进样口和柱温，如有必要可升温 4. 样品分解：采用去活化衬管或降低进样口温度
宽溶剂峰	1. 色谱柱安装不当，在进样口产生死体积：重新安装色谱柱 2. 进样有问题：采用快速平稳进样技术 3. 进样器温度太低：升高进样器温度 4. 样品溶剂与检测器相互影响（二氯甲烷/ECD）：更换样品溶剂 5. 柱内残留样品溶剂：更换样品溶剂 6. 隔垫清洗不当：调整或清洗 7. 分流比不正确（分流排气流速不足）：调整流速
程序升温时出现鬼峰	1. 样品组分分解：降低柱温 2. 柱吸附的活性组分解吸：老化色谱柱 3. 隔垫流失或衬管污染：更换隔垫，清洗衬管；如不能解决问题，截去进样口端一小段色谱柱 4. 样品量太大：减少进样量
分离度变差	1. 柱温有问题：检查并调整温度 2. 载气流速有问题：检查并调整流速 3. 样品进样量太大：减少样品进样量 4. 进样有问题：采用快速平稳进样技术 5. 色谱柱和衬管污染：更换衬管。如不能解决问题，可以从色谱柱进口端截去 1~2 圈，并重新安装
基线不稳	1. 柱流失或污染：更换衬管。如不能解决问题，可从柱进口端截去色谱柱 1~2 圈，并重新安装 2. 检测器或进样器污染：清洗检测器和进样器 3. 载气泄漏：更换隔垫，检查柱泄漏 4. 载气控制不协调：检查气源压力是否充足。如压力≤500psi，更换气瓶 5. 载气有杂质或气路污染：更换气瓶，使用载气净化装置清洁金属管 6. 载气流速不在仪器最大/最小限定范围之内：测量流速，并根据使用手册技术指标，予以验证 7. 检测器有问题：参照仪器使用手册进行检查 8. 进样器隔垫流失：老化或更换隔垫

续表

常见问题	解决方法
保留时间改变	1. 柱温太低或太高：检查并调整柱温 2. 载气流速变化：在柱出口处用标定气源测量流速；检查载气压力，低于一定气压时需更换气瓶 3. 进样口隔垫或柱泄漏：检查并修复 4. 色谱柱污染或损坏：重新老化或更换色谱柱 5. 样品超载：减少样品进样量
出现负峰（倒峰）	1. 使用氮气作气所致：用氢气作载气 2. 载气纯度差：用高纯载气 3. 有时漏气：检漏 4. ECD 放射源被污染：请专业人员清洗或更换
点不着火（FID、NPD 等）	1. 点火装置有问题：修理 2. 燃烧气与助燃气的比例失调：点火时氢气流量稍大些 3. 喷嘴堵塞：清洗堵塞物或更换喷嘴
色谱柱出口无气体或气流量小	1. 色谱柱进样口端断裂：切除掉一段进口端色谱柱 2. 载气分流过大：检查分流阀，调节分流比 3. 隔垫漏气：更换隔垫 4. 接头处漏气：分段检漏，找出漏气部位
FID 灵敏度降低	因聚硅氧烷固定相流失进入 FID 燃烧生成白色二氧化硅沉积在收集极： 1. 注射若干微升三氟利昂，燃烧形成氟化氢，氟化氢和二氧化硅反应后形成可挥发性物质 2. 拆下检测器的各部件（收集极、喷嘴、壳体、绝缘体等）。在超声波中清洗 2h，用蒸馏水漂洗，再用丙酮清洗，烘干 3. 若相关部件特别是收集极积垢太多时，可以用细颗粒砂纸打磨后再清洗 清洗时注意事项： （1）勿用含卤素的溶剂（如氯仿、二氯甲烷等），以免与聚四氟乙烯材料作用，导致噪声增加； （2）洗净后的各个部件要用干净镊子取，装配时要避免污染； （3）装入仪器后，先通载气 30min，再点火升高检测室温度，最好先在 120℃保持数小时之后，再升至工作温度
FID 喷嘴二氧化硅沉积	1. 色谱柱充分老化前，不要连接检测器 2. 在满足分析对 FID 灵敏度要求的情况下，尽量选择大一些的空气流量，有利于将各种燃烧物排出 FID

附录6　常用气相色谱术语中英文对照

色谱法	chromatography
柱色谱法	column chromatography（CC）
气相色谱法	gas chromatography（GC）
毛细管气相色谱法	capillary gas chromatography（CGC）
填充柱气相色谱法	packed gas chromatography（PGC）
气相色谱-质谱法	gas chromatography/mass spectrometry（GC/MS）
塔板理论	plate theory
热力学因素	thermodynamic factors
速率理论	rate theory
动力学因素	kinetic factors
色谱仪	chromatograph
气相色谱仪	gas chromatograph
工作站	work station
记录器	recorder
积分仪	integrator
进样器	injector
柱箱	oven
气瓶	gas cylinder
气瓶架	cylinder rack
压力表	pressure gauge，gas meter
压力阀	pressure valve
气体发生器	gas generator
载气	carrier gas
尾吹气	make-up gas
气体流量计	gas flowmeter
衬管	liner
注射器	syringe
自动进样器	autosampler
流出液	eluate
洗脱	elution
流出顺序	elution order
等温洗脱	isothermal elution
程序升温洗脱	temperature-programmed elution
分流进样	split injection
分流阀	split valve
分流比	split ratio
不分流进样	splitless injection

色谱图	chromatogram
基线	baseline
基线漂移	baseline drift
基线噪声	baseline noise
死时间	dead time
保留时间	retention time
调整保留时间	adjusted retention time
死体积	dead volume
保留体积	retention volume
调整保留体积	adjusted retention volume
柱外体积	extra-column volume
柱外效应	extra-column effect
分离因子	separation factor
选择性因子	selective factor
分离度	resolution
柱效	column efficiency
塔板高度	plate height
理论塔板高度	theoretical plate height
有效塔板高度	effective plate height
等板高度	height equivalent to a theoretical plate
相对保留值	relative retention value
负载容量	loading capacity
分离数	separation number
色谱峰	chromatographic peak
峰底	peak base
峰高	peak height
峰宽	peak width
半高峰宽	peak width at half height
峰面积	peak area
拖尾峰	tailing peak
前延峰	leading peak, fronting peak
鬼峰	ghost peak
畸峰	distorted peak
倒峰	negative peak
拐点	inflection point
拖尾因子	tailing factor
对称因子	symmetric factor
不对称因子	asymmetric factor
超载	overloading
峰展宽	peak broadening

色谱柱	chromatographic column
熔融石英毛细管柱	fused-silica capillary column
填充柱	packed column
填充毛细管柱	packed capillary column
整体柱	monolith column
开管柱	open tubular column
微径柱	microbore column
混合柱	mixed column
组合柱	coupled column
预柱	precolumn
保护柱	guard column
富集柱	enrichment column
缓冲柱	buffer column
涂壁开管柱	wall coated open tubular（WCOT）column
多孔开管柱	porous layer open tubular（PLOT）column
载体涂渍开管柱	support coated open tubular（SCOT）column
键合柱	bonded column
交联柱	cross-linked column
惰化	deactivation
衍生化	derivatization
硅烷化	silylation
硅烷化试剂	silylating reagent
固定相涂渍	coating of a stationary phase
静态涂渍法	static coating method
动态涂渍法	dynamic coating method
溶胶-凝胶涂渍法	sol-gel coating method
戈雷曲线	Golay curve/plot
柱寿命	column life
柱流失	column bleeding
柱惰化	column deactivation
热稳定性	thermal stability
日内重复性	within-day repeatability
日间重复性	between-day repeatability
柱间重现性	between-column reproducibility
固定相	stationary phase
固定液	stationary liquid
麦氏常数	McReynolds constants
总极性	general polarity
平均极性	average polarity
Abraham 溶剂化作用参数	Abraham solvation interaction parameter
分配系数	partition coefficient

吸附系数	adsorption coefficient
载体	support
柱填充	column packing
吸附剂	adsorbent
多孔型填充剂	porous packing
化学键合相	chemically bonded phase
交联相	cross-linked phase
聚硅氧烷	polysiloxanes
聚乙二醇	polyethylene glycol
环糊精	cyclodextrin
离子液体	ionic liquid
葫芦脲	cucurbutril
蝶烯	iptycene
聚己内酯	polycaprolactone
氮化碳	carbon nitride
石墨烯	graphene
检测器	detector
热导检测器	thermal conductivity detector（TCD）
火焰离子化检测器	flame ionization detector（FID）
氮磷检测器	nitrogen-phosphorous detector（NPD）
电子捕获检测器	electron capture detector（ECD）
火焰光度检测器	flame photometric detector（FPD）
质谱检测器	mass spectrometric detector（MSD）
原子发射检测器	atomic emission detector（AED）
光电离检测器	photo-ionization detector（PID）
微分检测器	differential detector
积分检测器	integral detector
总体性能检测器	bulk property detector
溶质性能检测器	solute property detector
定性方法	qualitative method
标准品	standard substance
对照品	reference substance
保留指数	Kovats retention index
双柱	dual column
联用技术	hyphenated/coupling technique
定量方法	quantitative method
归一法	normalization method
内标法	internal standard method
外标法	external standard method
标准加入法	standard addition method

校准曲线	calibration curve
内标物	internal standard substance
样品处理	sample pretreatment/preparation/clean-up
样品富集	sample enrichment
溶剂萃取	solvent extraction
水蒸气蒸馏	steam distillation
固相萃取	solid-phase extraction
固相微萃取	solid-phase microextraction
闪蒸	flash evaporation
微波辅助萃取	microwave assisted extraction
加速溶剂萃取	accelerated solvent extraction